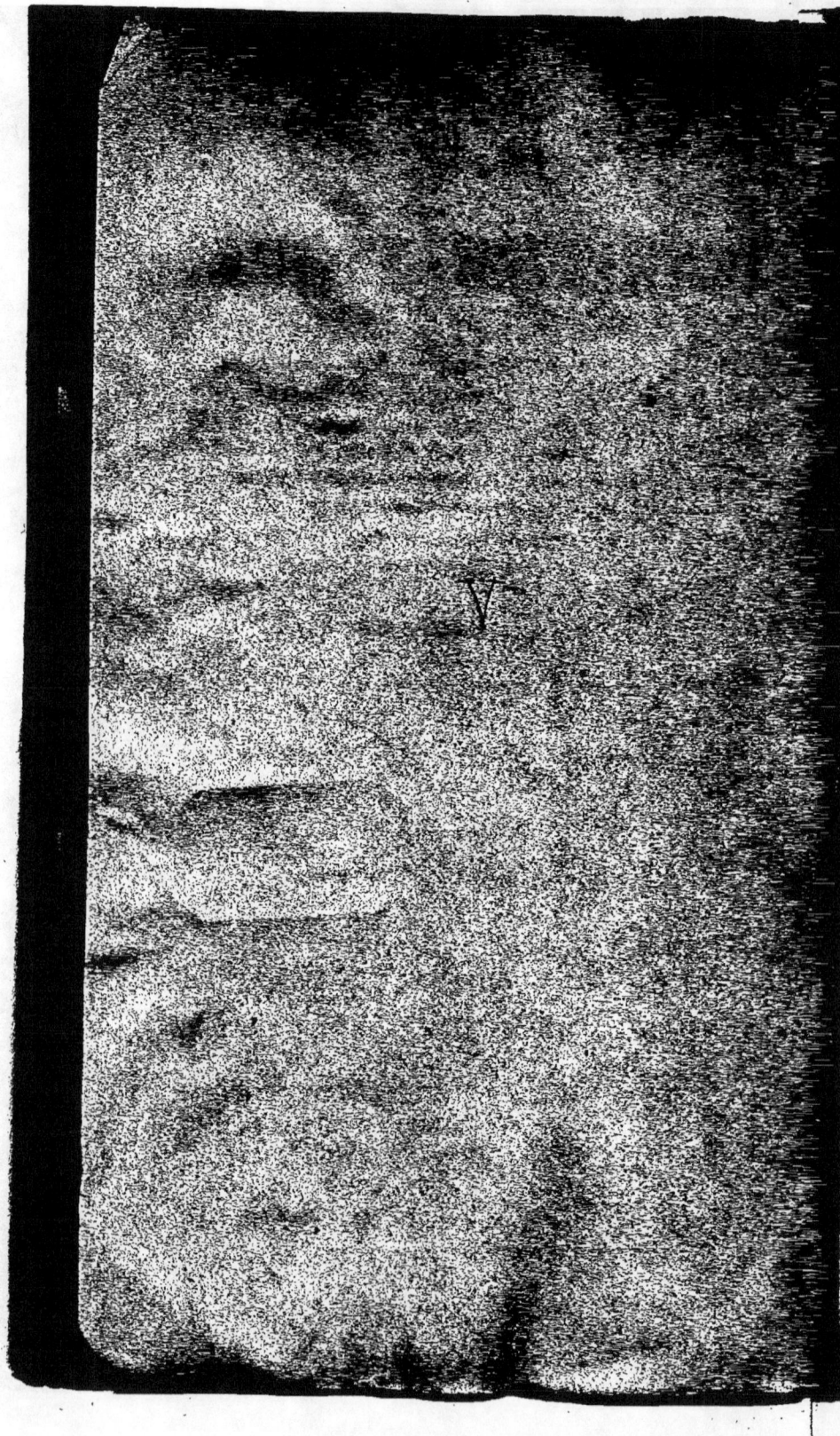

TRAITÉ
D'ARITHMÉTIQUE,

SUIVI

Du mesurage des surfaces, des volumes ;
du cubage des bois de charpente ;
du jaugeage des tonneaux ; et d'un grand nombre d'exercices
et de problèmes.

PAR

SIMON-CHARLES GAUCHER,

CURÉ DE GERMAY.

PARIS,

IMPRIMERIE DE MADAME VEUVE DONDEY-DUPRÉ,
Rue Saint-Louis, 46, au Marais.

1852

PROPRIÉTÉ.

Tout exemplaire du présent ouvrage, qui ne porterait pas, comme ci-dessous, la signature de l'auteur, sera réputé contrefait.

Pour se procurer le présent ouvrage, s'adresser, *par lettre affranchie*, à S. Ch. Gaucher, curé de Germay, canton de Poissons (Haute-Marne), ou à Simon Parisot, à Sarcicourt (Haute-Marne).

NUMÉRATION ROMAINE.

Pour exprimer les nombres, les Romains se servaient de sept lettres. Ces lettres sont :

Qui valent : I   V   X   L   C   D   M
              1   5   10 50 100 500 1000.

Ces lettres, surmontées d'un trait, expriment des nombres mille fois plus grands.

Ainsi, $\overline{I}$ $\overline{V}$ $\overline{X}$ $\overline{L}$ $\overline{C}$ $\overline{D}$ $\overline{M}$.
valent 1 000 5 000 10 000 50 000 100 000 500 000 1 000 000.

Ces lettres, surmontées d'un nouveau trait, expriment des nombres encore mille fois plus grands. Ainsi, $\overline{\overline{I}}$ vaut 1 000 000 ; $\overline{\overline{V}}$ vaut 50 000 000, etc.

La même lettre exprime des nombres de mille en mille fois plus grand, à mesure qu'on la surmonte d'un nouveau trait. Donc, quand ou sait représenter les mille premiers nombres, on peut écrire tous les autres.

La manière d'écrire en chiffres romains les mille premiers nombres, repose sur les trois conventions suivantes :

1° Un chiffre, placé à la droite d'un autre, égal ou plus grand, s'ajoute avec lui.

2° Un chiffre, placé à la gauche d'un autre d'une valeur plus grande, s'en retranche.

3° Un chiffre, placé entre deux chiffres supérieurs, se retranche de celui qui le suit.

Ainsi :

1 s'écrit	I	16	XVI	40	XL
2	II	17	XVII	49	XLIX ou IL
3	III	18	XVIII	50	L
4	IV	19	XIX	60	LX
5	V	20	XX	70	LXX
6	VI	21	XXI	80	LXXX
7	VII	22	XXII	90	XC
8	VIII	23	XXIII	99	XCIX ou IC
9	IX	24	XXIV	100	C
10	X	25	XXV	200	CC
11	XI	26	XXVI	500	D
12	XII	27	XXVII	600	DC
13	XIII	28	XXVIII	900	CM
14	XIV	29	XXIX	999	IM
15	XV	30	XXX	1000	M

EXPLICATION

DES SIGNES EMPLOYÉS DANS CET OUVRAGE.

$+$ signifie PLUS...
Ainsi $4+3$ s'énonce quatre *plus* trois.
$-$ signifie MOINS...
Ainsi $4-3$ s'énonce quatre *moins* trois.
. ou $\times$ signifie *multiplié par*...
Ainsi 4.3 ou 4×3 s'énonce quatre *multiplié par* trois.
: ou $>$ ou $-$ signifient *divisé par*...
Ainsi, $4:3$ ou $\left\{ \begin{array}{c} \frac{4}{3} \\ 4 > 3 \end{array} \right\}$ s'énoncent quatre *divisé par* trois.
$=$ signifie ÉGALE...
Ainsi $4+3=7$ s'énonce quatre *plus* trois *égale* sept.

TRAITÉ
D'ARITHMÉTIQUE.

NOTIONS PRÉLIMINAIRES.

1. L'ARITHMÉTIQUE est *la science des nombres*.

2. On appelle NOMBRE *l'expression d'une quantité*.

3. Pour apprécier une quantité, il faut la comparer à une autre qu'on appelle UNITÉ. En comparant une quantité à l'*unité*, on trouve que la quantité contient exactement l'unité, ou une partie de l'unité, ou l'unité et une partie de l'unité ; de là trois sortes de nombres, savoir : le *nombre entier*, la *fraction* et le *nombre fractionnaire*.

4. Le nombre entier, ou simplement l'ENTIER, est l'*expression d'une ou plusieurs unités entières*. Ainsi, un, deux, trois,... sont des nombres entiers.

5. La fraction est l'*expression d'une ou plusieurs parties égales de l'unité*. Ainsi, un tiers, deux tiers, trois quarts,... sont des fractions.

6. Le nombre fractionnaire est la *réunion de l'entier avec la fraction*. Ainsi, cinq deux tiers, cinq trois quarts,... sont des nombres fractionnaires.

7. On appelle l'Arithmétique *science des nombres*, parce qu'elle donne la connaissance des nombres, et la démonstration des règles qu'elle établit, pour résoudre facilement les questions qu'on peut poser sur eux.

Nous ferons connaître d'abord les nombres, et ensuite les différentes opérations auxquelles on peut les soumettre.

FORMATION DES NOMBRES.

8. Pour former les nombres, on ajoute une unité à une autre ; puis une autre à la réunion des précédentes, et ainsi de suite.

Ainsi, en ajoutant une unité à une autre unité, on forme le nombre qu'on nomme *deux* ; en ajoutant une nouvelle unité à ce nombre, on forme un nouveau nombre qu'on nomme *trois* ; et en continuant d'ajouter une nouvelle unité au dernier nombre obtenu, on forme les nombres suivants : *quatre, cinq, six, sept, huit,* etc.

9. Quelque grand que soit un nombre, on peut encore lui ajouter une unité, et obtenir ainsi un nouveau nombre, il suit de là qu'il y a une *infinité de nombres différents*.

Si l'on voulait exprimer chaque nombre par un mot ou par un caractère particulier, il faudrait donc employer une infinité de mots ou de caractères différents, et la vie d'un homme ne suffirait pas pour apprendre à compter seulement jusqu'à cent mille. Pour éviter cet inconvénient, on a imaginé l'art d'exprimer les nombres avec un petit nombre de mots et de caractères. Cet art se nomme la NUMÉRATION.

10. La numération se divise en numération *parlée* et en numération *écrite*.

NUMÉRATION PARLÉE.

11. *La numération parlée est l'art d'exprimer les nombres avec un petit nombre de mots.*

12. Pour exprimer les nombres que nous pouvons représenter au moyen des doigts de nos mains, on se sert des mots : *un, deux, trois, quatre, cinq, six, sept, huit, neuf, dix.*

13. Pour exprimer les nombres suivants, de DIX UNITÉS SIMPLES on fait une nouvelle espèce d'unité qu'on nomme DIZAINE, et on compte par dizaines, comme on a compté par unités simples, c'est-à-dire depuis une dizaine jusqu'à dix dizaines ; ce qui donne :

Une dizaine qui s'énonce...... Dix.
Deux dizaines................. Vingt.
Trois dizaines................ Trente.
Quatre dizaines............... Quarante.
Cinq dizaines................. Cinquante.
Six dizaines.................. Soixante.
Sept dizaines................. Septante.
Huit dizaines................. Octante ou quatre-vingts.
Neuf dizaines................. Nonante.
Dix DIZAINES.

14. D'une dizaine à l'autre, c'est-à-dire entre dix et vingt, entre vingt et trente,.... il y a neuf nombres. Ces nombres sont composés de dizaines et d'unités.

Pour exprimer les nombres qui contiennent des dizaines et des unités, *on énonce d'abord le nombre des dizaines, puis celui des unités*. Ainsi, on dira :

Dix, dix-un, dix-deux... dix-sept, dix-huit, dix-neuf.
Vingt, vingt-un, vingt-deux, vingt-trois... vingt-neuf.
Trente, trente-un, trente-deux, trente-trois... trente-neuf.
Quarante, quarante-un, quarante-deux, quarante-trois... quarante-neuf.
Cinquante, cinquante-un, cinquante-deux, cinquante-trois... cinquante-neuf.
Soixante, soixante-un, soixante-deux, soixante-trois... soixante-neuf.
Septante, septante-un, septante-deux, septante-trois... septante-neuf.
Quatre-vingts, quatre-vingt-un, quatre-vingt-deux... quatre-vingt-neuf.
Nonante, nonante-un, nonante-deux, nonante-trois... nonante-neuf.
DIX DIZAINES.

15. On excepte les nombres *dix-un, dix-deux, dix-trois, dix-quatre, dix-cinq, dix-six*, qu'on doit remplacer par les mots : *onze, douze, treize, quatorze, quinze, seize*.

16. L'usage permet de remplacer les mots *septante, no-*

nante, par les suivants : *soixante-dix, quatre-vingt-dix*. Ainsi, au lieu de *septante-un, septante-deux, etc.*, on peut dire : *soixante-onze, soixante-douze, soixante-treize, soixante-quatorze, soixante-quinze, soixante-seize, soixante-dix-sept, soixante-dix-huit, soixante-dix-neuf*, et au lieu de dire : *nonante-un, nonante-deux,...* on peut dire : *quatre-vingt-onze, quatre-vingt-douze,... quatre-vingt-dix-neuf*.

Telle est la manière d'exprimer les nombres depuis UN jusqu'à dix DIZAINES.

17. Pour exprimer les nombres suivants, de DIX DIZAINES on fait une nouvelle espèce d'unité qu'on nomme CENTAINE, et on compte par centaines comme on a compté par unités simples, ce qui donne :

Une centaine, qui s'énonce...... Cent.
Deux centaines................. Deux cents.
Trois centaines................. Trois cents.
Quatre centaines................ Quatre cents.
Cinq centaines.................. Cinq cents.
Six centaines................... Six cents.
Sept centaines.................. Sept cents.
Huit centaines.................. Huit cents.
Neuf centaines.................. Neuf cents.
DIX CENTAINES.

18. D'une centaine à l'autre, c'est-à-dire entre un cent et deux cents, entre deux cents et trois cents,... il y a nonante-neuf nombres. Ces nombres sont composés, le plus souvent, de centaines, de dizaines et d'unités. Pour exprimer les nombres qui contiennent des centaines, des dizaines et des unités, on *énonce d'abord le nombre des centaines, puis celui des dizaines, et enfin celui des unités*. Si les dizaines ou les unités manquaient, on les passerait sans rien énoncer. Ainsi, on dira :

Cent, cent un, cent deux,... cent dix-sept, cent dix-neuf,... cent nonante-neuf.
Deux cents, deux cent un,... deux cent vingt-trois,... deux cent nonante-neuf.
Trois cents, trois cent un,... trois cent trente-quatre,... trois cent nonante-neuf.
Quatre cents, quatre cent un,... quatre cent quarante-cinq... quatre cent nonante-neuf.
Cinq cents, cinq cent un,... cinq cent cinquante-six... cinq cent nonante-neuf.
Six cents, six cent un,... six cent soixante-sept,... six cent nonante-neuf.
Sept cents, sept cent un,... sept cent septante-huit,... sept cent nonante-neuf.
Huit cents, huit cent un,... huit cent quatre-vingt-neuf... huit cent nonante-neuf.
Neuf cents, neuf cent un,... neuf cent nonante-deux,... neuf cent nonante-neuf.
DIX CENTAINES.

Telle est la manière d'exprimer les nombres depuis UN jusqu'à DIX CENTAINES. Ces nombres appartiennent tous à la première classe, qu'on appelle classe des UNITÉS SIMPLES.

19. Pour exprimer les nombres suivants, de dix centaines on fait une unité de seconde classe qu'on nomme MILLE, et on compte par unités de mille, dizaines de mille, centaines de mille, comme on a compté par unités simples, dizaines d'unités simples et centaines d'unités simples.

20. De dix centaines de mille on fait une unité de troi-

-sième classe qu'on nomme MILLION; de dix centaines de millions on fait une unité de quatrième classe qu'on nomme BILLION. En continuant de prendre dix centaines de la classe inférieure pour en faire une de la classe immédiatement supérieure, on arrive aux classes qu'on nomme *trillion, quatrillion, quintillion, sextillion, septillion, octillion, nonillion, décillion, undécillion, duodécillion,* etc.

21. On compte par millions, billions, trillions,... comme on a compté par mille, c'est-à-dire par unités, dizaines et centaines de millions.

22. Les unités simples : un, deux, trois, quatre, cinq, six, sept, huit, neuf, s'appellent unités du premier ordre ; les dizaines, unités du second ; les centaines, unités du troisième ; les mille, unités du quatrième ; les dizaines de mille, unités du cinquième ; les centaines de mille, unités du sixième ; les millions, unités du septième ; et ainsi de suite, de dix en dix unités, parce qu'*il faut toujours dix unités d'un ordre pour en faire une de l'ordre immédiatement supérieur.*

NUMÉRATION ÉCRITE.

23. *La numération écrite est l'art d'exprimer les nombres avec un petit nombre de caractères appelés* chiffres.

24. Pour écrire en chiffres un nombre qui ne contient que des unités, c'est-à-dire les nombres :

Un, deux, trois, quatre, cinq, six, sept, huit, neuf. on se sert des chiffres :

1   2   3   4   5   6   7   8   9

25. Pour écrire un nombre qui contient des dizaines et des unités, on se sert des mêmes chiffres; mais *on écrit d'abord le chiffre qui représente les dizaines, puis on met à sa droite celui qui représente les unités.*

Ainsi, pour écrire le nombre *trente-deux,* qui contient 3 dizaines et deux unités, j'écris d'abord le chiffre 3, qui représente les dizaines ; puis à sa droite, le chiffre 2, qui représente les unités, et j'ai 32.

Ainsi, le nombre *quarante-quatre* s'écrit 44 (a).

26. Pour écrire un nombre qui contient des centaines, des dizaines et des unités, on se sert encore des mêmes chiffres; mais *on écrit d'abord le chiffre qui représente les centaines, puis, à sa droite, celui des dizaines, et, à la droite de ce dernier, celui des unités.*

Ainsi, pour écrire le nombre *quatre cent trente-deux,* qui contient

---

(a) Dans ce nombre 44, le même chiffre est répété deux fois, mais avec des valeurs différentes ; car au premier rang, en commençant par la droite, il exprime autant d'unités qu'il en exprimerait s'il était seul ; au second rang, il exprime autant de dizaines qu'il exprimerait d'unités s'il était seul.

4 centaines, 3 dizaines et 2 unités; j'écris le chiffre 4, qui représente les centaines, puis à sa droite, le chiffre 3, qui représente les dizaines, puis à la droite de ce dernier, le chiffre 2, qui représente les unités, et j'ai 432.

Ainsi, le nombre *quatre cent quarante-quatre* s'écrit 444 (*b*).

27. Chaque ordre d'unités (22) qui manque dans le nombre proposé, se remplace par un zéro. Ce chiffre n'a aucune valeur par lui-même. Il sert à conserver aux autres chiffres le rang qu'ils doivent avoir.

Ainsi, pour écrire le nombre *quatre cent trente*, qui contient 4 centaines, 3 dizaines et point d'unités, j'écris d'abord le chiffre 4, qui représente les centaines; puis à sa droite le chiffre 3, qui représente les dizaines, puis à la droite de ce dernier, 0, pour tenir la place des unités, et j'ai 430.

Ainsi, pour écrire le nombre *quatre cent deux*, qui contient 4 centaines, point de dizaines, et 2 unités; j'écris d'abord le chiffre 4, qui représente les centaines; puis à sa droite 0, pour tenir la place des dizaines qui manquent; puis, à la droite de ce dernier, le chiffre 2, qui représente les unités; et j'ai 402.

Ainsi, pour écrire le nombre *quatre cents*, qui contient 4 centaines, et point de dizaines ni d'unités, j'écris d'abord le chiffre 4, qui représente les centaines; puis à sa droite deux zéros, pour remplacer les dizaines et les unités qui manquent, et j'ai 400.

28. Avec ce que nous venons de dire, on peut écrire non-seulement la classe des unités la première énoncée dans le nombre proposé, mais encore toutes les autres, pourvu qu'on sache que la classe qui suit celle qu'on vient d'écrire doit toujours avoir trois chiffres, savoir : celui des centaines, celui des dizaines, et celui des unités ; et que chaque ordre d'unités qui manque, se remplace par un zéro. De là les règles ci-dessous.

29. Pour écrire en chiffres un nombre qui contient plusieurs classes d'unités, *on écrit successivement chaque classe, comme si elle était seule, en commençant par la première énoncée. On remplace par* UN *zéro chaque ordre d'unités qui manque dans une classe, et par* TROIS *zéros chaque classe qui n'est pas nommée.*

Soit à écrire en chiffres le nombre *trente-huit millions six cent quarante-deux mille sept cent cinquante-neuf unités*.

Ce nombre renferme trois classes, savoir : des *millions*, des *mille* et des *unités*.

Pour écrire la classe des MILLIONS, je dis : en *trente-huit millions*, il y a 3 dizaines de millions et 8 unités de millions; j'écris d'abord le chiffre 3 qui représente les dizaines de cette classe, puis à sa droite le chiffre 8 qui en représente les unités, et j'ai 38.

(*b*) Dans ce nombre 444, le même chiffre est répété trois fois, mais avec des valeurs différentes; car au premier rang, en commençant par la droite, il exprime des unités; au second, des dizaines; au troisième, des centaines. On voit par là qu'un *chiffre exprime des unités de dix en dix fois plus grandes, à mesure qu'on avance d'un rang vers la gauche.*

1.

Pour écrire la classe des MILLE, je dis : en *six cent quarante-deux mille*, il y a 6 centaines, 4 dizaines et 2 unités de mille ; j'écris d'abord le chiffre 6 qui représente les centaines de cette classe, puis à sa droite le chiffre 4 qui en représente les dizaines, puis à la droite de ce dernier le chiffre 2, qui en représente les unités, et j'ai 642 que je place à la droite de 38, ce qui donne déjà 38 642.

Pour écrire la classe des UNITÉS, je dis : en *sept cent cinquante-neuf unités*, il y a 7 centaines, 5 dizaines et 9 unités qui se représentent par 759 que je place à la suite de 38 642, ce qui donne enfin 38 642 759 pour représenter le nombre proposé.

Soit à écrire le nombre *trente millions vingt-cinq unités*.

Ce nombre renferme trois classes, savoir : celle des *millions*, celle des *mille*, qui n'est pas nommée, et celle des *unités*.

Pour écrire la classe des MILLIONS, je dis : en *trente millions*, il y a 3 dizaines et point d'unités de millions ; j'écris le chiffre 3 qui représente les dizaines, puis à sa droite 0 pour remplacer les unités qui manquent dans cette classe, et j'ai 30.

Pour écrire la classe qui suit celle des millions, c'est-à-dire la classe des MILLE qui n'est pas nommée, je pose trois zéros à la droite de 30, et j'ai 30 000.

Pour écrire la classe des UNITÉS, je dis : en *vingt-cinq unités*, il y a 2 dizaines, 5 unités et pas de centaines. Pour remplacer les centaines qui manquent dans cette classe, j'écris 0, puis à sa droite le chiffre 2 pour représenter les dizaines, puis à la droite de ce dernier le chiffre 5 pour représenter les unités, et j'ai 025 que je place à la droite de 30 000, ce qui donne 30 000 025 pour le nombre proposé.

Il ne suffit pas de savoir écrire en chiffres un nombre énoncé, il faut aussi pouvoir énoncer un nombre écrit en chiffres. Pour lire un nombre écrit en chiffres, on suit les règles que nous allons donner.

Manière de lire un nombre entier écrit en chiffres.

30. Pour lire un nombre d'un seul chiffre, comme

1, 2, 3, 4, 5,

on énonce : un, deux, trois, quatre, cinq.

31. Pour lire un nombre de deux chiffres, *on énonce d'abord le chiffre des dizaines*, qui est au second rang, à partir de la droite, *puis celui des unités*.

Ainsi, pour lire le nombre 32, je dis : en 32, il y a 3 dizaines ou *trente* et 2 unités ou *deux*, ce qui s'énonce *trente-deux*.

32. Pour lire un nombre de trois chiffres, *on énonce d'abord le chiffre des centaines*, qui est au troisième rang, à partir de la droite, *puis celui des dizaines, et enfin celui des unités*.

Ainsi, pour lire le nombre 432, je dis : en 432, il y a 4 centaines ou *quatre cents*, 3 dizaines ou *trente*, et 2 unités ou *deux*, ce qui s'énonce *quatre cent trente-deux*.

33. S'il se rencontre des zéros dans le nombre, on les passe sans rien énoncer. Ainsi le nombre 400 s'énonce : *quatre cents*. Le nombre 402 s'énonce *quatre cent deux*.

34. Avec ce que nous venons de dire, on peut lire non-seulement les nombres de trois chiffres, mais encore ceux qui en ont plus de trois, pourvu qu'on sache que les 3 premiers chiffres à droite, forment la classe des *unités*, les 3 suivants, celle des *mille*, les 3 suivants, celle des *millions*,... et qu'on sache aussi qu'il faut lire successivement chaque classe, à partir de la gauche. De là la règle ci-dessous.

35. Pour lire facilement un nombre de plus de trois chiffres, on le partage en *tranches* de trois chiffres chacune, à partir de la droite (la dernière tranche à gauche peut n'en avoir qu'un ou deux) ; puis, en commençant par la gauche, on énonce successivement chaque tranche comme si elle était seule, en ajoutant, après son dernier chiffre, le nom des unités qu'elle représente.

Dans le tableau suivant, on voit au-dessus de chaque tranche, le mot qu'il faut prononcer après la lecture du dernier chiffre de cette tranche.

Noms des tranches.

Trillions.	Billions.	Millions.	Mille.	Unités.
3 3 3 Unités de trillions ou trillions. Dizaines de trillions. Centaines de trillions.	3 3 3 Unités de billions ou billions. Dizaines de billions. Centaines de billions.	3 3 3 Unités de millions ou millions. Dizaines de millions. Centaines de millions.	3 3 3 Unités de mille ou mille. Dizaines de mille. Centaines de mille.	3 3 3 Unités simples ou unités. Dizaines d'unités. Centaines d'unités.

Soit maintenant à lire le nombre 38 642 759 :

Je partage ce nombre en tranches de trois chiffres chacune, à partir de la droite, et j'ai 38. 642. 759, c'est-à-dire trois tranches dont la 1re à droite représente des *unités*, la 2e des *mille*, la 3e des *millions*.

Pour lire la tranche des MILLIONS, je dis : En 38, il y a 3 dizaines de millions ou *trente millions* et 8 unités de millions ou *huit millions*, ce qui s'énonce *trente-huit millions*.

Pour lire la tranche des MILLE, je dis : en 642, il y a 6 centaines ou *six cents*, 4 dizaines ou *quarante* et 2 unités de mille ou *deux mille*, ce qui s'énonce *six cent quarante-deux mille*.

Pour lire la tranche des UNITÉS, je dis : en 759 il y a 7 centaines ou *sept cents*, 5 dizaines ou *cinquante* et 9 unités ou *neuf unités*, ce qui s'énonce *sept cent cinquante-neuf unités*.

En lisant successivement chaque tranche, à partir de la gauche, l'énoncé du nombre proposé sera donc *trente-huit millions six cent quarante-deux mille sept cent cinquante-neuf*.

Le nombre 30 000 025 s'énonce *trente millions vingt-cinq unités*.

36. Les règles que nous venons de donner pour écrire et pour lire les nombres sont fondées sur cette convention qu'*un chiffre exprime des unités de dix en dix fois plus grandes à mesure qu'on avance d'un rang vers la gauche*. De cette convention, qu'on appelle le principe de la *numération décimale*, on tire les conséquences suivantes :

37. 1° Tout chiffre significatif (a) a deux valeurs : l'une, *absolue*, et l'autre, *relative*. La valeur absolue d'un chiffre est celle qu'il a, étant considéré seul. La valeur relative d'un chiffre est celle qu'il a d'après le rang qu'il occupe par rapport au chiffre des unités.

Ainsi, dans le nombre 432, la valeur absolue du premier chiffre à gauche est quatre, et sa valeur relative est quatre cents ; la valeur absolue du 3 est trois, et sa valeur relative est trois dizaines ou trente, etc.

38. II° Dix unités d'un rang valent une unité du rang immédiatement à gauche.

39. Au contraire, une unité d'un rang vaut dix unités du rang immédiatement à droite.

40. III° En écrivant 1, 2, 3... zéros à la droite d'un nombre entier, on rend ce nombre 10 fois, 100 fois, 1000 fois... plus grand.

Ainsi, en écrivant un zéro à la droite de 75, on aura le nombre 750, qui est dix fois plus grand que 75.

En effet, le chiffre 5, qui n'exprimait d'abord que des unités, exprime maintenant des dizaines, il a donc une valeur dix fois plus grande ; le chiffre 7, qui exprimait des dizaines, exprime des centaines, il a donc une valeur dix fois plus grande ; toutes les parties du nombre ont donc été rendues dix fois plus grandes : donc le nombre lui-même a été rendu dix fois plus grand.

En écrivant deux zéros à la droite de 75, je rends ce nombre 100 fois plus grand, parce qu'alors chacun de ses chiffres passe à un rang où il exprime des unités 100 fois plus grandes qu'auparavant.

41. IV° En supprimant 1, 2, 3... zéros sur la droite d'un nombre entier, on rend ce nombre 10 fois, 100 fois, 1000 fois... plus petit.

Ainsi, en supprimant un zéro sur la droite de 750, on aura le nombre 75 qui est dix fois plus petit que 750.

(a) Les chiffres *significatifs* sont : 1, 2, 3, 4, 5, 6, 7, 8, 9.

En effet, le chiffre 5, qui exprimait d'abord des dizaines, n'exprime plus que des unités ; le chiffre 7, qui exprimait des centaines, n'exprime plus que des dizaines : donc toutes les parties du nombre 750 ont été rendues 10 fois plus petites : donc ce nombre a été rendu 10 fois plus petit.

En supprimant trois zéros sur la droite de 75000, je rends ce nombre 1000 fois plus petit, parce qu'alors chacun de ses chiffres passe à un rang où il exprime des unités 1000 fois plus petites qu'auparavant.

42. V° En écrivant des zéros à la gauche d'un nombre entier, on ne change point la valeur de ce nombre, parce que chacun de ses chiffres conserve le même rang, et, par conséquent, la même valeur qu'auparavant.

Ainsi, en écrivant un zéro à la gauche de 75, on aura 075, qui a la même valeur que 75.

43. Maintenant que nous connaissons les nombres entiers, parlons des différentes opérations auxquelles on peut les soumettre, et d'abord des quatre principales, qui sont : l'*addition*, la *soustraction*, la *multiplication* et la *division*.

ADDITION DES NOMBRES ENTIERS.

44. L'ADDITION *est une opération par laquelle on réunit plusieurs nombres en un seul.*

Le résultat de l'opération s'appelle *somme* ou *total*.

On distingue deux cas principaux dans l'addition, savoir : ou les nombres à additionner n'ont qu'un seul chiffre, ou ils en ont plusieurs.

45. Ier CAS. Pour additionner des nombres d'un seul chiffre, on ajoute successivement au premier nombre toutes les unités qui sont contenues dans le deuxième, puis à leur somme, toutes les unités du troisième, et ainsi de suite.

Si je veux ajouter, par exemple, 7 à 3 : je dirai, en comptant sur mes doigts jusqu'à ce que j'arrive au troisième : 7 et 1 font 8, et 1 font 9, et 1, 10 ; de sorte que 7 et 3 font 10.

46. IIe CAS. Pour additionner des nombres de plusieurs chiffres, *on écrit ces nombres les uns sous les autres, de manière que les unités de même ordre soient dans une même colonne ; on tire un trait sous le dernier nombre pour le séparer du total qu'on écrira dessous ; puis on additionne successivement tous les chiffres de la première colonne à droite ; si la somme ne surpasse pas 9, on l'écrit tout entière ; si elle surpasse 9, on n'écrit que ses unités et on retient ses dizaines pour les ajouter à la colonne suivante.*

On opère de même sur la seconde colonne, puis sur la troisième, et ainsi de suite. Arrivé à la dernière, à gauche, on écrit la somme telle qu'on la trouve.

= 14 =

EXEMPLE. Soit à additionner les trois nombres 6972, 2641, 3856.

Opération.

J'écris ces nombres les uns sous les autres, de manière que les unités soient placées sous les unités, les dizaines sous les dizaines, les centaines sous les centaines, etc.; puis j'additionne les chiffres de la première colonne à droite (a), en disant : 2 et 1 font 3, et 6 font 9; je pose 9 sous le trait perpendiculairement à la colonne que je viens d'additionner.

Je passe à la seconde colonne sur laquelle j'opère comme sur la précédente, en disant : 7 et 4 font 11, et 5 font 16; en 16 il y a une dizaine et 6 unités, je pose 6 et je retiens 1 que j'ajoute à la colonne suivante en disant :

1 de retenue et 9 font 10, et 6 font 16, et 8 font 24; en 24 il y a 2 dizaines et 4 unités; je pose 4 et je retiens 2 que j'ajoute à la colonne suivante, en disant :

2 de retenue et 6 font 8, et 2 font 10, et 3 font 13 que j'écris, parce qu'il n'y a plus rien à additionner, et j'ai 13469 pour total.

Ce nombre 13469 est la somme totale des nombres proposés, puisqu'il contient la somme des unités, celle des dizaines, celle des centaines et celle des mille.

Dans la pratique, on dit simplement : 2 et 1 font 3, et 6 font 9; je pose 9; —— 7 et 4 font 11, et 5 font 16; je pose 6 et je retiens 1 —— 1 de retenue et 9 font 10, et 6 font 16, et 8 font 24; je pose 4 et je retiens 2 —— 2 de retenue et 6 font 8, et 2 font 10, et 3 font 13, je pose 13, et j'ai 13469 pour total.

```
      6972
      2641
      3856
Tot. 13469
```

47. *Sous une colonne de zéros, on écrit la retenue de la colonne précédente; si l'on n'a pas de retenue à écrire, on pose zéro.*

EXEMPLES :

```
   5304           5010
   1903           9080
   8607           4020
Sommes... 15814        13060
```

48. *Quand une colonne est composée de zéros et de chiffres significatifs, on compte seulement les chiffres significatifs.*

EXEMPLE.
```
        3079
        8500
        2030
Total... 13609
```

(a) On commence l'addition par la colonne à droite, afin de pouvoir porter à la colonne suivante la retenue provenant de la colonne qu'on vient d'additionner.

PREUVE DE L'ADDITION.

49. Pour faire la preuve de l'addition, on recommence l'opération dans un ordre différent de celui qu'on a suivi d'abord : Ainsi, *si l'on a additionné les chiffres en descendant, on les additionne en montant, et on retrouve la même somme, si l'on a bien opéré.*

SOUSTRACTION DES NOMBRES ENTIERS.

50. *La* SOUSTRACTION *est une opération par laquelle on retranche un nombre d'un autre pour trouver de combien le plus grand surpasse le plus petit.*

Le résultat de l'opération s'appelle *reste*, ou *différence*.

On distingue deux cas principaux dans la soustraction, savoir : ou les nombres à soustraire n'ont qu'un seul chiffre, ou ils en ont plusieurs.

51. Ier CAS. Pour soustraire un nombre d'un seul chiffre d'un autre nombre, *on retranche successivement du plus grand toutes les unités du plus petit.*

Si je veux retrancher, par exemple, 3 de 7 : je dirai, en comptant sur mes doigts jusqu'à ce que je sois arrivé au troisième : 7 moins 1, reste 6; moins 1, 5; moins 1, 4. Ainsi, en soustrayant 3 de 7, je trouve 4 pour reste.

52. IIe CAS. Pour soustraire un nombre de plusieurs chiffres d'un autre nombre, *on écrit le plus petit sous le plus grand de manière que les unités de même ordre soient dans une même colonne; on tire un trait sous le dernier nombre pour le séparer du reste qu'on écrira dessous; ensuite, prenant le chiffre inférieur de la première colonne à droite, on le retranche du chiffre supérieur correspondant, et on écrit le reste sous la colonne qui l'a donné.*

On opère de même sur la seconde colonne, puis sur la troisième, et ainsi de suite jusqu'à la dernière à gauche.

EXEMPLE. Soit à soustraire 8642 de 9876.

Opération.

```
          9876
          8642
Différence... 1234
```

J'écris le plus petit de ces nombres sous le plus grand, de manière que les unités soient placées sous les unités, les dizaines sous les dizaines, les centaines sous les centaines, etc., puis :

A la 1re colonne à droite, je dis : 2 ôtés de 6, il reste 4 ; je pose 4 sous la colonne.

A la 2e colonne, je dis : 4 ôtés de 7, il reste 3 ; je pose 3 sous la colonne.

A la 3e colonne, je dis : 6 ôtés de 8, il reste 2 ; je pose 2 sous la colonne.

A la 4ᵉ colonne, je dis : 8 ôtés de 9, il reste 1 ; je pose 1 sous la colonne, et j'ai 1234 pour différence.

Ce nombre 1234 est la différence totale des nombres proposés, puisqu'il contient la différence des unités, celle des dizaines, celle des centaines et celle des mille de ces nombres.

Dans la pratique, on dit simplement : 2 ôtés de 6, il reste 4 ; je pose 4 — 4 de 7, reste 3 ; 6 de 8, reste 2 ; 8 de 9, reste 1 (*a*).

53. Si le chiffre inférieur est AUSSI GRAND que le chiffre supérieur correspondant, *on écrit zéro*, parce que quand deux nombres sont égaux leur différence est nulle.

EXEMPLE. Soit à soustraire 52310 de 54310.

Opération.

```
        54310
        52310
Différence.  2000
```

J'écris le plus petit de ces nombres sous le plus grand, de manière que les unités soient placées sous les unités, les dizaines sous les dizaines, etc., puis je dis : 0 ôté de 0, il ne reste rien ; je pose 0 — 1 de 1, reste 0 ; je pose 0 — 3 de 3, reste 0 ; je pose 0 — 2 de 4, reste 2 ; je pose 2 — 5 de 5, reste 0 que je ne pose pas, parce que celui-ci est inutile, attendu qu'un zéro à la gauche d'un nombre entier ne change point la valeur de ce nombre (42). La différence des deux nombres est donc 2000.

54. Si le chiffre inférieur est PLUS GRAND que le chiffre supérieur correspondant, *on augmente ce dernier de 10 et on ajoute 1 au chiffre inférieur de la colonne suivante* (*b*).

EXEMPLE. Soit à soustraire 2954 de 6381.

Opération.

```
        6381
        2954
Différence.  3427
```

Pour faire cette opération, j'écris le plus petit de ces nombres sous le plus grand, de manière que les unités soient sous les unités, les dizaines sous les dizaines, etc. ; puis je dis : ôter 4 de 1, cela ne se peut ; j'ajoute 10 à 1, en disant : 10 et 1 font 11 ; ôter 4 de 11, il reste 7 ; je pose 7. — J'ajoute 1 au chiffre inférieur de la colonne suivante, en disant : 1 et 5 font 6 ; ôter 6 de 8, il reste 2 ; je pose 2. — Ôter 9 de 3, cela ne se peut ; j'ajoute 10 à 3, en disant : 10 et 3 font 13 ; ôter 9 de 13, il reste 4 ; je pose 4. — J'ajoute 1 au chiffre inférieur de la colonne suivante, en disant : 1 et 2 font 3 ; ôter 3 de 6, il reste 3 ; je pose 3, et j'ai 3427 pour différence. Ce nombre 3427 est la véritable différence, en effet :

(*a*) On dit aussi : de 2 pour aller à 6, il y a 4 ; de 4 à 7, il y a 3 ; de 6 à 8, il y a 2 ; de 8 à 9, il y a 1.

(*b*) On commence la soustraction par la droite, afin de pouvoir la rendre possible quand le chiffre inférieur est plus grand que son correspondant.

La différence de deux nombres ne change pas lorsqu'on augmente ces nombres chacun de la même quantité ; or, j'ai augmenté les deux nombres chacun de la même quantité ; car si, en ajoutant 10 unités à 1, j'ai augmenté 6381 *d'une dizaine;* en ajoutant 1 à 5, j'ai aussi augmenté 2954 *d'une dizaine;* si, en ajoutant 10 centaines à 3, j'ai augmenté 6381 *d'un mille;* en ajoutant 1 à 2, j'ai aussi augmenté 2954 *d'un mille.* Donc, la différence des deux nombres n'est pas changée, et par conséquent 3427 est la véritable différence.

Dans la pratique, on dit simplement : 4 de 11, reste 7 ; 6 de 8, reste 2 ; 9 de 13, reste 4 ; 3 de 6, reste 3.

PREUVE *de la soustraction.*

55. Pour faire la preuve de la soustraction, on ajoute la différence au plus petit nombre ; et la somme doit être égale au plus grand nombre, si l'on a bien opéré.

EXEMPLE

De 49021
Ôter 9975
Reste, ou différence 39046

Preuve 49021

Pour faire la preuve de cette opération, j'additionne la différence 39046 avec le petit nombre 9975, et j'ai 49021 pour somme ; cette somme étant égale au plus grand nombre, j'en conclus que j'ai bien opéré.

MULTIPLICATION DES NOMBRES ENTIERS.

56. *La* MULTIPLICATION *est une opération par laquelle on prend un nombre appelé* multiplicande, *autant de fois qu'il y a d'unités dans un autre nombre appelé* multiplicateur.

Le résultat de l'opération s'appelle *produit.*

Le multiplicande et le multiplicateur se nomment *facteurs* du produit.

57. De la définition de la multiplication, il suit :

1° Que le multiplicande est contenu dans le produit autant de fois qu'il y a d'unités dans le multiplicateur, et, par conséquent :

2° Que le produit est toujours de même nature que le multiplicande. Ainsi, quand le multiplicande exprime des francs, des mètres, etc., le produit exprime des francs, des mètres.

On distingue trois cas principaux dans la multiplication, savoir : ou aucun des facteurs n'a plusieurs chiffres, ou un seul facteur a plusieurs chiffres, ou les deux facteurs ont plusieurs chiffres.

58. 1ᵉʳ CAS. Pour multiplier un nombre d'un seul chiffre par un nombre d'un seul chiffre, *on additionne autant de nombres égaux au premier qu'il y a d'unités dans le second, et la somme est le produit demandé.*

Ainsi, pour multiplier 7 par 3, il suffit de faire l'addition suivante :

$$\begin{array}{r}7\\7\\7\\\hline 21\text{ Produit.}\end{array}$$

On se dispense de faire cette opération, au moyen de la Table de multiplication où l'on trouve toujours le produit de deux nombres simples.

TABLE DE MULTIPLICATION.

1 fois	1	c'est	1	4 fois	1	font	4	7 fois	1	font	7
1	2		2	4	2		8	7	2		14
1	3		3	4	3		12	7	3		21
1	4		4	4	4		16	7	4		28
1	5		5	4	5		20	7	5		35
1	6		6	4	6		24	7	6		42
1	7		7	4	7		28	7	7		49
1	8		8	4	8		32	7	8		56
1	9		9	4	9		36	7	9		63
2 fois	1	font	2	5 fois	1	font	5	8 fois	1	font	8
2	2		4	5	2		10	8	2		16
2	3		6	5	3		15	8	3		24
2	4		8	5	4		20	8	4		32
2	5		10	5	5		25	8	5		40
2	6		12	5	6		30	8	6		48
2	7		14	5	7		35	8	7		56
2	8		16	5	8		40	8	8		64
2	9		18	5	9		45	8	9		72
3 fois	1	font	3	6 fois	1	font	6	9 fois	1	font	9
3	2		6	6	2		12	9	2		18
3	3		9	6	3		18	9	3		27
3	4		12	6	4		24	9	4		36
3	5		15	6	5		30	9	5		45
3	6		18	6	6		36	9	6		54
3	7		21	6	7		42	9	7		63
3	8		24	6	8		48	9	8		72
3	9		27	6	9		54	9	9		81

59. On observera, dans cette Table, qu'on *ne change pas la valeur d'un produit en intervertissant l'ordre des facteurs*, c'est-à-dire en multipliant le multiplicateur par le multiplicande.

Ainsi, le produit de 7 fois 3 est le même que celui de 3 fois 7, car le produit de 7 fois 3 est 21, et le produit de 3 fois 7 est également 21.

60. II° cas. 1°. Pour multiplier un nombre de plusieurs chiffres par un nombre d'un seul chiffre, *on écrit le multiplicateur sous le multiplicande; on tire un trait sous ce dernier*

nombre pour le séparer du produit qu'on écrira dessous, puis on multiplie le premier chiffre à droite du multiplicande par le multiplicateur; si le produit ne surpasse pas 9, on l'écrit tout entier; s'il surpasse 9, on n'écrit que ses unités, et l'on retient ses dizaines pour les ajouter au produit suivant.

On opère de même sur le second chiffre du multiplicande, puis sur le troisième, et ainsi de suite. Arrivé au dernier, on écrit le produit tel qu'on le trouve.

1ᵉʳ EXEMPLE. Soit à multiplier 432 par 3.

Opération.

Multiplicande   432
Multiplicateur   3
Produit   1296

Pour faire cette opération, j'écris le multiplicateur 3 sous le multiplicande 432; je tire un trait sous le multiplicateur; puis je dis : 3 fois 2 font 6, je pose 6 ; 3 fois 3 font 9, je pose 9 ; 3 fois 4 font 12, je pose 12, et j'ai 1296 pour produit.

Ce nombre 1296 est le véritable produit demandé, puisqu'il contient 3 fois les 2 unités, 3 fois les 3 dizaines, et 3 fois les 4 centaines du multiplicande, et, par conséquent, tout le multiplicande autant de fois qu'il y a d'unités dans le multiplicateur 3.

2ᵉ EXEMPLE. Soit à multiplier 1296 par 5.

Opération.

Multiplicande   1296
Multiplicateur   5
Produit   6480

Pour faire cette opération, j'écris le multiplicateur 5 sous le multiplicande 1296; je tire un trait sous le multiplicateur; puis je dis : 5 fois 6 font 30, je pose 0 et je retiens 3 ; 5 fois 9 font 45, et 3 de retenue font 48, je pose 8 et je retiens 4 ; 5 fois 2 font 10, et 4 de retenue font 14, je pose 4 et je retiens 1 ; 5 fois 1 font 5, et 1 de retenue font 6, je pose 6, et j'ai 6480 pour produit.

61. 2° Pour multiplier un nombre d'un seul chiffre par un nombre de plusieurs chiffres, on *multiplie le multiplicateur par le multiplicande*; mais on fait exprimer au produit les unités du véritable multiplicande.

EXEMPLE. Si chaque mètre coûte 9 francs, combien 154 mètres en coûteront-ils ?

Si 1 mètre coûte 9 francs, il est clair que 2, 3, 4... mètres coûteront 2, 3, 4... fois 9 francs, et que 154 mètres coûteront 154 fois 9 francs : il faut donc, pour résoudre cette question, prendre le nombre 9 154 fois, c'est-à-dire multiplier 9 par 154; mais, pour abréger l'opération, on multipliera 154 par 9.

                       154 mètres
                         9 francs
                       1386 francs

Les 154 mètres coûteront donc 1386 francs.

62. III° cas. Pour multiplier un nombre de plusieurs chiffres par un nombre de plusieurs chiffres, *on écrit le multiplicateur sous le multiplicande ; on tire un trait sous le dernier nombre pour le séparer du produit, puis on multiplie tout le multiplicande par le premier chiffre à droite du multiplicateur,* suivant la règle n° 60.

On multiplie de même tout le multiplicande par le second chiffre du multiplicateur, puis par le troisième, et ainsi de suite.

On écrit les produits partiels les uns sous les autres, de manière que le premier chiffre à droite de chaque produit soit mis au rang du chiffre par lequel on multiplie.

On souligne le dernier produit ; on additionne tous les produits partiels, et la somme est le produit total.

Exemple. Soit à multiplier 471 par 932.

Opération

	471 multiplicande
	932 multiplicateur
Produit de 471 par 2 unités	942 unités
Produit de 471 par 3 dizaines	1413 dizaines
Produit de 471 par 9 centaines	4239 centaines
Produit de 471 par 932...	438972

Pour faire cette opération, j'écris 471 ; je mets dessous 932 ; je tire un trait sous ce dernier nombre ; puis je multiplie tout le multiplicande par le premier chiffre à droite du multiplicateur, en disant :

2 fois 1 font 2, je pose 2 sous le chiffre par lequel je multiplie ; 2 fois 7 font 14, je pose 4 (*a*) et je retiens 1 ; 2 fois 4 font 8, et 1 de retenue font 9, je pose 9 (*b*).

Je multiplie ensuite tout le multiplicande par le second chiffre du multiplicateur, en disant :

3 fois 1 font trois, je pose 3 sous le chiffre par lequel je multiplie (*c*) ; 3 fois 7 font 21, je pose 1, et je retiens 2 ; 3 fois 4 font 12, et 2 de retenue font 14 que j'écris en entier, parce que je n'ai plus rien à multiplier par ce chiffre.

Je multiplie enfin tout le multiplicande par le dernier chiffre du multiplicateur, en disant : 9 fois 1 font 9, je pose 9 sous le chiffre

---

(*a*) Je pose 4 au rang des dizaines, parce qu'en multipliant des *dizaines* par des *unités*, on a des dizaines pour produit ; car 10 multiplié par 1 égale 10.

(*b*) Je pose 9 au rang des centaines, parce qu'en multipliant des *centaines* par des *unités*, on a des centaines pour produit ; car 100 multiplié par 1, égale 100.

(*c*) Je pose 3 au rang des dizaines, parce qu'en multipliant des *unités* par des *dizaines*, on a des dizaines pour produit ; car 1 multiplié par 10, égale 10.

par lequel je multiplie (a); 9 fois 7 font 63, je pose 3 et je retiens 6 ; 9 fois 4 font 36 et 6 de retenue font 42 que j'écris en entier, parce que je n'ai plus rien à multiplier par ce chiffre.

Je souligne le dernier produit; j'additionne tous les produits partiels, et j'ai la somme 438972 pour produit total.

Ce nombre 438972 est le véritable produit total demandé, puisqu'il contient tout le multiplicande 2 fois, 3 dizaines de fois et 9 centaines de fois, c'est-à-dire autant de fois qu'il y a d'unités dans le multiplicateur 932.

63. Quand il y a des zéros entre les chiffres significatifs du multiplicande, *on écrit, au produit, la retenue provenant de la multiplication du chiffre précédent; si l'on n'a pas de retenue à écrire, on pose zéro,* pour conserver au chiffre suivant le rang qu'il doit avoir.

EXEMPLE. Soit à multiplier 4007 par 236.

Opération.

```
    4007
     236
   ─────
   24042
   12021
    8014
   ─────
Produit 945652
```

J'écris le multiplicateur 236 sous le multiplicande 4007; je tire un trait sous le multiplicateur, puis je dis : 6 fois 7 font 42, je pose 2 et je retiens 4; 6 fois 0 font 0 et 4 de retenue font 4, je pose 4 ; 6 fois 0 font 0, je pose 0 ; 6 fois 4 font 24 que j'écris en entier.

3 fois 7 font 21, je pose 1 et je retiens 2 ; 3 fois 0 font 0 et 2 de retenue font 2, je pose 2 ; 3 fois 0 font 0, je pose 0 ; 3 fois 4 font 12 que j'écris en entier.

2 fois 7 font 14, je pose 4 et je retiens 1; 2 fois 0 font 0 et 1 de retenue font 1, je pose 1 ; 2 fois 0 font 0, je pose 0 ; 2 fois 4 font 8 que j'écris.

Je souligne ce dernier produit ; j'additionne tous les produits partiels, et la somme 945652 est le produit total.

64. Quand il y a des zéros entre les chiffres significatifs du multiplicateur, *on ne multiplie point par ces zéros,* parce qu'ils ne donneraient que des zéros au produit.

EXEMPLE. Soit à multiplier 236 par 4007.

Opération.

```
     236
    4007
   ─────
    1652
   94400
   ─────
Produit 945652
```

(a) Je pose 9 au rang des centaines, parce qu'en multipliant des *unités par des centaines,* on a des centaines pour produit ; car 1 multiplié par 100 égale 100.

J'écris le multiplicateur 4007 sous le multiplicande 236 ; je tire un trait sous le multiplicateur, puis je dis : 7 fois 6 font 42, je pose 2 et je retiens 4 ; 7 fois 3 font 21, et 4 de retenue font 25, je pose 5 et je retiens 2 ; 7 fois 2 font 14 et 2 de retenue font 16 que j'écris en entier.

Je descends au rang des dizaines du produit le 0 qui est au rang des dizaines du multiplicateur.

Je descends au rang des centaines du produit le 0 qui est au rang des centaines du multiplicateur, puis je dis : 4 fois 6 font 24, je pose 4 sous le chiffre par lequel je multiplie, et je retiens 2 ; 4 fois 3 font 12 et 2 de retenue font 14, je pose 4 et je retiens 1 ; 4 fois 2 font 8 et 1 de retenue font 9 que j'écris.

Je souligne le dernier produit ; j'additionne tous les produits partiels, et la somme 945652 est le produit total demandé.

65. Quand le multiplicande ou le multiplicateur, ou tous les deux, sont terminés par des zéros, on opère comme on l'a fait dans les deux derniers exemples.

```
   6500         35          2275         3500
     35       6500           100         6500
  -----      -----         ------      -------
  32500      17500         227500       1750000
  19500        210                        21000
  -----      ------                     -------
 227500      227500                    22750000
```

Pour abréger la multiplication.

66. 1° Quand le multiplicande est un nombre terminé par des zéros, *on opère comme si ces zéros n'y étaient pas, et on met à la droite du produit total autant de zéros qu'il y en a sur la droite du multiplicande.*

EXEMPLE.   Soit   6500
         à multiplier par   35
                           325
                           195
         Produit   227500

Je multiplie seulement 65 par 35, et j'ai 2275 pour produit, je mets deux zéros à la droite de ce produit, parce qu'il y en a deux à la droite du multiplicande, et j'obtiens 227500 pour véritable produit.

Je dois écrire ces deux zéros à la droite du produit pour le ramener à sa juste valeur : En effet, en supprimant deux zéros sur la droite du multiplicande, j'ai rendu ce nombre cent fois plus petit (41), et, par conséquent, le produit cent fois plus petit. Pour ramener le produit à sa juste valeur, je dois le rendre cent fois plus grand, et c'est ce que je fais en écrivant deux zéros sur sa droite (40).

67. 2° Quand le multiplicateur est un nombre terminé par des zéros, *on opère comme si ces zéros n'y étaient pas, et on met à la droite du produit total autant de zéros qu'il y en a sur la droite du multiplicateur.*

Exemple.   Soit   35
         à multiplier par   6500
                           ─────
                            175
                           210
Produit   227500

Je multiplie seulement 35 par 65, et j'ai 2275 pour produit, sur la droite duquel je mets deux zéros, parce qu'il y en a deux à la droite du multiplicateur, et j'ai 227500 pour véritable produit.

Je dois écrire ces deux zéros à la droite du produit pour le ramener à sa juste valeur. En effet, en supprimant deux zéros sur la droite du multiplicateur, j'ai rendu ce nombre cent fois plus petit (41), et par conséquent le produit cent fois plus petit; pour ramener le produit à sa juste valeur, je dois donc le rendre cent fois plus grand, et c'est ce que je fais en écrivant deux zéros sur sa droite (40).

68. Quand le multiplicateur est l'unité suivie de zéros, *il suffit de mettre à la droite du multiplicande autant de zéros qu'il y en a sur la droite du multiplicateur.*

Ainsi, le nombre   2275
Multiplié par   10, donne   22750 pour produit.
—   100, —   227500
—   1000, —   2275000

69. Quand le multiplicande et le multiplicateur sont terminés par des zéros, *on opère comme si ces zéros n'y étaient pas, et on met à la droite du produit total autant de zéros qu'il y en a sur la droite des deux facteurs.*

Exemple.   Soit   6500
         à multiplier par   3500
                           ─────
                            325
                           195
Produit   22750000

Je multiplie seulement 65 par 35, et j'ai 2275 pour produit; j'écris à la droite de ce produit les deux zéros qui terminent le multiplicande et les deux qui terminent le multiplicateur, et j'ai 22750000 pour véritable produit.

Je dois écrire ces quatre zéros à la suite du produit pour lui restituer sa valeur. En effet, en supprimant deux zéros sur la droite du multiplicande, j'ai rendu ce nombre cent fois trop petit; en supprimant deux zéros sur la droite du multiplicateur, je l'ai rendu cent fois trop petit; en multipliant ces nombres l'un par l'autre, j'ai multiplié un nombre cent fois trop petit par un autre aussi cent fois trop petit; j'ai donc un produit trop petit de ce que donne 100 multiplié par 100; or, 100 multiplié par 100 donne 10000; donc, j'ai un produit trop petit de 10000; donc, pour lui restituer sa valeur, il faut que je le rende plus grand de 10000; mais pour le rendre plus grand de 10000, il faut que j'écrive quatre zéros à sa droite, et c'est précisément autant qu'il y en a à la suite des deux facteurs.

70. 4° Pour abréger la multiplication, on multiplie par le facteur qui doit donner le moins de chiffres à écrire.

Ainsi, pour multiplier 93 par 45678, on multipliera 45678 par 93; pour multiplier 400002 par 987, on multipliera 987 par 400002.

Preuve de la Multiplication.

71. Pour faire la preuve de la multiplication, on multiplie le multiplicateur par le multiplicande, et on retrouve le même produit, si l'on a bien opéré.

EXEMPLE.

```
   Opération.            Preuve.
        65                  35
        35                  65
       ---                 ---
       325                 175
       195                 240
       ---                 ---
Produit 2275         Produit 2275
```

On a bien opéré, car les deux produits sont les mêmes comme ils devaient l'être, puisque le produit de deux facteurs ne change point de valeur, quand on intervertit l'ordre de ces facteurs (59).

72. Non-seulement on peut, sans changer la valeur du produit, intervertir l'ordre des facteurs, quand il y en a deux, mais encore lorsqu'il y en a davantage.

Ainsi le produit de $5 \times 3 \times 4 \times 6$ est le même que celui de $4 \times 3 \times 6 \times 5$.

73. Pour trouver le produit de plus de deux facteurs, *on multiplie d'abord deux de ces facteurs entre eux; puis on multiplie le produit de ces deux premiers facteurs par un troisième facteur; puis on multiplie le nouveau produit par un quatrième facteur, et ainsi de suite, jusqu'à ce qu'on ait employé tous les facteurs.*

EXEMPLE. Soit $3 \times 4 \times 5 \times 6$.

```
Opération.
        3
     ×  4
     ----
       12
     ×  5
     ----
       60
     ×  6
     ----
      360
```

Problèmes résolus.

1er. Si chaque mètre coûte 15 francs, combien 12 mètres en coûteront-ils (a)?

(a) Si *un seul* mètre coûte 15 fr., il est clair que 2, 3, 4... mètres coûteront

Solution. Si *un* mètre coûte 15 fr., 12 mètres en coûteront 12 fois plus, c'est-à-dire 12 fois 15 fr., ou 15 × 12. En effectuant l'opération,

$$\begin{array}{r} 15^{\text{f}} \\ 12 \\ \hline 30 \\ 15 \\ \hline 180^{\text{f}} \end{array}$$

on trouve que les 12 mètres coûteront **180** fr.

2ᵉ. Si chaque heure vaut 60 minutes, combien 24 heures en vaudront-elles ?

Solution. Si *une* heure vaut 60 minutes, 24 heures en vaudront 24 fois plus, c'est-à-dire 24 fois 60, ou 60 × 24. En effectuant l'opération,

$$\begin{array}{r} 60 \text{ minutes} \\ 24 \\ \hline 240 \\ 120 \\ \hline 1440 \text{ minutes.} \end{array}$$

on trouve que 24 heures valent **1440** minutes.

74. Parfois on ne sait s'il faut multiplier pour résoudre une question, et, quand on est sûr qu'il faut multiplier, souvent on ne sait quel nombre il faut multiplier. Voici une règle facile pour sortir d'embarras.

RÈGLE. *Quand la réponse est* PLUS... *il faut multiplier le nombre qui suit* PLUS (*a*).

EXEMPLE. Si l'on gagne 2 francs chaque jour, combien en gagnera-t-on dans 6 jours ? *Réponse.* On gagnera PLUS DE 2ᶠ.

La réponse étant PLUS DE 2ᶠ, j'en conclus que je dois faire une multiplication dont 2 est le multiplicande. En effectuant l'opération

$$\begin{array}{r} 2^{\text{f}} \\ 6 \\ \hline 12 \end{array}$$

Je trouve qu'en 6 jours on gagnera **12** francs.

DIVISION DES NOMBRES ENTIERS.

75. La DIVISION *est une opération par laquelle on cherche combien de fois un nombre appelé* diviseur *est contenu dans un autre nombre appelé* dividende.

Le résultat de l'opération s'appelle *quotient*.

76. De la définition de la division, il suit que le diviseur

2, 3, 4... fois 15 fr., et que 12 mètres coûteront 12 fois 15 fr.; il faut donc, pour résoudre ce problème, prendre le nombre 15 fr. 12 fois, c'est-à-dire multiplier 15 par 12, et le produit sera la réponse à la question proposée.

(*a*) Le nombre qui suit *plus* doit toujours être de même espèce que le nombre demandé.

est contenu dans le dividende autant de fois qu'il y a d'unités dans le quotient (a).

On distingue deux cas principaux dans la division des nombres entiers, savoir : ou le diviseur n'a qu'un seul chiffre, ou il en a plusieurs.

77. Ier CAS. 1° Quand le diviseur n'a qu'un seul chiffre et qu'il est CONTENU MOINS DE DIX FOIS DANS LE DIVIDENDE, *on soustrait le diviseur du dividende autant de fois qu'on le peut, le nombre des soustractions est le quotient cherché*; car il indique évidemment combien de fois le diviseur est contenu dans le dividende.

Ainsi, pour diviser 21 par 7, je fais les calculs suivants :

$$\begin{array}{r}21\\ 7\end{array}$$ Première soustraction.
$$\begin{array}{r}\overline{14}\\ 7\end{array}$$ Deuxième soustraction.
$$\begin{array}{r}\overline{7}\\ 7\end{array}$$ Troisième soustraction.
$$\overline{0}$$

J'ai 3 soustractions ; donc 3 est le quotient de 21 divisé par 7.

On se dispense de faire cette opération, au moyen de la table de Pythagore, où l'on trouve toujours le quotient demandé, quand il doit être d'un seul chiffre.

TABLE DE PYTHAGORE.

1	2	3	4	5	6	7	8	9
2	4	6	8	10	12	14	16	18
3	6	9	12	15	18	21	24	27
4	8	12	16	20	24	28	32	36
5	10	15	20	25	30	35	40	45
6	12	18	24	30	36	42	48	54
7	14	21	28	35	42	49	56	63
8	16	24	32	40	48	56	64	72
9	18	27	36	45	54	63	72	81

(a) Ainsi, on peut regarder le dividende comme un produit dont le diviseur et le quotient sont les facteurs.

Voici la manière de s'en servir :

On cherche le diviseur dans la ligne horizontale supérieure; puis on descend la colonne verticale où se trouve ce diviseur jusqu'à ce qu'on rencontre le dividende; et le quotient se voit vis-à-vis dans la première colonne verticale à gauche. Si en descendant la colonne verticale au-dessus de laquelle se trouve le diviseur, on ne rencontre pas le dividende exact, on prend le plus grand nombre contenu dans le dividende, et le quotient se voit vis-à-vis dans la première colonne verticale à gauche.

Ainsi, 30 divisé par 6 donne 5 pour quotient; 72 divisé par 9 donne 8 pour quotient, etc.

Ainsi, 43 divisé par 7 donne pour quotient 6, et il reste 1; 59 divisé par 8 donne pour quotient 7, et il reste 3.

78. 2° Quand le diviseur n'a qu'un seul chiffre, et qu'il est CONTENU AU MOINS DIX FOIS DANS LE DIVIDENDE, *on écrit le diviseur à la droite du dividende; on tire un trait entre ces nombres, et un autre sous le diviseur pour le séparer du quotient qu'on écrira dessous.*

Cela fait, on sépare, par un point, sur la gauche du dividende autant de chiffres qu'il en faut pour contenir le diviseur; le nombre ainsi séparé forme le PREMIER DIVIDENDE PARTIEL; *on cherche combien de fois le diviseur est contenu dans ce dividende partiel; après avoir trouvé le quotient on le pose sous le diviseur; on fait le produit du diviseur par ce chiffre; on écrit ce produit sous le dividende partiel; on l'en retranche, et on a un reste.*

A droite de ce reste on abaisse le chiffre suivant du dividende total, et on a un second dividende partiel sur lequel on opère comme sur le premier.

On continue d'opérer ainsi jusqu'à ce que tous les chiffres du dividende total aient été abaissés.

On écrit chaque nouveau quotient à la droite du précédent.

79. REMARQUES. 1° On ne peut jamais mettre au quotient plus de 9 à la fois.

2° Le *chiffre* mis au quotient est trop fort, quand le produit du diviseur par ce chiffre ne peut être soustrait du dividende partiel sur lequel on opère.

3° Le *chiffre* mis au quotient est trop faible, quand le reste de la soustraction contient le diviseur.

4° Si, après avoir abaissé un chiffre pour former un nouveau dividende partiel, il arrive que le diviseur n'y soit pas contenu, on pose zéro au quotient, et l'on descend un autre chiffre pour former le dividende partiel suivant.

5° Si la dernière soustraction donne zéro pour reste, le quotient est *exact*, c'est-à-dire complet.

6° Si la dernière soustraction donne un reste, le quotient est exact *à moins d'une unité*, c'est-à-dire que ce qui lui manque pour être complet ne vaut pas une unité tout entière.

EXEMPLE. Soit à diviser 6480 par 5.

Opération.

Dividende	6480	5 diviseur.
	5	1296 quotient.
2ᵉ dividende partiel	14	
	10	
3ᵉ dividende partiel	48	
	45	
4ᵉ dividende partiel	30	
	30	
	0	

J'écris le diviseur 5 à la droite du dividende 6480 ; je tire un trait entre ces nombres, et un autre sous le diviseur ; je sépare sur la gauche du dividende, le chiffre qu'il faut pour contenir le diviseur ; puis je dis : en 6 combien de fois 5 ? il y est 1 fois ; je pose 1 au quotient ; je multiplie le diviseur 5 par le quotient 1, ce qui donne 5 pour produit ; j'écris ce produit sous mon dividende partiel 6 ; je l'en retranche, et il reste 1.

A droite de ce reste 1, j'abaisse le chiffre 4 du dividende total, et j'ai 14 pour deuxième dividende partiel ; puis je dis : en 14 combien de fois 5 ? il y est 2 fois ; je pose 2 au quotient ; je multiplie 5 par 2, ce qui donne 10 pour produit ; j'écris ce produit sous mon dividende partiel 14 ; je l'en retranche, et il reste 4.

A côté de 4, j'abaisse le chiffre 8 du dividende total, et j'ai 48 pour troisième dividende partiel ; puis je dis : en 48 combien de fois 5 ? il y est 9 fois ; je pose 9 au quotient ; je multiplie 5 par 9, ce qui donne 45 pour produit ; j'écris ce produit sous mon dividende partiel ; je l'en retranche, et il reste 3.

A côté de 3, j'abaisse le chiffre 0 du dividende total, et j'ai 30 pour quatrième dividende partiel ; puis je dis : en 30 combien de fois 5 ? il y est 6 fois ; je pose 6 au quotient ; je multiplie 5 par 6, ce qui donne 30 pour produit ; j'écris ce produit sous mon dividende ; je l'en retranche, et il reste 0 ; d'où je conclus que 5 est contenu 1296 fois dans 6480.

80. IIᵉ CAS. 1° Quand le diviseur a plusieurs chiffres, et qu'il est CONTENU MOINS DE DIX FOIS DANS LE DIVIDENDE, *on écrit le diviseur à la droite du dividende ; on tire un trait entre ces nombres, et un autre sous le diviseur pour le séparer du quotient qu'on écrira dessous ; puis on cherche combien le premier chiffre à gauche du diviseur est contenu dans le* PREMIER *ou les* DEUX PREMIERS (a) *chiffres à gauche du dividende ; après avoir trouvé*

(a) On prend le *premier* chiffre à gauche du dividende partiel, lorsque ce dividende partiel et le diviseur ont le même nombre de chiffres. On prend les *deux premiers* chiffres à gauche du dividende partiel, lorsque ce dividende partiel a un chiffre de plus que le diviseur.

Ainsi, pour diviser 4567 par 4389, on dira : en 4 combien de fois 4 ? 1 fois.

Ainsi, pour diviser 24356 par 2437, on dira : en 24 combien de fois 2 ? 9 fois (79, 1°).

ce quotient et s'être assuré qu'il n'est pas trop fort, on le pose sous le diviseur; on fait le produit du diviseur par ce chiffre; on écrit ce produit sous le dividende; on l'en retranche, et on a très-souvent un reste.

1ᵉʳ EXEMPLE. Soit à diviser 3895 par 968.

Opération.

Dividende	3895	968	diviseur
	3872	4	quotient
	23		

J'écris le diviseur 968 à la droite du dividende 3895; je tire un trait entre ces nombres, et un autre sous le diviseur; puis je dis : en 38 combien de fois 9? il y est 4 fois. Pour savoir si 4 ne serait point trop fort, je multiplie le diviseur 968 par 4, ce qui donne 3872 pour produit; et, comme ce produit peut être soustrait du dividende sur lequel j'opère, j'en conclus que 4 n'est pas trop fort : je pose donc 4 sous le diviseur; je porte le produit du diviseur par ce chiffre, sous mon dividende; je l'en retranche, et il reste 23.

Comme ce reste 23 est moins grand que le diviseur, j'en conclus que 4 n'est pas trop faible; d'ailleurs 4 n'est pas trop fort : donc 4 est le véritable quotient de 3895 par 968.

2ᵉ EXEMPLE. Soit à diviser 2764 par 389.

Opération.

Dividende	2764	389	diviseur
	2723	7	quotient
Reste	41		

J'écris le dividende 2764; je pose à sa droite le diviseur 389; je tire un trait entre ces nombres, et un autre sous le diviseur; puis je dis : en 27 combien de fois 3? il y est 9 fois. Pour savoir si 9 ne serait pas trop fort, je multiplie le diviseur 389 par 9, ce qui donne 3501 pour produit; mais comme ce produit ne peut être soustrait du dividende, j'en conclus que 9 est trop fort.

J'essaye si 8 ne serait point trop fort : je multiplie le diviseur 389 par 8, ce qui donne 3112 pour produit; mais, comme ce produit ne peut être soustrait du dividende, j'en conclus que 8 est trop fort.

J'essaye si 7 ne serait point trop fort : je multiplie le diviseur 389 par 7, ce qui donne 2723 pour produit; et comme ce produit peut être soustrait du dividende, j'en conclus que 7 n'est pas trop fort; je pose 7 au quotient; je porte le produit du diviseur par ce chiffre sous le dividende; je l'en retranche, et il reste 41.

81. Dans l'exemple précédent on a essayé trois nombres pour trouver le véritable quotient; pour DIMINUER le nombre des tâtonnements, *on augmente le premier chiffre du diviseur d'une unité lorsque le deuxième surpasse cinq, et on augmente aussi d'autant le nombre des unités de même ordre que renferme le dividende.*

Ainsi, pour diviser 2764 par 389, au lieu de dire : en 27 combien de fois 3? on dira : en 28 combien de fois 4? Il y est 7 fois, et 7 est effectivement le quotient demandé.

82. 2° Quand le diviseur a plusieurs chiffres et qu'il est CONTENU AU MOINS DIX FOIS DANS LE DIVIDENDE, *on écrit le diviseur à la droite du dividende, on tire un trait entre ces nombres, et un autre sous le diviseur pour le séparer du quotient qu'on écrira dessous.*

Cela fait, on sépare, par un point, sur la gauche du dividende, autant de chiffres qu'il en faut pour contenir le diviseur ; le nombre ainsi séparé forme le PREMIER DIVIDENDE PARTIEL; *puis on cherche combien de fois le premier chiffre à gauche du diviseur est contenu dans le* PREMIER *ou les* DEUX PREMIERS *chiffres à gauche du dividende partiel ; après avoir trouvé ce quotient et s'être assuré qu'il n'est pas trop fort, on le pose sous le diviseur ; on fait le produit du diviseur par ce chiffre ; on écrit ce produit sous le dividende partiel ; on l'en retranche, et on a un reste.*

A droite de ce reste, on abaisse le chiffre suivant du dividende total, et on a un second dividende partiel sur lequel on opère comme sur le premier.

On continue d'opérer ainsi jusqu'à ce que tous les chiffres du dividende aient été abaissés.

On écrit chaque nouveau quotient à la droite du précédent.

1er EXEMPLE. Soit à diviser 9639475 par 2789.

Opération.

Dividende total	9639.475	2789	diviseur
	8367	3456	quotient
2e dividende partiel	12724		
	11156		
3e dividende partiel	15687		
	13945		
4e dividende partiel	17425		
	16734		
Reste	691		

Pour faire cette opération, j'écris le dividende 9639475; je mets à sa droite le diviseur 2789; je tire un trait entre ces nombres, et un autre sous le diviseur; je sépare, sur la gauche du dividende, les quatre chiffres qu'il faut pour contenir le diviseur ; puis je dis : en 10 combien de fois 3 ? il y est 3 fois ; je pose 3 au quotient; je multiplie le diviseur par 3, ce qui donne 8367 pour produit; j'écris ce produit sous 9639 ; je l'en retranche, et il reste 1272.

A droite de ce reste 1272, j'abaisse le chiffre 4 du dividende total, et j'ai 12724 pour dividende partiel ; puis je dis : en 13 combien de fois 3 ? 4 fois ; je pose 4 au quotient; je multiplie le diviseur par 4, ce qui donne 11156 pour produit ; j'écris ce produit sous mon dividende partiel ; je l'en retranche, et il reste 1568.

A côté de 1568, j'abaisse le chiffre 7 du dividende total, et j'ai 15687 pour dividende partiel ; puis je dis : en 16 combien de fois 3 ?

5 fois ; je pose 5 au quotient ; je multiplie le diviseur par 5, ce qui donne 13945 pour produit ; j'écris ce produit sous mon dividende partiel ; je l'en retranche, et il reste 1742.

A côté de 1742, j'abaisse le chiffre 5 de mon dividende total, et j'ai 17425 pour dividende partiel ; puis je dis : en 18 combien de fois 3 ? 6 fois ; je pose 6 au quotient ; je multiplie le diviseur par 6, ce qui donne 16734 pour produit ; j'écris ce produit sous mon dividende partiel ; je l'en retranche, et il reste 691.

2ᵉ EXEMPLE. Soit à diviser 17246800 par 56700.

Opération.

```
172468.00 | 56700
170100    | 304
  2368 00
  2268 00
   100 00
```

J'écris le diviseur à la droite du dividende ; je tire un trait entre ces nombres, et un autre sous le diviseur ; je sépare, sur la gauche du dividende, les six chiffres qu'il faut pour contenir le diviseur ; puis je dis : en 18 combien de fois 6 ? 3 fois ; je pose 3 au quotient ; je multiplie le diviseur par 3, ce qui donne 170100 pour produit ; j'écris ce produit sous 172468 ; je l'en retranche, et il reste 2368.

A côté de 2368, j'abaisse 0, et j'ai 23680 pour dividende partiel ; comme le diviseur n'est pas contenu dans ce dividende, je pose 0 au quotient ; j'abaisse 0 à la droite de 23680, et j'ai 236800 pour nouveau dividende partiel ; puis je dis : en 24 combien de fois 6 ? 4 fois ; je pose 4 au quotient ; je multiplie le diviseur par 4, ce qui donne 226800 pour produit ; j'écris ce produit sous mon dividende partiel ; je l'en retranche, et il reste 10000 ; d'où je conclus que 304 est le quotient de 17246800 par 56700.

Pour abréger la division des nombres entiers.

83. 1° *Quand on a trouvé le quotient on le pose sous le diviseur*, puis (au lieu de faire le produit du diviseur par ce chiffre et de l'écrire sous le dividende pour l'en retrancher) *on fait le produit des* UNITÉS *du diviseur par ce chiffre, et, sans écrire ce produit, on le retranche des unités du dividende partiel ; on fait le produit des dizaines, et on le retranche des dizaines ; on fait le produit des centaines, et on le retranche des centaines, et ainsi de suite.*

Si un chiffre du dividende n'est pas assez fort, on l'augmente d'autant de dizaines qu'il en faut pour rendre la soustraction possible. Autant on a ajouté de dizaines, autant on retient d'unités pour les ajouter au produit suivant.

EXEMPLE. Soit à diviser 20563 par 782.

Opération.

```
     2056.3 | 782
      492 3 | 26
Reste  23 1
```

J'écris le dividende 20563 ; je mets à sa droite le diviseur 782 ;

— 32 —

je tire un trait entre ces nombres, et un autre sous le diviseur; je sépare, sur la gauche du dividende, les quatre chiffres qu'il faut pour contenir le diviseur; puis je dis : en 21 combien de fois 8? 2 fois; je pose 2 au quotient; puis (*au lieu de faire le produit total de 782 par 2, et de l'écrire sous 2056 pour l'en retrancher*) je dis : 2 fois 2 font 4; ôter 4 de 6, il reste 2 que j'écris sous le 6 de mon dividende partiel... 2 fois 8 font 16; ôter 16 de 5, cela ne se peut; j'augmente 5 de deux dizaines, ce qui fait 25; puis, retranchant 16 de 25, il reste 9 que j'écris sous le 5 de mon dividende, et je retiens 2 pour les ajouter au produit suivant... 2 fois 7 font 14, et 2 de retenue font 16; ôter 16 de 20, il reste 4 que j'écris sous 0, et j'ai 492 pour reste.

A côté de 492, j'abaisse le chiffre 3 du dividende total, et j'ai 4923 pour dividende partiel; puis je dis : en 50 combien de fois 8 ? 6 fois; je pose 6 au quotient; puis (*au lieu de faire le produit total de 782 par 6, et de l'écrire sous 4923 pour l'en retrancher*) je dis : 6 fois 2 font 12; ôter 12 de 3, cela ne se peut; j'augmente 3 d'une dizaine, ce qui fait 13; puis, retranchant 12 de 13, il reste 1 que j'écris sous le 3 de mon dividende, et je retiens 1, pour l'ajouter au produit suivant... 6 fois 8 font 48, et 1 de retenue font 49; ôter 49 de 2, cela ne se peut; j'augmente 2 de 5 dizaines, ce qui fait 52, puis, retranchant 49 de 52, il reste 3 que j'écris sous le 2 de mon dividende, et je retiens 5... 6 fois 7 font 42, et 5 de retenue font 47; ôter 47 de 49, il reste 2 que j'écris sous 9, et j'ai 26 pour quotient exact *à moins d'une unité*.

Dans la pratique, on dit simplement : en 21 combien de fois 8? 2 fois, je pose 2 au quotient; puis je dis : 2 fois 2 font 4; 4 de 6, reste 2, je pose 2... 2 fois 8 font 16; 16 de 25, reste 9; je pose 9, et je retiens 2... 2 fois 7 font 14, et 2 de retenue font 16; 16 de 20, reste 4; je pose 4.

A côté de 492, j'abaisse 3; puis je dis : en 50 combien de fois 8? 6 fois; je pose 6 au quotient; puis je dis : 6 fois 2 font 12; 12 de 13, reste 1; je pose 1 et je retiens 1... 6 fois 8 font 48, et 1 de retenue font 49; 49 de 52, reste 3; je pose 3 et je retiens 5... 6 fois 7 font 42, et 5 de retenue font 47; 47 de 49, reste 2; je pose 2, et j'ai 231 pour reste, et 26 pour quotient.

84. 2° Quand le diviseur n'a qu'un seul chiffre, on abrège la division en opérant comme il suit :

1ᵉʳ EXEMPLE. Soit à diviser 6480 par 5.

Dividende 6480
Quotient   1296

J'écris le dividende, puis je dis : en 6 combien de fois 5 ? 1 fois, et il reste 1 qui, suivi du chiffre 4, donne 14. En 14 combien de fois 5 ? 2 fois, et il reste 4 qui, suivi de 8, donne 48. En 48 combien de fois 5? 9 fois, et il reste 3 qui, suivi de 0, donne 30. En 30 combien de fois 5? 6 fois, et il ne reste rien. Donc le nombre 5 est contenu 1296 fois juste dans 6480.

2ᵉ EXEMPLE. Soit à diviser 103829 par 6.

Dividende 103829
Quotient   17304
Reste   5

J'écris le dividende; puis je dis : en 10 combien de fois 6 ? 1 fois, et il reste 4 qui, suivi de 3, donne 43. En 43 combien de fois 6 ? 7 fois, et il reste 1 qui, suivi de 8, donne 18. En 18 combien de fois 6 ? 3 fois, et il ne reste rien. En 2 combien de fois 6 ? 0 fois, et il reste 2 qui, suivi de 9, donne 29. En 29 combien de fois 6 ? 4 fois, et il reste 5. Le quotient est donc 17304 avec 5 de reste.

85. 3° Quand le dividende et le diviseur sont terminés par des zéros, *on supprime à la droite de ces deux nombres autant de zéros qu'il y en a sur la droite de celui qui en a le moins; puis on divise comme à l'ordinaire le reste du dividende par le reste du diviseur, et le quotient n'est pas changé.*
EXEMPLE. Soit à diviser 17236800 par 56700.

Opération.

```
1723 68 | 567
1701    | 304
  22 68
  22 68
―――――
      0
```

En opérant ainsi, le quotient ne change pas de valeur : en effet, en supprimant deux zéros sur la droite du dividende, j'ai rendu ce nombre cent fois plus petit, et, par conséquent, le *quotient cent fois plus petit;* car un dividende cent fois plus petit contient le diviseur cent fois moins.
En supprimant deux zéros sur la droite du diviseur, j'ai rendu ce diviseur cent fois plus petit, et, par conséquent, le *quotient cent fois plus grand;* car un diviseur cent fois plus petit est contenu cent fois plus dans le même dividende; mais c'est après avoir rendu le quotient cent fois plus petit, que je l'ai rendu cent fois plus grand : il n'a donc pas changé de valeur.

86. 4° Quand le diviseur est l'unité suivie de zéros, *il suffit de séparer, sur la droite du dividende, autant de chiffres qu'il y a de zéros sur la droite du diviseur. Le reste du dividende est le quotient, et les chiffres séparés sont le restant de la division.*

Ainsi, en divisant 14635 par 100, j'ai 146 pour quotient, et 35 pour reste.

Ainsi, en divisant............ 3145
   par 10, on a pour quotient.. 314,5
   par 100................... 31,45
   par 1000.................. 3,145

PREUVE *de la Division.*

87. Pour faire la preuve de la division, on multiplie le diviseur par le quotient, on ajoute le reste au produit, et la somme est égale au dividende, si l'on a bien opéré.

EXEMPLE.

```
Opération.                        Preuve.
231419 | 634                        634
  1902 | 365                        365
  ----                             ----
  4121                             3170
  3804                             3804
  ----                             1902
  3179                            ------
  3170            Reste de la division   231410
  ----                                        9
     9                                   ------
                                          231419
```

Preuve de la Multiplication par la Division.

88. Pour faire la preuve de la multiplication, on divise le produit par un de ses facteurs, et on retrouve l'autre facteur au quotient, si l'on a bien opéré.

EXEMPLE.

```
Opération.                   Preuve.
  634 } facteurs.    Produit  231410 | 365
  365                          2190  | 634
  ----                        ------
  3170                         1241
  3804                         1095
  1902                        ------
------                         1460
231410                         1460
                              ------
                                  0
```

En divisant le produit 231410 par le facteur 365, je retrouve au quotient le facteur 634; si j'avais divisé le même produit par le facteur 634, j'aurais retrouvé au quotient le facteur 365.

PROBLÈMES RÉSOLUS.

1er. Si 12 mètres coûtent 180 francs, combien en coûte le mètre ?

Solution. Si 12 mètres coûtent 180 fr. un mètre en coûte 12 fois moins, c'est-à-dire la 12e partie de 180 fr., ou $\frac{180}{12}$. En effectuant l'opération

```
180f | 12
 12  | 15
----
 60
 60
---
  0
```

je trouve que chaque mètre coûte 15 fr.

2e. Si l'on a gagné 12 francs en 6 jours, combien a-t-on gagné par jour ?

Solution. Si dans 6 jours on a gagné 12 fr., dans un jour on a gagné 6 fois moins, c'est-à-dire la 6ᵉ partie de 12, ou $\frac{12}{6}$. En effectuant l'opération

$$\begin{array}{r|l} 12 & 6 \\ \underline{12} & \overline{2} \\ 0 & \end{array}$$

je trouve qu'on a gagné 2 fr. par jour.

89. Parfois on ne sait s'il faut diviser pour résoudre une question, et, quand on est sûr qu'il faut diviser, souvent on ne sait quel nombre on doit diviser. Voici une règle facile pour sortir d'embarras.

RÈGLE. *Quand la réponse est* MOINS..., *il faut diviser le nombre qui suit* MOINS (a).

EXEMPLE. Si l'on a 850 fr. à dépenser en 365 jours, combien en a-t-on à dépenser par jour ? Réponse : on a MOINS de 850 fr.

La réponse étant MOINS de 850 fr., j'en conclus que je dois faire une division, dont 850 est le dividende. En effectuant l'opération

$$\begin{array}{r|l} 850 & 365 \\ \underline{730} & \overline{2} \\ 120 & \end{array}$$

je trouve qu'on a 2 fr. à dépenser par jour, et il reste 120 fr. à partager en 365.

90. Toutes les fois qu'une question renferme deux nombres de même espèce, et un troisième de l'espèce de celui qu'on cherche, il faut faire deux opérations pour la résoudre, savoir : une multiplication et une division. Voici le moyen de résoudre facilement ces sortes de questions :

Quand la réponse est PLUS, *on multiplie ce qui suit* PLUS *par le plus grand des deux nombres donnés de même espèce, et on divise le résultat par le plus petit.*

Quand la réponse est MOINS, *on divise ce qui suit* MOINS *par le plus grand des deux nombres donnés de même espèce, et on multiplie le résultat par le plus petit.*

Pour ne jamais rencontrer d'exception à cette règle, il faut : 1° indiquer les deux opérations avant de les effectuer ; 2° faire la multiplication indiquée avant de faire la division. Donnons des exemples.

1ᵉʳ EXEMPLE. Si 20 hommes ont fait 360 mètres d'ouvrage, combien 40 hommes feront-ils de mètres du même ouvrage ? Réponse : ils feront PLUS de 360 mètres.

Je multiplie 360 par 40, ce qui donne 360×40 que je divise par 20, et j'ai $\frac{360 \times 40}{20}$; je fais la multiplication indiquée, et j'ai 14400

(a) Le nombre qui suit MOINS doit toujours être de même espèce que le nombre demandé.

à diviser par 20; je divise 14400 par 20, et je trouve 720. Les 40 hommes feront donc 720 mètres.

2ᵉ EXEMPLE. Si 40 hommes font 720 mètres d'ouvrage, combien 20 hommes en feront-ils? Réponse : MOINS de 720.

Je divise 720 par 40, ce qui donne $\frac{720}{40}$ que je multiplie par 20, et j'ai $\frac{720 \times 20}{40}$; je fais la multiplication indiquée, et j'ai 14400 à diviser par 40; je divise 14400 par 40, et je trouve 360 au quotient. Les 20 hommes feront donc 360 mètres.

3ᵉ EXEMPLE. Si 5 mètres coûtent 3 francs, combien coûteront 40 mètres? Réponse : PLUS de 3 francs.

Je multiplie 3 par 40, ce qui donne 3×40 que je divise par 5, et j'ai $\frac{3 \times 40}{5}$; je fais la multiplication indiquée, et j'ai 120 à diviser par 5; je divise 120 par 5, et je trouve 24. Les 40 mètres coûteront donc 24 fr.

4° EXEMPLE. Si 40 mètres coûtent 24 francs, combien coûteront 5 mètres? Réponse : MOINS de 24 francs.

Je divise 24 par 40, ce qui donne $\frac{24}{40}$ que je multiplie par 5, et j'ai $\frac{24 \times 5}{40}$; je fais la multiplication indiquée, et j'ai 120 à diviser par 40; je divise 120 par 40, et je trouve 3. Les 5 mètres coûteront donc 3 fr.

FRACTIONS.

Des fractions ordinaires.

91. *Une fraction est une ou plusieurs parties de l'unité divisée en parties égales.*

Par exemple, si l'on divise une pomme en 5 parties égales, chaque partie sera une fraction de la pomme, et se nommera *un cinquième*; si l'on en prend trois, on aura la fraction *trois cinquièmes*, etc.

92. Pour exprimer une fraction, il faut deux nombres : l'un pour indiquer en combien de parties égales l'unité est divisée; et l'autre pour indiquer combien on prend de ces parties.

93. Pour écrire une fraction, on écrit d'abord le premier nombre énoncé, puis on met le second au-dessous, et on les sépare par un trait.

Ainsi, *trois cinquièmes* s'écrivent $\frac{3}{5}$, etc.

94. Pour lire une fraction, on énonce d'abord le nombre supérieur, puis le nombre inférieur auquel on ajoute la terminaison *ième*, à moins qu'il ne soit un des nombres 2, 3, 4, qu'on prononce *demi, tiers, quart*.

Ainsi, $\frac{3}{5}$ s'énoncent *trois cinquièmes* (*a*) ; $\frac{16}{27}$ s'énoncent *seize vingt-septièmes*.

Ainsi, les fractions $\frac{1}{2}$, $\frac{2}{3}$, $\frac{3}{4}$, s'énoncent *un demi, deux tiers, trois quarts*.

95. Le nombre qu'on énonce le premier s'appelle *numérateur*; et le nombre qu'on énonce le dernier s'appelle *dénominateur*. Le dénominateur indique en combien de parties égales l'unité est divisée ; et le numérateur indique combien on prend de ces parties.

Le numérateur et le dénominateur s'appellent les *termes* de la fraction.

96. Le numérateur d'une fraction peut être plus petit ou plus grand que le dénominateur, ou lui être égal.

1° Quand le numérateur est plus petit que le dénominateur, la fraction est plus petite que l'unité (*b*).

Ainsi, $\frac{3}{4}$ est une fraction plus petite que l'unité.

2° Quand le numérateur est plus grand que le dénominateur, la fraction est plus grande que l'unité (*c*).

Ainsi, $\frac{5}{4}$ est une fraction plus grande que l'unité.

3° Quand le numérateur est égal au dénominateur, la fraction est égale à l'unité.

Ainsi, $\frac{4}{4}$ valent un entier, car l'unité a été partagée en quatre parties, et on les prend toutes.

Il suit de là que la grandeur d'une fraction dépend de la grandeur du numérateur par rapport à celle du dénominateur ; par conséquent,

97. Pour rendre une fraction 2, 3,... fois PLUS GRANDE, *il suffit de multiplier le numérateur par* 2, 3,... *sans toucher au dénominateur.*

En effet, quand on multiplie le numérateur par 2, 3... on prend 2, 3... fois plus de parties ; et comme ces parties sont toujours les mêmes (*d*), il s'ensuit que la nouvelle fraction est 2, 3... fois plus grande.

Soit la fraction $\frac{1}{2}$: si l'on multiplie son numérateur par 3, on aura $\frac{3}{2}$, fraction trois fois plus grande que la première ; car ce sont toujours des *demis*, et on en a un nombre trois fois plus grand.

98. Pour rendre une fraction 2, 3... fois PLUS PETITE, *il suffit de multiplier son dénominateur par* 2, 3,... *sans toucher au numérateur.*

En effet, lorsqu'on multiplie le dénominateur par 2, 3,... l'unité

(*a*) On peut dire aussi 3 *divisé par* 5 ; car une fraction indique une division dont le nombre supérieur est le dividende, et le nombre inférieur le diviseur, et les deux pris ensemble le quotient.

(*b*) Toute fraction plus petite que l'unité est une fraction proprement dite.

(*c*) Toute fraction plus grande que l'unité est une *expression fractionnaire* que nous appellerons *fraction*.

(*d*) Puisqu'on ne touche pas au dénominateur.

est divisée en 2, 3... fois plus de parties; les parties sont donc 2, 3 fois plus petites; et comme on en prend toujours le même nombre (a), il s'ensuit que la fraction nouvelle est 2, 3... fois plus petite.

Ainsi, en multipliant par 2 le dénominateur de la fraction $\frac{1}{2}$, on aura la fraction $\frac{1}{4}$, qui est évidemment 2 fois plus petite que $\frac{1}{2}$.

99. On rend aussi une fraction 2, 3,... fois plus grande, en divisant le dénominateur par 2, 3,... (b).

En effet, en divisant le dénominateur par 2, 3,... l'unité est divisée en 2, 3... fois moins de parties; les nouvelles parties sont donc 2, 3... fois plus grandes; et, comme on en prend toujours le même nombre, il s'ensuit que la nouvelle fraction est 2, 3... fois plus grande que la première.

Ainsi, en divisant par 2 le dénominateur de la fraction $\frac{1}{4}$, on obtient la fraction $\frac{1}{2}$ qui est évidemment 2 fois plus grande que $\frac{1}{4}$; donc,

100. En supprimant le dénominateur d'une fraction, on la multiplie par ce nombre. Ainsi, 1 est 4 fois plus grand que $\frac{1}{4}$.

101. On rend aussi une fraction 2, 3,... fois plus petite, en divisant le numérateur par 2, 3,... (c).

En effet, en divisant le numérateur par 2, 3,... on prend 2, 3... fois moins de parties; et, comme ces parties sont toujours les mêmes, il s'ensuit que la nouvelle fraction est 2, 3... fois plus petite.

Ainsi, en divisant par 3 le numérateur de la fraction $\frac{3}{4}$, on obtient la fraction $\frac{1}{4}$, qui est évidemment 3 fois plus petite que $\frac{3}{4}$.

De ce que nous avons établi aux numéros 97 et 98, on tire la conséquence suivante :

102. *On ne change pas la valeur d'une fraction en multipliant ses deux termes par un même nombre.*

Supposons qu'on multiplie par 2 les deux termes d'une fraction. En multipliant le numérateur par 2, on rend la fraction 2 fois plus grande (97); en multipliant le dénominateur par 2, on la rend 2 fois plus petite (98); mais c'est après avoir rendu la fraction 2 fois plus grande, qu'on la rend 2 fois plus petite : elle n'a donc pas changé de valeur.

Ainsi, en multipliant par 2 les deux termes de la fraction $\frac{1}{2}$, on obtient la fraction $\frac{2}{4}$, qui est de même valeur que $\frac{1}{2}$.

103. *On ne change pas la valeur d'une fraction en divisant ses deux termes par le même nombre.*

En effet, en divisant le numérateur par 2, par exemple, on rend la fraction 2 fois plus petite (101). En divisant le dénominateur par 2, on rend la fraction 2 fois plus grande (99); mais c'est après avoir rendu la fraction 2 fois plus petite, qu'on la rend deux fois plus grande : elle n'a donc pas changé de valeur.

(a) Puisqu'on ne touche pas au numérateur.
(b) Il faut *toujours* que le nombre par lequel on veut diviser le dénominateur d'une fraction puisse le diviser sans reste.
(c) Il faut *toujours* que le nombre par lequel on veut diviser le numérateur d'une fraction puisse le diviser exactement.

Ainsi, en divisant par 2 les deux termes de la fraction $\frac{2}{4}$, on obtient la fraction $\frac{1}{2}$, qui est égale à $\frac{2}{4}$.

104. Nous venons de montrer qu'on ne change pas la valeur d'une fraction en multipliant ou en divisant les deux termes par un même nombre ; mais on la change en les augmentant ou en les diminuant chacun d'une égale quantité.

Avant d'établir les règles à suivre pour additionner, soustraire, multiplier et diviser les fractions, nous allons donner la manière de les réduire au même dénominateur, de les réduire à leur plus simple expression, de réduire les entiers en fractions et les fractions en entiers.

Réduire les fractions au même dénominateur.

105. Réduire des fractions au même dénominateur, c'est trouver des fractions équivalentes aux proposées, et qui aient toutes le même dénominateur.

On réduit les fractions au même dénominateur afin de pouvoir les additionner et les soustraire, car on ne peut additionner ou soustraire que des unités de même espèce, c'est-à-dire de même nom.

106. Pour réduire deux fractions au même dénominateur, *on multiplie les deux termes de chacune par le dénominateur de l'autre.*

Ainsi, pour réduire au même dénominateur les fractions $\frac{2}{3}$ et $\frac{4}{5}$, je multiplie les deux termes de $\frac{2}{3}$ par 5, et j'ai $\frac{10}{15}$; je multiplie les deux termes de $\frac{4}{5}$ par 3, et j'ai $\frac{12}{15}$.

Ces nouvelles fractions $\frac{10}{15}$ et $\frac{12}{15}$ sont équivalentes aux premières, puisqu'on les a obtenues en multipliant les deux termes de chacune par un même nombre (102) ; et de plus elles ont le même dénominateur, puisque le dénominateur de chacune est le produit des dénominateurs des fractions proposées (59).

107. Pour réduire plus de deux fractions au même dénominateur, *on multiplie les deux termes de chacune par le produit des dénominateurs de toutes les autres.*

Ainsi, pour réduire au même dénominateur les fractions $\frac{1}{2}$, $\frac{3}{4}$ et $\frac{5}{6}$, je multiplie les deux termes de $\frac{1}{2}$ par 24, produit des dénominateurs 4 et 6, et j'ai $\frac{24}{48}$; je multiplie les deux termes de $\frac{3}{4}$ par 12, produit des dénominateurs 2 et 6, et j'ai $\frac{36}{48}$; je multiplie les deux termes de $\frac{5}{6}$ par 8, produit des dénominateurs 2 et 4, et j'ai $\frac{40}{48}$.

Ces nouvelles fractions $\frac{24}{48}$, $\frac{36}{48}$ et $\frac{40}{48}$ sont équivalentes aux premières, puisqu'on les a obtenues en multipliant les deux termes de chacune par un même nombre ; et elles ont le même dénominateur, puisque le dénominateur de chacune est le produit des dénominateurs des fractions proposées (72).

Réduire les fractions à leur plus simple expression.

108. Réduire une fraction à sa plus simple expression,

c'est trouver une fraction équivalente à la proposée, et dont les termes soient les plus petits nombres possibles.

On réduit les fractions à leur plus simple expression, pour avoir plus de facilité de les apprécier et de les calculer.

109. Pour réduire une fraction à sa plus simple expression, on divise ses deux termes par le plus grand nombre qui puisse les diviser sans reste, c'est-à-dire par leur *plus grand commun diviseur*.

Pour trouver le plus grand commun diviseur des deux termes de la fraction $\frac{18}{48}$, je dis :

Le plus grand commun diviseur des deux nombres 48 et 18 ne peut surpasser le plus petit de ces deux nombres, puisqu'il doit le diviser : donc, si 18, qui se divise lui-même, divise aussi 48, il sera le diviseur cherché ; mais 18 ne divise pas 48, car leur division laisse 12 de reste : donc 18 n'est pas le diviseur cherché.

Mais tout nombre qui divise 48 et 18 doit diviser 12, puisque c'est le reste de leur division (*a*) : donc le plus grand commun diviseur des nombres 18 et 12 est le même que celui des nombres 48 et 18.

Or, le plus grand commun diviseur des deux nombres 18 et 12 ne peut surpasser 12, puisqu'il doit le diviser : donc si 12, qui se divise lui-même, divise aussi 18, il sera le diviseur cherché ; mais 12 ne divise pas 18, car leur division laisse 6 de reste : donc 12 n'est pas le diviseur cherché.

Mais tout nombre qui divise 18 et 12 doit diviser 6, puisqu'il est le reste de leur division (*a*) : donc le plus grand commun diviseur des nombres 12 et 6 est le même que celui de 18 et 12.

Or, le plus grand commun diviseur des 2 nombres 12 et 6 ne peut surpasser 6, puisqu'il doit le diviser : donc, si 6, qui se divise lui-même, divise aussi 12, il sera le diviseur cherché ; mais 6 divise exactement 12 : donc 6 est le diviseur cherché.

Je dispose l'opération comme il suit :

Quotients		2	1	2
Dividendes et diviseurs	48	18	12	6
	36	12	12	
Restes	12	6	0.	

Les raisonnements employés dans l'exemple précédent

(*a*) Car c'est un principe que *tout nombre qui divise le dividende et le diviseur d'une division, en divise aussi le reste.*
Ainsi, les nombres 48 et 18 étant séparément divisibles par 6, le reste 12 de leur division est aussi divisible par 6.

peuvent s'appliquer à deux nombres quelconques, et conduisent à la règle générale suivante :

116. Règle générale. Pour trouver le plus grand commun diviseur de deux nombres, *on divise le plus grand par le plus petit, puis le plus petit par le reste, le premier reste par le second, le second par le troisième; on continue d'opérer ainsi jusqu'à ce qu'on arrive à un reste nul. Le dernier diviseur est le plus grand commun diviseur cherché.*

Si le dernier diviseur est l'unité, la fraction est *irréductible*, c'est-à-dire qu'elle ne peut être exprimée exactement par des termes plus simples.

Maintenant, pour réduire à sa plus simple expression la fraction $\frac{18}{48}$, je divise son numérateur 18 par 6, ce qui donne le quotient 3 pour numérateur de la nouvelle fraction ; je divise également le dénominateur 48 par 6, ce qui donne le quotient 8 pour dénominateur de la nouvelle fraction, et je trouve $\frac{3}{8}$ pour la plus simple expression de $\frac{18}{48}$.

En divisant par un même nombre les deux termes de la fraction $\frac{18}{48}$, j'ai trouvé une nouvelle fraction équivalente à la proposée (103); et en les divisant par le plus grand diviseur possible, je les ai réduits aux plus petits nombres possibles (*a*), car le quotient ne peut pas être plus petit quand le diviseur ne peut pas être plus grand.

2ᵉ exemple. Soit à réduire à sa plus simple expression la fraction $\frac{592}{999}$.

Pour réduire cette fraction à sa plus simple expression, je cherche d'abord le plus grand commun diviseur de ses deux termes; pour le trouver :

	1	1	2	5
999	592	407	185	37
592	407	370	185	
407	185	37	0	

je divise 999 par 592 : cette division donne pour quotient 1 que je place au-dessus du diviseur, et pour reste 407 que je place à la droite de 592, pour lui servir de diviseur. Je divise 592 par 407 : cette division donne pour reste 185 que je place à la droite de 407, pour lui servir de diviseur. Je divise 407 par 185 : cette division donne pour reste 37 que je place à la droite de 185, pour lui servir de diviseur. Je divise 185 par 37 : cette division donne 0 pour reste, d'où je conclus que le diviseur 37 est le plus grand commun diviseur cherché.

Après avoir trouvé 37 pour le plus grand commun diviseur des deux termes de la fraction, je divise chacun d'eux par 37, et j'obtiens $\frac{16}{27}$ pour la fraction proposée, réduite à sa plus simple expression.

Cette nouvelle fraction est de même valeur que la première, puisqu'on l'a obtenue en divisant les deux termes de celle-ci par un

---

(*a*) On voit qu'en réduisant une fraction à sa plus simple expression, on en obtient une autre qui est *irréductible*.

même nombre : ses deux termes sont les plus petits nombres possibles, puisqu'on les a obtenus en divisant ceux de la première par le plus grand nombre qui puisse les diviser sans reste.

On trouvera de même que la plus simple expression de $\frac{372}{465}$ est $\frac{4}{5}$; que celle de $\frac{124}{155}$ est $\frac{4}{5}$; que celle de $\frac{43187}{51051}$ est $\frac{11}{13}$; que celle de $\frac{1262250}{17671500}$ est $\frac{1}{14}$.

3º EXEMPLE. Soit à réduire à sa plus simple expression la fraction $\frac{16}{27}$.

	1	1	2	5
27	16	11	5	1
16	11	10	5	
11	5	1	0	

Le dernier diviseur étant l'unité, la fraction est *irréductible*, c'est-à-dire qu'elle ne peut être exprimée *exactement* par des termes plus simples.

111. J'ai dit qu'une fraction irréductible ne peut être exprimée *exactement* par des termes plus simples, mais elle peut l'être *approximativement*.

Pour avoir approximativement la valeur d'une fraction irréductible, *on divise ses deux termes par le numérateur*.

Ainsi, en divisant les deux termes de la fraction $\frac{15}{37}$ par 15, je trouve 1 pour le numérateur, et pour le dénominateur un quotient compris entre 2 et 3 : la fraction proposée sera donc comprise entre $\frac{1}{2}$ et $\frac{1}{3}$.

Ainsi, la fraction irréductible $\frac{317}{635}$ vaut approximativement $\frac{1}{2}$.

112. Pour réduire une fraction à sa plus simple expression, il n'est pas toujours nécessaire de recourir au plus grand commun diviseur de ses deux termes, on peut encore y parvenir de la manière suivante :

On divise le numérateur et le dénominateur, chacun par 10, et on répète cette division autant de fois de suite qu'on peut le faire exactement. Quand les deux termes de la dernière fraction ne peuvent plus être divisés exactement par 10, on les divise par 2, et l'on répète cette division autant de fois de suite qu'on peut le faire exactement. Quand les deux termes de la dernière fraction ne peuvent plus être divisés exactement par 2, on les divise par 3, et l'on répète cette division autant de fois de suite qu'on peut le faire exactement. Quand on ne peut plus diviser par 3, on divise successivement par 5, etc., mais on répète la division par chacun de ces nombres, autant de fois de suite qu'on peut le faire exactement.

Ainsi, pour réduire la fraction . . . . $\frac{15120}{20160}$

Je divise ses deux termes par 10, ce qui donne . . . . $\frac{1512}{2016}$

Je divise les deux termes de cette dernière par 2 . . . . . $\frac{756}{1008}$

les deux termes de cette dernière par 2 . . . . . $\frac{378}{504}$

les deux termes de cette dernière par 2 . . . . . $\frac{189}{252}$

les deux termes de cette dernière par 3 . . . . . $\frac{63}{84}$

les deux termes de cette dernière par 3 . . . . . $\frac{21}{28}$

enfin les deux termes de cette dernière par 7. $\frac{3}{4}$

et je trouve $\frac{3}{4}$ pour la plus simple expression de $\frac{15120}{20160}$.

Quand on veut simplifier une fraction suivant cette dernière méthode, il est très-important de savoir les signes par lesquels on peut reconnaître d'avance si un nombre est divisible par 2, 3, 4, 5, 6, 8, 9 ou 10. C'est pourquoi nous allons les indiquer.

1° Un nombre est divisible par 2, quand son dernier chiffre à droite est un zéro ou un des chiffres pairs 2, 4, 6, 8. Ainsi, le nombre 332640 est divisible par 2, c'est-à-dire qu'il peut être divisé exactement par 2;

2° Un nombre est divisible par 3 quand la somme de ses chiffres, additionnés comme s'ils représentaient des unités simples, est elle-même divisible par 3. Ainsi, le nombre 332640 est divisible par 3, parce que la somme de ses chiffres $3+3+2+6+4+0=18$, nombre divisible par 3;

3° Un nombre est divisible par 4, quand ses deux derniers chiffres à droite sont divisibles par 4. Ainsi, le nombre 332640 est divisible par 4, parce que ses deux derniers chiffres 40, sont divisibles par 4;

4° Un nombre est divisible par 5, quand son dernier chiffre à droite est un 0 ou un 5. Ainsi, le nombre 332640 est divisible par 5, parce que son dernier chiffre à droite est un 0;

5° Un nombre est divisible par 6, quand il est à la fois divisible par 2 et par 3. Ainsi, le nombre 332640 est divisible par 6, parce qu'il peut être divisé exactement par 2 et par 3;

6° Un nombre est divisible par 8, quand ses trois derniers chiffres à droite sont divisibles par 8. Ainsi, le nombre 332640 est divisible par 8, parce que ses trois chiffres à droite, c'est-à-dire 640, sont divisibles par 8.

7° Un nombre est divisible par 9, quand la somme de ses chiffres, additionnés comme s'ils représentaient des unités simples, est elle-même divisible par 9. Ainsi, le nombre 332640 est divisible par 9, parce que la somme de ses chiffres $3+3+2+6+4+0=18$, nombre divisible par 9;

8° Un nombre est divisible par 10, quand son dernier chiffre à droite est un 0. Ainsi, le nombre 332640 est divisible par 10.

Réduire des entiers en fractions.

113. Pour réduire l'entier en une fraction de tel dénominateur, *on multiplie ce dénominateur par l'entier, et l'on donne au produit le dénominateur qu'on a multiplié par l'entier.*

Ainsi, pour réduire 3 en *quarts*, je multiplie 4 par 3, ce qui produit 12; je donne à 12 le dénominateur 4 que j'ai multiplié par l'entier, et j'ai $\frac{12}{4}$ pour résultat. Je devais trouver ce résultat, car,

Puisque 1 entier vaut 4 *quarts* (96, 3°), 3 entiers en valent 3 fois plus, c'est-à-dire 3 fois 4^q, ou $4^q \times 3$, ce qui produit 12 quarts, qu'on écrit $\frac{12}{4}$.

114. Pour réduire l'entier et la fraction qui l'accompagne en une seule fraction, *on multiplie le dénominateur de la fraction par l'entier, et on ajoute le produit au numérateur; puis on donne à la somme le dénominateur qu'on a multiplié par l'entier.*

Ainsi, pour réduire $4\frac{1}{5}$ en une seule fraction, je multiplie 5 par 4, ce qui produit 20, qui ajoutés à 3 font 23 ; je donne à 23 le dénominateur 5, et j'ai $\frac{23}{5}$ pour résultat. Je devais trouver ce résultat, car,

Puisque 1 entier vaut 5 *cinquièmes*, 4 entiers en valent 4 fois plus, c'est-à-dire 5×4 ou 20 *cinquièmes*, qui, ajoutés aux 3 que j'avais d'abord, font 23 cinquièmes, ou $\frac{23}{5}$.

115. Pour mettre un nombre entier sous la forme d'une fraction, *on lui donne l'unité pour dénominateur.*

Ainsi, 8 ou $\frac{8}{1}$ sont la même chose.

Réduire les fractions en entiers.

116. Réduire une fraction en entiers, c'est extraire ou tirer les entiers contenus dans une fraction dont le numérateur est plus grand que le dénominateur.

117. Pour réduire une fraction en entiers, *on divise le numérateur par le dénominateur ; le quotient est le nombre d'entiers contenus dans la fraction. S'il y a un reste, on le met à la droite du quotient ; puis on écrit le diviseur au-dessous de ce reste, et on les sépare par un trait* (180).

1ᵉʳ EXEMPLE. Combien y a-t-il d'entiers dans $\frac{12}{4}$?

Puisque 4 quarts valent 1 entier (96, 3°), 12 quarts valent autant d'entiers qu'ils contiennent de fois 4^q. Il faut donc, pour résoudre cette question, diviser 12 par 4, et le quotient sera le nombre des entiers contenus dans 12 quarts. En effectuant la division

$$\begin{array}{r|l} 12 & 4 \\ \underline{12} & \overline{3} \\ 0 & \end{array}$$

je trouve que $\frac{12}{4}$ valent 3 entiers.

2ᵉ EXEMPLE. Combien y a-t-il d'entiers dans $\frac{23}{5}$?

Puisqu'il faut 5 cinquièmes pour faire 1 entier, autant de fois il y aura 5 dans 23, autant il y aura d'entiers. Il faut donc diviser 23 par 5, et le quotient sera le nombre des entiers contenus dans 23 cinquièmes. En effectuant l'opération

$$\begin{array}{r|l} 23 \text{ cinquièmes} & 5 \\ \underline{20} & \overline{4\tfrac{3}{5}} \\ \text{Reste } 3 \text{ cinquièmes} & \end{array}$$

je trouve qu'il y a 4 entiers $\frac{3}{5}$ dans $\frac{23}{5}$.

Maintenant nous allons établir les règles à suivre pour additionner, soustraire, multiplier et diviser les fractions.

ADDITION *des fractions.*

On distingue deux cas principaux dans l'addition des fractions, savoir : ou les fractions ont le même dénominateur, ou elles n'ont pas le même dénominateur.

118. Iᵉʳ CAS. Si les fractions ont le même dénominateur, *on fait la somme des numérateurs, et l'on donne à cette somme le dénominateur commun.*

Ainsi, pour ajouter les fractions $\frac{2}{12}, \frac{3}{12}, \frac{5}{12}$, j'ajoute les numérateurs 2, 3, 5, ce qui fait 10; je donne à 10 le dénominateur 12, et j'ai $\frac{10}{12}$ pour total; je devais trouver ce total, car

> 2 douzièmes
> plus 3
> plus 5
> font 10 douzièmes, qu'on écrit $\frac{10}{12}$

119. IIe cas. *Si elles n'ont pas le même dénominateur, on les y réduit d'abord; puis on fait la somme des nouvelles fractions, et l'on donne à cette somme le dénominateur commun.*

Ainsi, pour ajouter les fractions $\frac{1}{2}, \frac{3}{4}$ et $\frac{5}{6}$, je les réduis d'abord au même dénominateur, et j'obtiens les nouvelles fractions $\frac{24}{48}, \frac{36}{48}$ et $\frac{40}{48}$ dont la somme est 100; je donne à 100 le dénominateur 48, et j'ai $\frac{100}{48}$ ou, en extrayant les entiers (117), $2\frac{4}{48}$ ou, en réduisant cette dernière fraction à sa plus simple expression, $2\frac{1}{12}$.

Soustraction *des fractions.*

On distingue deux cas principaux dans la soustraction des fractions, savoir : ou les fractions ont le même dénominateur, ou elles n'ont pas le même dénominateur.

120. 1er cas. *Si les deux fractions ont le même dénominateur, on retranche le plus petit numérateur du plus grand, et on donne au reste le dénominateur commun.*

Ainsi, pour soustraire $\frac{2}{12}$ de $\frac{5}{12}$, je retranche 2 de 5, et il reste 3; je donne à 3 le dénominateur 12, et j'ai $\frac{3}{12}$ pour résultat. Je devais trouver ce résultat, car

> de 5 douzièmes
> ôter 2
> reste 3 douzièmes, qu'on écrit $\frac{3}{12}$.

121. IIe cas. *Si elles n'ont pas le même dénominateur, on les y réduit d'abord; puis on retranche le plus petit numérateur du plus grand, et l'on donne au reste le dénominateur commun.*

Ainsi, pour ôter $\frac{2}{3}$ de $\frac{3}{4}$, je réduis d'abord ces deux fractions au même dénominateur (106), et j'ai $\frac{8}{12}$ à soustraire de $\frac{9}{12}$; je retranche 8 de 9, il reste 1; je donne à 1 le dénominateur 12, et j'ai pour résultat $\frac{1}{12}$.

Multiplication *des fractions.*

On distingue trois cas principaux dans la multiplication des fractions, savoir : ou le multiplicande seul est une fraction, ou le multiplicateur seul est une fraction, ou chaque facteur est une fraction.

122. 1er cas. Pour multiplier une fraction par un nombre entier, *on multiplie le numérateur de la fraction par l'entier, et on donne au produit le dénominateur de la fraction.*

Soit à multiplier $\frac{1}{4}$ par 3. Je multiplie 1 par 3, je donne au produit 3 le dénominateur de la fraction, et j'obtiens $\frac{3}{4}$ pour produit de $\frac{1}{4} \times 3$. Je devais trouver ce produit ; car, *premièrement*,

$$\begin{array}{r} 1 \text{ quart} \\ \times\ 3 \\ \hline \text{produit} \quad 3 \text{ quarts,} \end{array}$$

qu'on écrit $\frac{3}{4}$;

Secondement, multiplier $\frac{1}{4}$ par 3, c'est chercher une fraction qui soit 3 fois plus grande que $\frac{1}{4}$; pour trouver cette fraction, il suffit de multiplier le numérateur de $\frac{1}{4}$ par 3 (97) ; je le fais, et je trouve $\frac{3}{4}$; donc $\frac{3}{4}$ est le produit de $\frac{1}{4}$ par 3.

123. II° CAS. Pour multiplier un nombre entier par une fraction, *on multiplie l'entier par le numérateur de la fraction, et on donne au produit le dénominateur de la fraction.*

Soit à multiplier 3 par $\frac{1}{4}$. Je multiplie 3 par 1 ; je donne au produit 3 le dénominateur de la fraction, et j'obtiens $\frac{3}{4}$ pour le produit de 3 par $\frac{1}{4}$.

Pour faire cette opération, j'ai dit : si j'avais 3 à multiplier par 1, j'aurais pour produit 3 ; mais ce n'est pas par 1 qu'il faut multiplier, c'est par $\frac{1}{4}$ qui vaut 4 fois moins que 1 ; je me suis donc servi d'un multiplicateur 4 fois trop grand ; le produit 3 est donc 4 fois trop grand ; pour le rendre 4 fois plus petit, je le divise par 4, ce qui donne $\frac{3}{4}$ pour véritable produit de $3 \times \frac{1}{4}$.

On peut ramener ce second cas au premier, parce qu'on ne change pas la valeur d'un produit en intervertissant l'ordre des facteurs (59).

Ainsi, le produit de $3 \times \frac{1}{4}$ est le même que celui de $\frac{1}{4} \times 3$.

On peut encore ramener les deux premiers cas au troisième, en donnant à l'entier l'unité pour dénominateur (115). Ainsi, le produit de $\frac{3}{1} \times \frac{1}{4}$ sera encore le même que celui de $3 \times \frac{1}{4}$ et que celui de $\frac{1}{4} \times 3$.

124. III° CAS. Pour multiplier une fraction par une fraction, *on multiplie les numérateurs entre eux et les dénominateurs entre eux*, puis on donne le second produit pour dénominateur au premier.

Soit à multiplier $\frac{4}{5}$ par $\frac{2}{3}$. Je multiplie 4 par 2, ce qui produit 8 ; je multiplie 5 par 3, ce qui produit 15 ; puis je donne le produit 15 pour dénominateur au produit 8, et j'ai $\frac{8}{15}$ pour produit de $\frac{4}{5}$ par $\frac{2}{3}$.

Pour faire cette opération, j'ai dit : si j'avais $\frac{4}{5}$ à multiplier par 2, j'aurais pour produit $\frac{4 \times 2}{5}$; mais ce n'est pas 2 qu'il faut multiplier, c'est par $\frac{2}{3}$ qui vaut 3 fois moins que 2 ; je me suis donc servi d'un multiplicateur 3 fois trop grand ; le produit $\frac{4 \times 2}{5}$ est donc 3 fois trop grand ; pour le rendre trois fois plus petit, je multiplie le dénominateur par 3 (98), ce qui donne $\frac{4 \times 2}{5 \times 3}$, ou $\frac{8}{15}$ pour véritable produit de $\frac{4}{5} \times \frac{2}{3}$. Donc, pour multiplier une fraction par une fraction, *on multiplie les numérateurs entre eux et les dénominateurs entre eux*.

125. Pour multiplier plusieurs fractions les unes par les autres, on *multiplie tous les numérateurs entre eux et tous les dénominateurs entre eux.*

Ainsi, en multipliant les fractions $\frac{2}{3}$, $\frac{3}{5}$ et $\frac{5}{9}$, on aura $\frac{2\times 3\times 5}{3\times 5\times 9}$, ou $\frac{30}{135}$, ou $\frac{2}{9}$.

126. Pour abréger les calculs, il faut, avant d'effectuer les multiplications indiquées, avoir soin de supprimer les facteurs communs au numérateur et au dénominateur.

Ici je vois le facteur 3 au numérateur et au dénominateur; je le supprime de part et d'autre (85); je supprime de même le facteur 5, parce qu'il se trouve aussi, et dans le numérateur et dans le dénominateur. Après ces suppressions, il reste $\frac{2}{9}$ pour le produit des fractions proposées.

Division *des fractions.*

On distingue trois cas principaux dans la division des fractions, savoir : ou le dividende seul est une fraction, ou le diviseur seul est une fraction, ou ils sont tous les deux des fractions.

127. Ier cas. Pour diviser une fraction par un nombre entier, *on multiplie le dénominateur de la fraction par l'entier,* et on donne au produit le numérateur de la fraction.

Soit à diviser $\frac{1}{2}$ par 2. Je multiplie 2 par 2; je donne au produit 4 le numérateur de la fraction, et j'obtiens $\frac{1}{4}$ pour quotient de $\frac{1}{2}$ divisé par 2.

En effet, diviser $\frac{1}{2}$ par 2, c'est chercher une fraction qui soit 2 fois plus petite que $\frac{1}{2}$; pour trouver cette fraction, il suffit de multiplier le dénominateur de $\frac{1}{2}$ par 2 (98); je le fais, et je trouve $\frac{1}{4}$. Donc, $\frac{1}{4}$ est le quotient de $\frac{1}{2}$ divisé par 2.

128. IIe cas. Pour diviser un nombre entier par une fraction, *on multiplie le dividende par la fraction diviseur renversée.*

Exemple. Combien $\frac{4}{5}$ sont-ils contenus de fois dans 2 entiers? Je renverse la fraction $\frac{4}{5}$, ce qui donne $\frac{5}{4}$; je multiplie 2 par $\frac{5}{4}$, et j'ai $\frac{10}{4}$ pour quotient.

En effet, si j'avais 2 à diviser par 4, j'aurais $\frac{2}{4}$ pour quotient; mais ce n'est pas par 4 qu'il faut diviser, c'est par $\frac{4}{5}$ qui vaut 5 fois moins que 4; je me suis donc servi d'un diviseur 5 fois trop grand; le quotient $\frac{2}{4}$ est donc 5 fois trop petit (*a*); pour le rendre 5 fois plus grand, je multiplie son numérateur par 5, ce qui donne $\frac{2\times 5}{4}$ pour véritable quotient de 2 divisé par $\frac{4}{5}$. Or, ce quotient n'est autre chose que le produit de $2\times\frac{5}{4}$ qui est la fraction renversée.

Donc, pour diviser un nombre entier par une fraction, *on multiplie l'entier par la fraction diviseur renversée.*

(*a*) Le quotient est d'autant plus petit que le diviseur est plus grand; car, plus il y a de partageants, plus les portions sont petites.

129. IIIe cas. Pour diviser une fraction par une fraction, *on multiplie la fraction dividende par la fraction diviseur renversée.*

Soit à diviser $\frac{4}{5}$ par $\frac{2}{3}$. Je renverse la fraction $\frac{2}{3}$, ce qui donne $\frac{3}{2}$; je multiplie $\frac{4}{5}$ par $\frac{3}{2}$, et j'ai $\frac{4 \times 3}{5 \times 2}$ ou $\frac{12}{10}$ pour quotient de $\frac{4}{5}$ divisé par $\frac{2}{3}$.

En effet, si j'avais $\frac{4}{5}$ à diviser par 2, j'aurais $\frac{4}{5 \times 2}$ pour quotient; mais ce n'est pas par 2 qu'il faut diviser, c'est par un diviseur 3 fois plus petit, savoir, par $\frac{2}{3}$; je me suis donc servi d'un nombre 3 fois trop grand; le quotient $\frac{4}{5 \times 2}$ est donc 3 fois trop petit; pour le rendre 3 fois plus grand, je le multiplie par 3, ce qui donne $\frac{4 \times 3}{5 \times 2}$ pour le véritable quotient de $\frac{4}{5}$ divisés par $\frac{2}{3}$. Or, ce quotient n'est autre chose que le produit de $\frac{4}{5} \times \frac{3}{2}$ qui est la fraction diviseur renversée.

Donc, pour diviser une fraction par une fraction, *on multiplie la fraction dividende par la fraction diviseur renversée.*

NOMBRES FRACTIONNAIRES.

130. Le nombre fractionnaire est la *réunion de l'entier avec la fraction.*

131. Pour additionner, soustraire, multiplier ou diviser des nombres fractionnaires, *on réduit d'abord chaque entier et la fraction qui l'accompagne en une seule fraction* (114), *puis on opère comme sur les fractions.*

Addition *des nombres fractionnaires.*

Nous distinguerons deux cas principaux :

132. 1° *Si les fractions ont le même dénominateur.*

Pour ajouter $4\frac{2}{3}$ à $5\frac{6}{3}$, je réduis d'abord chaque entier et la fraction qui l'accompagne en une seule fraction, ce qui donne respectivement $\frac{14}{3}$ et $\frac{21}{3}$; puis j'additionne $\frac{14}{3}$ et $\frac{21}{3}$, et je trouve pour total $\frac{35}{3}$ ou $11\frac{2}{3}$.

133. 2° *Si les fractions n'ont pas le même dénominateur.*

Pour ajouter $3\frac{4}{5}$ et $6\frac{2}{3}$, je réduis d'abord chaque entier et la fraction qui l'accompagne en une seule fraction, ce qui donne respectivement $\frac{19}{5}$ et $\frac{20}{3}$; puis je réduis $\frac{19}{5}$ et $\frac{20}{3}$ au même dénominateur, et j'ai $\frac{57}{15}$ et $\frac{100}{15}$; ensuite j'additionne $\frac{57}{15}$ et $\frac{100}{15}$, et je trouve pour total $\frac{157}{15}$ ou $10\frac{7}{15}$.

Au lieu de suivre ce que nous avons dit n° 131, il est plus simple d'additionner les fractions (118); puis d'extraire les entiers (117), et de les ajouter aux autres.

Soustraction *des nombres fractionnaires.*

Nous distinguerons deux cas principaux :

134. 1° *Si les fractions ont le même dénominateur.*

Pour soustraire $4\frac{3}{5}$ de $8\frac{2}{5}$, je réduis d'abord chaque entier et la fraction qui l'accompagne en une seule fraction, ce qui donne respectivement $2\frac{3}{5}$ et $\frac{42}{5}$; puis je retranche $\frac{23}{5}$ de $\frac{42}{5}$, et je trouve pour différence $\frac{19}{5}$ ou $3\frac{4}{5}$.

135. 2° *Si les fractions n'ont pas le même dénominateur.*

Pour soustraire $4\frac{3}{7}$ de $9\frac{1}{2}$, je réduis d'abord chaque entier et la fraction qui l'accompagne en une seule fraction, ce qui donne respectivement $\frac{31}{7}$ et $\frac{19}{2}$; puis je réduis $\frac{31}{7}$ et $\frac{19}{2}$ au même dénominateur, et j'ai $\frac{62}{14}$ et $\frac{133}{14}$; ensuite je retranche $\frac{62}{14}$ de $\frac{133}{14}$, et je trouve pour reste $\frac{71}{14}$ ou $5\frac{1}{14}$.

Pour ôter $2\frac{5}{8}$ de 4, je réduis d'abord l'entier 2 et la fraction qui l'accompagne en une seule fraction, ce qui donne $\frac{21}{8}$; je réduis ensuite l'entier 4 en *huitièmes*, pour avoir une fraction de même dénominateur que celle que je dois soustraire, ce qui donne $\frac{32}{8}$ (**113**); puis je retranche $\frac{21}{8}$ de $\frac{32}{8}$, et je trouve pour reste $\frac{11}{8}$ ou $1\frac{3}{8}$.

Au lieu de suivre ce que nous avons dit n° 131, il est plus simple de retrancher la fraction de la fraction, puis l'entier de l'entier. Si la fraction inférieure ne peut être retranchée de la fraction supérieure, on ajoute à cette dernière la valeur d'une unité (**96, 3°**); puis on soustrait. (*Voy.* n° 55.)

MULTIPLICATION *des nombres fractionnaires.*

Nous distinguerons trois cas principaux :

136. 1° *Si le multiplicande seul est un nombre fractionnaire.*

Pour multiplier $2\frac{5}{8}$ par 4, je réduis d'abord l'entier 2 et la fraction qui l'accompagne en une seule fraction, ce qui donne $\frac{21}{8}$; puis je multiplie $\frac{21}{8}$ par 4, et je trouve pour produit $\frac{21 \times 4}{8}$, ou $\frac{84}{8}$, ou $10\frac{4}{8}$, ou $10\frac{1}{2}$.

La multiplication de $4\frac{3}{7}$ par $\frac{5}{6}$, se ramène à celle de $\frac{31}{7}$ par $\frac{5}{6}$, dont le produit est $\frac{31 \times 5}{7 \times 6}$, ou $\frac{155}{42}$, ou $3\frac{29}{42}$.

137. 2° *Si le multiplicateur seul est un nombre fractionnaire.*

Pour multiplier 4 par $2\frac{5}{8}$, je réduis d'abord l'entier 2 et la fraction qui l'accompagne en une seule fraction, ce qui donne $\frac{21}{8}$; puis je multiplie 4 par $\frac{21}{8}$, et je trouve pour produit $\frac{4 \times 21}{8}$, ou $\frac{84}{8}$, ou $10\frac{4}{8}$, ou $10\frac{1}{2}$.

La multiplication de $\frac{5}{6}$ par $4\frac{3}{7}$ se ramène à celle de $\frac{5}{6}$ par $\frac{31}{7}$, dont le produit est $\frac{5 \times 31}{6 \times 7}$, ou $\frac{155}{42}$, ou $3\frac{29}{42}$.

138. 3° *Si le multiplicande et le multiplicateur sont des nombres fractionnaires.*

Pour multiplier $2\frac{3}{4}$ par $5\frac{6}{7}$, je réduis d'abord chaque entier et la fraction qui l'accompagne en une seule fraction, ce qui donne res pectivement $\frac{11}{4}$ et $\frac{41}{7}$; puis je multiplie $\frac{11}{4}$ par $\frac{41}{7}$, et je trouve pour produit $\frac{11 \times 41}{4 \times 7}$, ou $\frac{451}{28}$, ou $16\frac{3}{28}$.

Division des nombres fractionnaires.

Nous distinguerons trois cas principaux :

139. 1° *Si le dividende seul est un nombre fractionnaire.*

Pour diviser $10\frac{1}{2}$ par 4, je réduis d'abord l'entier 10 et la fraction qui l'accompagne en une seule fraction, ce qui donne $\frac{21}{2}$; puis je divise $\frac{21}{2}$ par 4, et je trouve pour quotient $\frac{21}{2 \times 4}$, ou $\frac{21}{8}$, ou $2\frac{5}{8}$.

La division de $3\frac{29}{42}$ par $\frac{6}{5}$ se ramène à diviser $\frac{155}{42}$ par $\frac{6}{5}$, dont le quotient est $\frac{155 \times 5}{42 \times 6}$, ou $\frac{775}{252}$, ou $\ldots$.

140. 2° *Si le diviseur seul est un nombre fractionnaire.*

Pour diviser 4 par $10\frac{1}{2}$, je réduis d'abord l'entier 10 et la fraction qui l'accompagne en une seule fraction, ce qui donne $\frac{21}{2}$; puis je divise 4 par $\frac{21}{2}$, et je trouve pour quotient $\frac{4 \times 2}{21}$, ou $\frac{8}{21}$.

La division de $\frac{5}{6}$ par $3\frac{29}{42}$ se ramène à diviser $\frac{5}{6}$ par $\frac{155}{42}$, dont le quotient est $\frac{5 \times 42}{6 \times 155}$, ou $\frac{210}{930}$, ou $\frac{7}{31}$.

141. 3° *Si le dividende et le diviseur sont des nombres fractionnaires.*

Pour diviser $16\frac{3}{28}$ par $5\frac{6}{7}$, je réduis d'abord chaque entier et la fraction qui l'accompagne en une seule fraction, ce qui donne respectivement $\frac{451}{28}$ et $\frac{41}{7}$; puis je divise $\frac{451}{28}$ par $\frac{41}{7}$, et je trouve pour quotient $\frac{451 \times 7}{28 \times 41}$ ou $\frac{3157}{1148}$ ou $\frac{11}{4}$ ou $2\frac{3}{4}$.

Fractions de fractions.

142. *Une fraction de fraction est une ou plusieurs parties d'une fraction divisée en parties égales.*

Ainsi, la $\frac{1}{2}$ des $\frac{3}{4}$ est une fraction de fraction.

143. Pour additionner, soustraire, multiplier ou diviser des fractions de fractions, *on les réduit d'abord en une seule fraction, puis on opère comme sur les fractions.*

144. Pour réduire des fractions de fractions en une seule fraction, *on multiplie tous les numérateurs entre eux, et tous les dénominateurs entre eux;* puis on donne le second produit pour dénominateur au premier.

1ᵉʳ EXEMPLE. Soit à trouver une fraction ordinaire équivalente aux $\frac{4}{5}$ des $\frac{2}{3}$, ou, ce qui revient au même, soit à prendre les $\frac{4}{5}$ de $\frac{2}{3}$.

Je multiplie d'abord 4 par 2, ce qui produit 8; puis je multiplie 5 par 3, ce qui produit 15; ensuite je donne 15 pour dénominateur à 8, et j'ai $\frac{8}{15}$ pour résultat (124).

2ᵉ EXEMPLE. On demande les $\frac{2}{7}$ des $\frac{1}{5}$ de $\frac{4}{9}$.

Je multiplie d'abord tous les numérateurs entre eux, en disant : 2 fois 3 font 6 ; 5 fois 6 font 30.

Je multiplie ensuite tous les dénominateurs entre eux, en disant : 3 fois 5 font 15 ; 9 fois 15 font 135.

Je donne le second produit pour dénominateur au premier, et j'ai $\frac{30}{135}$ pour résultat.

145. Pour prendre des fractions de fractions d'un nombre entier, on réduit les fractions en une seule (144), et on n'a plus à prendre qu'une *fraction d'entier*, ce qui se fait en multipliant l'entier par la fraction (123).

EXEMPLE. On demandait à un arithméticien quelle heure il était ; il répondit : il est les $\frac{1}{4}$ des $\frac{5}{6}$ des $\frac{7}{12}$ des $\frac{6}{7}$ de 24 heures. Quelle heure était-il ?

En réduisant les fractions en une seule, la question revient à celle-ci : quels sont les $\frac{630}{2016}$ de 24 heures ?

En multipliant 24 heures par $\frac{630}{2016}$, on a pour réponse $\frac{15120}{2016}$, ou, en effectuant la division indiquée, 7 $\frac{1008}{2016}$, ou, en réduisant cette dernière fraction à sa plus simple expression, 7 heures $\frac{1}{2}$.

NOMBRES DÉCIMAUX.

Numération.

146. Dix unités d'un ordre en font une de l'ordre immédiatement supérieur (22) ; donc une unité d'un ordre en vaut dix de l'ordre immédiatement inférieur. Ainsi, un mille vaut dix *centaines* ; une centaine vaut dix *dizaines* ; une dizaine vaut dix *unités simples*. Rien n'empêche de continuer de descendre, en disant : une unité simple vaut dix *dixièmes* ; un dixième vaut dix *centièmes* ; un centième vaut dix *millièmes*.

147. On appelle *fraction décimale*, ou simplement *décimales*, des parties de l'unité, qui sont de dix en dix fois plus petites.

148. On appelle *nombre décimal*, la réunion de l'entier avec la fraction décimale. Ainsi, *trois unités quatre dixièmes* est un nombre décimal.

149. Un chiffre exprime des unités de dix en dix fois plus grandes, à mesure qu'on avance d'un rang vers la gauche (36) ; donc il exprime des unités de dix en dix fois plus petites, à mesure qu'on avance d'un rang vers la droite. Ainsi, le premier chiffre, placé à la droite du chiffre des unités, exprime des *dixièmes* ; le second, des *centièmes* ; le troisième, des *millièmes*,…

150. On appelle *fraction décimale*, ou simplement *décimales*, les chiffres placés à la droite de celui des unités simples.

151. Pour distinguer la partie entière de la partie décimale, on met une virgule à la droite du chiffre des unités

— 52 —

simples. S'il n'y a point de partie entière, on la remplace par un zéro.

Ainsi, le nombre décimal *trois unités, quatre dixièmes*, s'écrit : 3,4. La fraction décimale *quatre dixièmes*, s'écrit : 0,4.

152. Ce que nous venons de dire aux n°ˢ **146** et **149**, montre clairement que le principe de la numération des décimales est le même que celui des nombres entiers, et que, par conséquent, on peut donner les règles suivantes pour lire et pour écrire les nombres décimaux.

Manière de lire un nombre décimal écrit en chiffres.

153. Pour lire un nombre décimal, *on lit d'abord la partie entière comme si elle était seule ; puis la partie décimale, comme si c'était un nombre entier, en ajoutant, après son dernier chiffre le nom des unités décimales qu'il représente.*

Dans le tableau suivant, on voit au-dessus de chaque chiffre le mot qu'il faut prononcer après la lecture de ce chiffre, quand il est le dernier à droite.

Noms des décimales.

Unités.	Dixièmes.	Centièmes.	Millièmes.	Dix-millièmes.	Cent-millièmes.	Millionièmes.	Dix-millionièmes.	Cent-millionièmes.	Billionièmes.	Dix-billionièmes.	Cent-billionièmes.	Trillionièmes.	Dix-trillionièmes.	Cent-trillionièmes.	Quatrillionièmes.
1	2	3	4	5	6	7	8	9	0	1	2	3	4	5

Soit maintenant à lire le nombre 7620,8315469.

Pour lire ce nombre, je partage la partie entière et la partie décimale en tranches de trois chiffres, à partir de la droite de chacune, et j'ai :

7.620, 8.315.469, ce qui s'énonce : *sept mille six cent vingt unités, huit millions trois cent quinze mille quatre cent soixante-neuf* DIX-MILLIONIÈMES.

Manière d'écrire en chiffres un nombre décimal énoncé.

154. Pour écrire en chiffres un nombre décimal, *on écrit d'abord la partie entière comme si elle était seule ; on met une virgule à la droite des unités simples ; puis à la droite de cette virgule, on écrit la partie décimale comme si c'était un nombre entier.*

EXEMPLE. Soit à écrire en chiffres le nombre décimal *sept mille six cent vingt unités, huit millions trois cent quinze mille quatre cent soixante-neuf* DIX-MILLIONIÈMES.

Je distingue d'abord la partie entière de la partie décimale de ce nombre.

La partie entière est *sept mille six cent vingt unités*.

La partie décimale est *huit millions trois cent quinze mille quatre cent soixante-neuf dix-millionièmes*.

Après cela, j'écris la partie entière comme si elle était seule, et j'ai 7,620.

Puis j'écris la partie décimale comme si elle était un nombre entier, c'est-à-dire comme si elle exprimait *huit millions trois cent quinze mille quatre cent soixante-neuf unités*, et j'ai 8 315 469, que j'écris à la droite de la virgule qui suit 7,620, ce qui donne 7 620,8 315 469 pour représenter le nombre proposé.

155. La partie décimale n'est pas bien écrite quand son dernier chiffre à droite n'occupe point le rang des unités qu'il doit représenter. Pour savoir si elle est bien écrite, il faut donc la lire.

156. Quand le dernier chiffre à droite de la partie décimale n'occupe pas le rang qu'il doit avoir, on compte combien il s'en faut de rangs, et l'on met autant de zéros à la gauche de la partie décimale.

EXEMPLE. Soit à écrire en chiffres le nombre *quarante-deux unités, cinquante-sept* MILLIONIÈMES.

Suivant la règle du n° 154, j'écris 42,57 ; mais en lisant la partie décimale, je vois que son dernier chiffre à droite, occupe le rang des *centièmes* au lieu d'occuper celui des *millionièmes* : d'où je conclus que la partie décimale n'est pas bien écrite. Pour réparer l'erreur, je compte les rangs qu'il y a des *centièmes* aux *millionièmes*, et en disant : *millièmes, dix-millièmes, cent-millièmes, millionièmes* ; j'en trouve quatre ; j'écris donc quatre zéros à la gauche de 57, et j'ai 0000 57, que je place à la droite de la virgule qui suit 42, ce qui donne 42,000057 pour le nombre proposé.

De ce que nous avons dit n° 151, on tire les conséquences suivantes :

157. 1° En avançant la virgule de 1, 2, 3... rangs vers la droite, on rend le nombre décimal 10 fois, 100 fois, 1000 fois... plus grand.

Ainsi, en avançant la virgule d'un rang vers la droite de 2,34, on aura le nombre 23,4, qui est 10 fois plus grand que 2,34.

En effet, le chiffre 4, qui exprimait des centièmes, exprime maintenant des dixièmes ; le chiffre 3, qui exprimait des dixièmes, exprime des unités simples ; le chiffre 2, qui exprimait des unités simples, exprime des dizaines ; toutes les parties de ce nombre ont été rendues 10 fois plus grandes : donc ce nombre lui-même a été rendu 10 fois plus grand.

158. II°. En avançant la virgule de 1, 2, 3... rangs vers la gauche, on rend le nombre décimal 10 fois, 100 fois, 1000 fois... plus petit.

— 54 —

Ainsi, en avançant la virgule d'un rang vers la gauche de 23,4, on aura le nombre 2,34, qui est 10 fois plus petit que 23,4.

En effet, le chiffre 4, qui exprimait des dixièmes, n'exprime plus que des centièmes ; le chiffre 3, qui exprimait des unités, n'exprime plus que des dixièmes ; le chiffre 2, qui exprimait des dizaines, n'exprime plus que des unités ; toutes les parties du nombre proposé ont donc été rendues 10 fois plus petites : donc le nombre lui-même a été rendu 10 fois plus petit.

159. III°. En écrivant 1, 2, 3... zéros à la gauche des décimales, on les rend 10 fois, 100 fois, 1000 fois... plus petites, parce que chacune d'elles passe à un rang où elle exprime des unités 10 fois, 100 fois, 1000 fois... plus petites qu'auparavant.

Ainsi, la fraction décimale 0,056 est 10 fois plus petites que 0,56.

160. IV°. En écrivant des zéros à la droite des décimales, on ne change pas la valeur du nombre décimal, parce que chacun de ses chiffres conserve le même rang, et par conséquent la même valeur qu'auparavant.

Ainsi, 0,560 a la même valeur que 0,56.

161. V°. *Réciproquement*, on peut, sans changer la valeur d'un nombre décimal, supprimer les zéros qui sont à la droite des décimales.

Ainsi, au lieu de 0,560, on peut écrire 0,56.

ADDITION DES NOMBRES DÉCIMAUX.

162. Pour additionner des nombres décimaux, on écrit *ces nombres les uns sous les autres, de manière que les unités de même ordre soient dans une même colonne ; on tire un trait sous le dernier nombre pour le séparer du total qu'on écrira dessous ; puis on opère comme sur les nombres entiers* (a), *et l'on sépare, sur la droite du résultat, autant de chiffres qu'il y a de décimales dans celui des nombres proposés qui en a le plus.*

EXEMPLE. Soit à additionner les nombres décimaux 9,73 ; 8,45 ; 1,56.

Opération
9,73
8,45
1,56
19,74

Pour faire cette opération, j'écris les nombres les uns sous les autres, de manière que les unités soient sous les unités, les dixièmes

---

(a) La règle que nous avons donnée pour l'addition des nombres entiers, est fondée sur ce que dix unités d'un rang valent une unité du rang immédiatement à gauche ; comme ce principe est vrai aussi pour les décimales, il s'ensuit que l'addition des nombres décimaux se fait comme celle des nombres entiers.

sous les dixièmes, les centièmes sous les centièmes, puis je dis : 3 et 5 font 8, et 6 font 14 ; je pose 4 et je retiens 1...., 1 de retenue et 7 font 8, et 4 font 12, et 5 font 17 ; je pose 7, et je retiens 1...., 1 de retenue et 9 font 10, et 8 font 18, et 1 font 19 ; je pose 19, et j'ai 1974 pour résultat ; à droite de ce résultat, je sépare deux chiffres, parce que celui des nombres additionnés qui a le plus de décimales en a deux, et j'ai pour total 19 unités 74 centièmes.

Exemples d'addition.

	652,302	647,001	60,304
	598,43	34,5	20,001
	0,057	725,404	0,503
	206	0,067	40,701
Sommes	1456,789	1446,972	21,509

	0,357	0,608	0,5796
	0,032	0,025	0,435
	0,42	0,367	0,26
Sommes	0,809	1,000	1,2746

SOUSTRACTION DES NOMBRES DÉCIMAUX.

163. Pour soustraire un nombre décimal d'un autre, on écrit le plus petit sous le plus grand, de manière que les unités de même ordre soient dans une même colonne ; on tire un trait sous le dernier nombre pour le séparer du reste qu'on écrira dessous ; puis on opère comme sur les nombres entiers, et l'on sépare sur la droite du résultat autant de chiffres qu'il y a de décimales dans celui des nombres proposés qui en a le plus.

EXEMPLE. Soit à trouver combien 5,25 surpasse 3,12.

Opération.

5,25
3,12
―――
2,13

J'écris le plus petit nombre sous le plus grand, de manière que les unités soient sous les unités, les dixièmes sous les dixièmes, les centièmes sous les centièmes ; puis je dis : 2 de 5, reste 3 ; je pose 3 ; 1 de 2, reste 1 ; je pose 1 ; 3 de 5, reste 2 ; je pose 2, et j'ai 213 pour résultat, sur la droite duquel je sépare deux chiffres, et j'ai pour différence 2,13.

Le nombre 5,25 surpasse donc le nombre 3,12 de 2,13, puisqu'il contient de plus que lui 3 centièmes, 1 dixième et 2 unités.

164. *Si un chiffre n'a pas de correspondant, on opère comme s'il y avait un zéro à la place du chiffre manquant.*

Ainsi, si de 907,15
Je veux retrancher 6,3842
―――――
900,7658

Je dis : 2 de 10, reste 8 ; 4 de 10, reste 6 ; 8 de 15, reste 7 ; 3 de 14, reste 7 ; 7 de 7, reste 0 ; 0 de 0, reste 0 ; 0 de 9, reste 9.

Exemples de soustraction.

```
    28100,011           17210,96800012
    28000,909009         8210,5673
Restes  99,101991        9000,40070012
```

MULTIPLICATION DES NOMBRES DÉCIMAUX.

On distingue trois cas principaux dans la multiplication des nombres décimaux, savoir : ou le multiplicande seul a des décimales, ou le multiplicateur seul en a, ou ils en ont tous les deux (a).

165. Ier cas. Quand le multiplicande seul a des décimales, *on supprime la virgule ; puis on opère comme sur les nombres entiers, et l'on sépare sur la droite du produit total autant de chiffres qu'il y a de décimales dans le multiplicande.*

EXEMPLE. Soit à multiplier 5,67 par 234.

Opération.
```
        567
        234
       ----
       2268
       1701
       1134
       ----
Produit  1326,78
```

J'opère comme si j'avais à multiplier 567 par 234, et j'ai 132678 pour produit, sur la droite duquel je sépare deux chiffres, parce qu'il y a deux décimales dans le multiplicande, et j'ai 1326,78 pour véritable produit.

Je dois séparer ces deux chiffres sur la droite du produit pour le ramener à sa juste valeur. En effet, en supprimant la virgule dans le multiplicande, j'ai rendu ce nombre cent fois plus grand, et par conséquent le produit cent fois plus grand ; pour ramener le produit à sa juste valeur, il faut donc le rendre cent fois plus petit, et c'est ce que je fais en séparant sur sa droite, deux chiffres, précisément autant qu'il y a de décimales dans le multiplicande.

166. IIe cas. Quand le multiplicateur seul a des décimales, *on supprime la virgule, puis on opère comme sur les nombres entiers ; et l'on sépare sur la droite du produit total autant de chiffres qu'il y a de décimales dans le multiplicateur.*

EXEMPLE. Soit à multiplier 567 par 2,34.

Opération.
```
        567
        234
       ----
       2268
       1701
       1134
       ----
Produit  1326,78
```

(a) La règle donnée au n° 167 convient pour tous les cas : on pourrait donc s'en contenter.

J'opère comme si j'avais à multiplier 567 par 234, et j'ai 132678 pour produit, sur la droite duquel je sépare deux chiffres, parce qu'il y a deux décimales dans le multiplicateur.

Je dois séparer ces deux chiffres sur la droite du produit pour le ramener à sa juste valeur. Car, en supprimant la virgule dans le multiplicateur, j'ai rendu ce nombre cent fois plus grand, et par conséquent le produit cent fois plus grand ; pour ramener le produit à sa juste valeur, il faut donc le rendre cent fois plus petit, et c'est ce que je fais en séparant sur sa droite deux chiffres, précisément autant qu'il y a de décimales dans le multiplicateur.

167. IIIe cas. Quand le multiplicande et le multiplicateur ont des décimales, *on supprime la virgule ; puis on opère comme sur les nombres entiers, et l'on sépare sur la droite du produit total autant de chiffres qu'il y a de décimales dans les deux facteurs.*

EXEMPLE. Soit à multiplier 5,67 par 2,34.

Opération.

```
         567
         234
        ————
        2268
        1701
        1134
        ————
Produit 13,2678
```

J'opère comme si j'avais à multiplier 567 par 234, et j'ai 132678 pour produit, sur la droite duquel je sépare quatre chiffres, parce qu'il y a quatre décimales dans les deux facteurs, et j'ai 13,2678 pour véritable produit.

Je dois séparer quatre chiffres sur la droite du produit pour le ramener à sa juste valeur. En effet, en supprimant la virgule dans le multiplicande, j'ai rendu ce nombre cent fois trop grand. En supprimant la virgule dans le multiplicateur, j'ai rendu ce nombre cent fois trop grand ; en multipliant ces nombres l'un par l'autre, j'ai multiplié un nombre cent fois trop grand par un autre aussi cent fois trop grand ; j'ai donc un produit trop grand de ce que donne 100 multiplié par 100. Or, 100 multiplié par 100, donne 10000 ; donc j'ai un produit trop grand de 10000 ; donc pour le ramener à sa juste valeur, il faut le rendre plus petit de 10000 ; mais pour le rendre plus petit de 10000, il faut que je sépare quatre chiffres, et c'est précisément autant qu'il y a de décimales dans les deux facteurs.

168. Si le produit n'a pas le nombre de chiffres qu'il faut séparer, on y supplée par des zéros à la gauche de ce produit.

EXEMPLE. Soit 2,5 à multiplier par 0,0003.

Opération.

```
          25
           3
        ————
Produit 0,00075
```

Je multiplie simplement 25 par 3, et j'ai 75 pour produit; mais comme il y a 5 décimales dans les deux facteurs, il faut que je sépare cinq chiffres sur la droite de ce produit, et il n'en a que deux; alors, pour les trois qui lui manquent, je mets trois zéros à sa gauche; puis une virgule; ensuite un zéro pour tenir la place des unités, et je trouve 0,00075 pour véritable produit.

Pour abréger la multiplication des nombres décimaux.

169. 1° Quand le multiplicande est un nombre terminé par des zéros, *on opère comme si ces zéros n'y étaient pas; mais on avance la virgule dans le produit d'autant de rangs vers la droite qu'il y a de zéros sur la droite du multiplicande.*

Ainsi, en multipliant 1200 par 0,03, on a 36 pour produit.

170. 2° Quand le multiplicateur est un nombre terminé par des zéros, *on opère comme si ces zéros n'y étaient pas; mais on avance la virgule dans le produit d'autant de rangs vers la droite qu'il y a de zéros sur la droite du multiplicateur.*

Ainsi, si j'ai 5,432 à multiplier par 700, je multiplie simplement 5432 par 7, ce qui donne 38,024; j'avance la virgule de deux rangs vers la droite de 38,024, et j'ai 3802,4 pour véritable produit.

171. Quand le multiplicateur est l'unité suivie de zéros, *il suffit d'avancer la virgule dans le multiplicande d'autant de rangs vers la droite qu'il y a de zéros sur la droite du multiplicateur.*

Ainsi, le nombre   13,2678
Multiplié par   10, donne   132,678
Multiplié par   100, donne   1326,78
Multiplié par   1000, donne 13267,8
Multiplié par   10000, donne 132678

DIVISION DES NOMBRES DÉCIMAUX.

On distingue trois cas principaux dans la division des nombres décimaux, savoir : ou le dividende seul a des décimales, ou le diviseur seul en a, ou ils en ont tous les deux (a).

172. 1ᵉʳ CAS. Quand le dividende seul a des décimales, *on met à la droite du diviseur une virgule suivie d'autant de zéros qu'il y a de décimales dans le dividende, on supprime la virgule, puis on opère comme sur les nombres entiers.*

EXEMPLES. Soit à diviser 1934,52 par 343.

Opération.

193452 | 34300
171500 | 5
─────
 21952

(a) La règle établie au nᵒ 174 convient pour TOUS les cas : on pourrait s'en contenter.

je mets à la droite du diviseur une virgule suivie de deux zéros ; je supprime les virgules, et j'ai 193452 à diviser par 44300, ce qui donne 5 pour quotient.

173. IIe CAS. *Quand le diviseur seul a des décimales, on met à la droite du dividende une virgule suivie d'autant de zéros qu'il y a de décimales dans le diviseur ; on supprime la virgule, puis on opère comme sur les nombres entiers.*

EXEMPLE. Soit à diviser 750 par 23,46.

Opération.

```
75000 | 2346
 7038 |  31
 ----
 4620
 2346
 ----
 2274
```

Je mets à la droite du dividende une virgule suivie de deux zéros ; je supprime les virgules, et j'ai 75000 à diviser par 2346, ce qui donne 31 pour quotient.

174. IIIe CAS. *Quand le dividende et le diviseur ont des décimales, on rend le nombre des décimales égal de part et d'autre (en mettant 1, 2, 3... zéros à la droite du nombre qui a 1, 2, 3... décimales de moins que l'autre) ; on supprime la virgule, puis on opère comme sur les nombres entiers, et le quotient n'est pas changé.*

1er EXEMPLE. Soit à diviser 98,76 par 43,21.

Opération.

```
9876 | 4321
8642 |  2
----
1234
```

J'opère comme si j'avais à diviser 9876 par 4321, et j'ai 2 pour quotient.

Le quotient ainsi obtenu n'a pas changé de valeur. En effet, en supprimant la virgule dans le dividende, j'ai rendu ce nombre cent fois plus grand, et par conséquent le quotient *cent fois plus grand*; car un dividende cent fois plus grand contient le même diviseur cent fois plus. En supprimant la virgule dans le diviseur, j'ai rendu ce nombre cent fois plus grand, et par conséquent le quotient *cent fois plus petit*, car un diviseur cent fois plus grand est contenu cent fois moins dans le même dividende ; mais c'est après avoir rendu le quotient cent fois plus grand, que je l'ai rendu cent fois plus petit : il n'a donc pas changé de valeur.

2e EXEMPLE. Soit à diviser 3686,4 par 1,152.

Opération.

```
3686400 | 1152
 3456   | 3200
 ----
  2304
  2304
  ----
   000
```

Je mets deux zéros à la droite du dividende, parce qu'il a deux décimales de moins que le diviseur; je supprime la virgule de part et d'autre; j'opère comme si j'avais à diviser 3686400 par 1152, et j'ai 3200 pour quotient exact.

3° EXEMPLE. Soit à diviser 1934,52 par 34,3.

Opération.

```
19345,2 | 3430
17150   | 56
─────
 21952
 20580
 ─────
  1372
```

Je mets un zéro à la droite du diviseur, parce qu'il a une décimale de moins que le dividende; je supprime la virgule; j'opère comme si j'avais 193452 à diviser par 3430, et j'ai 56 pour quotient exact *à moins d'une unité.*

Pour abréger la division des nombres décimaux.

175. 1° Quand le dividende seul a des décimales, on opère comme sur les nombres entiers, et l'on sépare sur la droite du quotient autant de chiffres qu'il y a de décimales dans le dividende.

EXEMPLE. Soit à diviser 98,75 par 64.

Opération.

```
9875 | 64
 64  | 1,54
 ───
 347
 320
 ───
 275
 264
 ───
  11
```

J'opère comme si j'avais à diviser 9875 par 64, et j'ai 154 pour quotient, sur la droite duquel je sépare deux chiffres, parce qu'il y a deux décimales dans le dividende, et j'ai 1,54 pour quotient.

Je dois séparer deux chiffres sur la droite du quotient pour le ramener à sa juste valeur. En effet, en supprimant la virgule dans le dividende, j'ai rendu ce nombre cent fois plus grand, et par conséquent le quotient cent fois plus grand; car un dividende cent fois plus grand contient le même diviseur cent fois plus. Pour ramener le produit à sa juste valeur, il faut donc le rendre cent fois plus petit, et c'est ce que je fais en séparant sur sa droite deux chiffres, précisément autant qu'il y a de décimales dans le dividende.

176. 2° Quand le dividende a plus de décimales que le diviseur, *on avance la virgule dans le dividende d'autant de rangs vers la droite qu'il y a de décimales dans le diviseur; puis on supprime la virgule dans le diviseur et l'on opère comme dans le cas où le dividende seul a des décimales.*

Ainsi, diviser 36,52 par 3,4, revient à diviser 365,2 par 34.

177. 3° Quand le diviseur est un nombre terminé par des zéros, *on supprime ces zéros ; puis on avance la virgule dans le dividende d'autant de rangs vers la gauche qu'il y a de zéros à la droite du diviseur, et l'on opère comme dans le cas où le dividende seul a des décimales.*

Ainsi, diviser 3686,4 par 3200, revient à diviser 36,864 par 32.

178. Quand le diviseur est l'unité suivie de zéros, *il suffit d'avancer la virgule dans le dividende d'autant de rangs vers la gauche qu'il y a de zéros à la droite du diviseur.*

Ainsi, le nombre   13267,8
Divisé par 10, donne   1326,78
Divisé par 100, donne   132,678
Divisé par 1000, donne   13,2678

MANIÈRE DE COMPLÉTER LES QUOTIENTS.

179. Quand une division donne un reste, le quotient n'est pas exact ; pour l'avoir entier, il faut le compléter par une *fraction ordinaire*, ou par une *fraction décimale.*

180. Pour compléter un quotient par une fraction ordinaire, *on met le reste de la division à droite du quotient ; puis le diviseur au-dessous de ce reste, et on les sépare par un trait.*

EXEMPLE. Soit à diviser 37 par 8.

Opération.

$$\begin{array}{r|l} 37 & 8 \\ 32 & 4\frac{5}{8} \\ \hline 5 & \end{array}$$

La fraction ordinaire $\frac{5}{8}$ complète le quotient 4, et s'énonce *cinq huitièmes*, c'est-à-dire *cinq divisés par huit.*

181. Pour compléter un quotient par une fraction décimale, *on met une virgule après la partie entière du quotient ; puis un zéro à la droite du reste de la division, et on divise le nombre résultant par le diviseur.*

S'il y a un reste, on met un zéro à sa droite, et on divise le nombre résultant par le diviseur.

On continue d'opérer ainsi jusqu'à ce que la division donne zéro pour reste, et alors le quotient est exact.

EXEMPLE. Soit à diviser 37 par 8.

Opération.

$$\begin{array}{r|l} 37 & 8 \\ 32 & 4,625 \\ \hline \end{array}$$

Reste suivi de zéro   50
                        48
                        20
                        16
                        40
                        40
                         0

La division de 37 par 8 donne 4 pour quotient et 5 pour reste ; je mets une virgule après le chiffre 4 ; puis un zéro à la droite de 5, et j'ai 50 pour dividende partiel ; ensuite je dis : en 50 combien de fois 8 ? 6 fois ; je porte 6 au quotient ; je multiplie le diviseur par 6, ce qui donne 48 ; j'écris ce produit sous mon dividende ; je l'en retranche, et il reste 2.

A côté de ce reste, je mets un zéro, et j'ai 20 pour dividende partiel ; puis je dis : en 20 combien de fois 8 ? 2 fois ; je pose 2 au quotient ; je multiplie le diviseur par 2, ce qui donne 16 pour produit ; j'écris ce produit sous mon dividende ; je l'en retranche, et il reste 4.

A côté de ce reste, je mets un zéro, et j'ai 40 pour dividende partiel ; puis je dis : en 40 combien de fois 8 ? 5 fois ; je pose 5 au quotient ; je multiplie le diviseur par 5, ce qui donne 40 pour produit ; j'écris ce produit sous mon dividende ; je l'en retranche, et il reste 0 ; d'où je conclus que 4,625 est le quotient exact de 37 divisés par 8.

Ici la fraction décimale 0,625 complète le quotient 4, comme la fraction ordinaire $\frac{5}{8}$ le complète dans l'exemple précédent.

REMARQUE. Pour trouver la fraction décimale 0,625, on a divisé le reste 5 par 8. Nous venons donc de donner la manière de diviser un nombre par un autre plus grand que lui, lorsqu'il est un reste de division ; nous allons maintenant donner la manière de le diviser quand il n'est pas un reste.

182. Pour diviser un nombre par un autre plus grand que lui, *on met au quotient un zéro suivi d'une virgule ; puis un zéro à la droite du dividende, et on divise le nombre résultant par le diviseur.*

S'il y a un reste, on met un zéro à sa droite, et on divise le nombre résultant par le diviseur.

On continue d'opérer ainsi jusqu'à ce que la division donne zéro pour reste, et alors le quotient est exact.

EXEMPLE. Soit à diviser 7 par 28.

Opération.

```
70  | 28
56  | 0,25
---
140
140
---
  0
```

183. Il est souvent impossible de compléter un quotient par une *fraction décimale*, et, quand on pourrait le compléter ainsi, il est souvent inutile de pousser la division assez loin pour cela.

184. Pour éviter une division interminable (a) ou trop

(a) Dès qu'on trouve un dividende partiel qu'on a déjà eu dans la même division, on est sûr que le calcul ne se terminera pas, et qu'on reproduira dans le même ordre, et les mêmes dividendes, et les mêmes chiffres au quotient.

longue, on se contente d'un quotient qui ne soit pas *trop petit* d'un dixième, d'un centième, d'un millième... d'unité, c'est-à-dire qu'on cesse de diviser dès qu'on a 1, 2, 3... décimales au quotient.

Exemple. Quel est le quotient de 1 divisé par 17, *à moins d'un millième*.

Opération.

```
100  | 17
 85  | 0,058
 150
 136
  14
```

Le quotient 0,058 n'est pas trop petit d'un millième, car ce qui lui manque pour être complet, ne vaut pas un millième tout entier.

185. Quand le reste d'une division vaut plus de la moitié du diviseur, on peut avoir un quotient qui ne soit pas *trop grand* d'un demi-dixième, d'un demi-centième... Pour cela, on augmente de 1 le dernier chiffre du quotient.

Exemple. Quel est, *à moins d'un centième*, le quotient de 29 par 84 ?

Opération.

```
290  | 84
252  | 0,34
 380
 336
  44
```

Le quotient 0,34 n'est pas trop petit d'un centième tout entier, mais il est trop petit de plus de la moitié d'un centième ; puisque, si l'on continuait la division, on trouverait au quotient plus de la moitié d'un centième ; donc, si l'on augmente de 1 le dernier chiffre du quotient, ce quotient ne sera pas trop grand d'un demi-centième. J'ajoute 1 à la dernière décimale de 0,34, et j'ai 0,35.

CONVERSION DES FRACTIONS ORDINAIRES EN FRACTIONS DÉCIMALES ET RÉCIPROQUEMENT.

186. Si les nombres sur lesquels on a à effectuer une opération, sont donnés, l'un sous la forme de fraction ordinaire, l'autre sous la forme de fraction décimale, on les ramène d'abord à la même nature de fractions, et on leur applique ensuite les règles qui ont été tracées, soit pour les fractions ordinaires, soit pour les fractions décimales. Pour pouvoir les ramener à telle ou telle nature de fractions, il faut savoir convertir une fraction ordinaire en fraction décimale, et une fraction décimale en fraction ordinaire. Voici la règle à suivre pour chacune de ces conversions.

§ 1ᵉʳ. Conversion des fractions ordinaires en fractions décimales.

187. Règle. Pour convertir une fraction ordinaire en fraction décimale, *on divise le numérateur par le dénominateur.*
Soit la fraction $\frac{4}{5}$ à réduire en décimales.

Opération.

```
 40 | 5
 40 | 0,8
  0 |
```

Le quotient 0,8 est exact ; donc la fraction décimale 0,8 est de même valeur que la fraction ordinaire $\frac{4}{5}$.
En effet, en multipliant la fraction $\frac{4}{5}$ par 10, j'obtiens $\frac{40}{5}$, d'où tirant les entiers (117), j'ai 8 pour quotient ; mais $\frac{40}{5}$ est 10 fois trop grand ; donc le quotient 8 est 10 fois trop grand ; pour le ramener à sa juste valeur, je le rends 10 fois plus petit, et je trouve 0,8 qui est le même nombre que celui que j'ai trouvé en divisant le numérateur 4 par le dénominateur 5.
Donc, pour convertir une fraction ordinaire en fraction décimale, *on divise le numérateur par le dénominateur.*

188. En divisant le numérateur par le dénominateur, il est souvent impossible de trouver une fraction décimale de même valeur que la fraction ordinaire qu'il s'agit de réduire, et, quand on pourrait la trouver, il est souvent inutile de pousser la division assez loin pour cela.

189. Pour éviter une division interminable ou trop longue, on se contente d'une fraction décimale qui ne soit pas *trop petite* d'un dixième, d'un centième, d'un millième... d'unité, c'est-à-dire qu'on cesse de diviser dès qu'on a 1, 2, 3... décimales au quotient.

1ᵉʳ EXEMPLE. Soit à convertir la fraction ordinaire $\frac{29}{84}$ en une fraction décimale qui ne soit pas trop petite d'un millième.

Opération.

```
290  | 84
252  | 0,345
---
 380
 336
 ---
  440
  420
  ---
   20
```

Le quotient 0,345 n'est pas trop petit d'un millième, car ce qui lui manque pour être complet ne vaut pas un millième tout entier : donc la fraction décimale 0,345 ne vaut pas un millième de moins que la fraction ordinaire $\frac{29}{84}$.

2ᵉ EXEMPLE. Soit à convertir la fraction ordinaire $\frac{1}{17}$ en fraction décimale qui ne soit pas trop grande d'un demi-millième.

Opération.

```
100  | 17
 85  | 0,058
 150
 136
  14
```

Le reste 14 valant plus de moitié du diviseur, j'augmente de 1 le dernier chiffre du quotient, et j'ai 0,059 pour la fraction demandée.

§ II. *Conversion des fractions décimales en fractions ordinaires.*

190. Règle. *Pour convertir une fraction décimale en fraction ordinaire, on prend pour numérateur la partie décimale, et pour dénominateur l'unité suivie d'autant de zéros qu'il y a de décimales.*

En appliquant cette règle, je trouve que la fraction 0,15 est égale à $\frac{15}{100}$. En effet, en supprimant la virgule dans la fraction 0,15, je rends cette fraction cent fois trop grande; pour la ramener à sa juste valeur, il faut donc la rendre cent fois plus petite, et c'est ce que je fais en lui donnant pour dénominateur l'unité suivie de deux zéros, précisément autant qu'il y a de décimales, c'est-à-dire de chiffres à la droite de la virgule.

Suivant cette règle, la fraction décimale 0,345, qui s'énonce 345 millièmes, se change en $\frac{345}{1000}$; la fraction décimale 0,059 se change en $\frac{59}{1000}$.

SYSTÈME MÉTRIQUE.

191. Les nouvelles mesures sont :

Le MÈTRE, pour évaluer les longueurs;
L'ARE, pour les surfaces;
Le STÈRE, pour les volumes;
Le LITRE, pour les contenances;
Le GRAMME, pour les poids;
Le FRANC, pour les monnaies.

Avec ces mesures on en a formé de plus grandes et de plus petites.

192. Pour exprimer les plus grandes, on met devant le nom de la mesure principale les mots :

Déca, qui signifie dix;
Hecto, qui signifie cent;
Kilo, qui signifie mille;
Myria, qui signifie dix mille.

193. Pour exprimer les plus petites, on met devant le nom de la mesure principale les mots :

Déci, qui signifie dixième;
Centi, qui signifie centième;
Milli, qui signifie millième.

Nous allons donner d'abord la valeur de chaque mesure principale ; puis le nom et la valeur de chacune des mesures qu'on en a formées ; ensuite la manière de les lire, de les écrire, de les convertir, et enfin l'usage qu'on en fait ordinairement.

MESURES DE LONGUEUR.

MÈTRE.

194. Le MÈTRE est la dix-millionième partie du quart de la circonférence de la terre (a).

195. Du MÈTRE on a formé :

Le DÉCAMÈTRE, qui vaut dix mètres ;
L'HECTOMÈTRE......... dix décamètres ;
Le KILOMÈTRE.......... dix hectomètres ;
Le MYRIAMÈTRE........ dix kilomètres ;
Le DÉCIMÈTRE.......... un dixième de mètre ;
Le CENTIMÈTRE......... un dixième de décimètre ;
Le MILLIMÈTRE......... un dixième de centimètre.

196. Il faut donc :

10 millimètres pour faire un centimètre ;
10 centimètres......... un décimètre ;
10 décimètres.......... un mètre ;
10 mètres.............. un décamètre ;
10 décamètres.......... un hectomètre ;
10 hectomètres......... un kilomètre ;
10 kilomètres.......... un myriamètre.

197. Puisqu'il faut 10 millimètres pour faire 1 centimètre ; 10 centimètres pour faire 1 décimètre ; 10 décimètres pour faire 1 mètre... il s'ensuit que, après avoir exprimé des myriamètres, on peut encore avoir à exprimer jusqu'à 9 kilomètres, 9 hectomètres, 9 mètres... Il faut donc *un* chiffre pour représenter les kilomètres, *un* chiffre pour représenter les hectomètres...; donc,

198. Si l'on compte par MYRIAMÈTRE, le premier chiffre décimal à droite des myriamètres exprime des kilomètres ; le deuxième, des hectomètres...; par conséquent,

Le nombre 57^{myriam},3, s'énonce : *cinquante-sept myriamètres, trois kilomètres*.
Le nombre *huit cents myriamètres, cinq hectomètres*, s'écrit : 800^{myriam},05.

Si on prend le KILOMÈTRE pour unité, le premier chiffre décimal à droite des kilomètres exprime des hectomètres, le deuxième des décamètres...; par conséquent,

Le nombre 25^{kilom},09, s'énonce : *vingt-cinq kilomètres, 9 décamètres*.

(a) Le contour de la terre est de quarante millions de mètres.

Le nombre *soixante-dix kilomètres, six hectomètres*, s'écrit : 70^{kilom},6.

Si l'on prend le DÉCAMÈTRE pour unité, le premier chiffre décimal à droite des décamètres exprime des mètres, le deuxième des décimètres...; par conséquent,

Le nombre 37^{décam},20, s'énonce : *trente-sept décamètres, 20 décimètres.*

Le nombre *huit décamètres, deux mètres*, s'écrit : 8^{décam},2.

Si l'on prend le MÈTRE pour unité, le premier chiffre décimal à droite des mètres exprime des décimètres, le deuxième des centimètres, et le troisième des millimètres ; par conséquent,

Le nombre 10^{m},175, s'énonce : *dix mètres, cent soixante-quinze millimètres.*

Le nombre 0^{m},45, s'énonce : *quarante-cinq centimètres.*

Le nombre *cinquante mètres, six centimètres*, s'écrit : 50^{m},06.

Le nombre *cinq millimètres*, s'écrit : 0^{m},005.

199. Pour convertir un nombre en unités plus petites que celles qu'il exprime, *on le multiplie par 10 à chaque mesure qu'on trouve depuis la mesure donnée jusqu'à la mesure demandée.*

Ainsi, pour convertir en millimètres 234 kilomètres, je multiplie ce nombre par 10 à chaque mesure que je nomme depuis les kilomètres jusqu'aux millimètres, et j'obtiens 234000000 millimètres.

EXEMPLE. Combien 345 mètres valent-ils de millimètres ?

Pour résoudre cette question, je multiplie par 10, en disant :
            décimètres
            centimètres
            millimètres

et je trouve que 345 mètres valent 345000 millimètres.

200. Pour convertir un nombre en unités plus grandes que celles qu'il exprime, *on le divise par 10 à chaque mesure qu'on trouve depuis la mesure donnée jusqu'à la mesure demandée.*

Ainsi, pour convertir en mètres 2345 millimètres, je divise ce nombre par 10 à chaque mesure que je trouve depuis la mesure donnée jusqu'à la mesure demandée, et j'ai 2^{m},345.

EXEMPLE. Combien 345000 millimètres valent-ils de mètres ?

Pour résoudre cette question, je divise par 10, en disant :
            centimètres
            décimètres
            mètres

et je trouve que 345000 millimètres valent 345,000 mètres.

201. Le *myriamètre*, le *kilomètre* et l'*hectomètre* ne servent que pour exprimer la longueur du chemin qu'il y a d'un lieu à un autre.

Le *décamètre* n'est guère employé que dans l'arpentage.

Le *mètre* sert à mesurer la longueur d'une allée, d'une pièce d'étoffe, la largeur d'une rue, la hauteur d'une maison, la profondeur d'un puits, l'épaisseur d'un mur, d'une planche, etc., etc.

On compte les mètres avec les nombres ordinaires. Ainsi, on dit : dix mètres, cent mètres, mille mètres de toile, etc., et non pas un décamètre, un hectomètre, un kilomètre de toile, etc.

MESURES DE SURFACE OU DE SUPERFICIE.

ARE.

202. L'ARE est un *décamètre carré*, c'est-à-dire un carré dont les quatre côtés ont chacun dix mètres de long.

203. De l'ARE on a formé :

L'HECTARE, qui vaut cent ares ;
Le CENTIARE, qui vaut un centième d'are (a).

204. Il faut donc :

100 centiares pour faire un are ;
100 ares pour faire un hectare.

205. Puisqu'il faut 100 centiares pour faire 1 are, et 100 ares pour faire un hectare, il s'ensuit que, après avoir exprimé des hectares, on peut encore avoir à exprimer jusqu'à 99 ares, 99 centiares. Il faut donc *deux* chiffres pour représenter les ares et *deux* chiffres pour représenter les centiares ; donc,

206. Les *deux* premiers chiffres décimaux à droite des hectares, expriment des ares, et les *deux* suivants expriment des centiares. Le premier des deux chiffres à droite des hectares exprime les *dizaines* d'ares, et le deuxième les *unités* ; le premier des deux chiffres suivants exprime les *dizaines* de centiares, et le deuxième les *unités* ; par conséquent,

Le nombre 327^{hectares}6514 s'énonce : *trois cent vingt-sept hectares, soixante-cinq ares, quatorze centiares* ; ou bien, *trois cent vingt-sept hectares, six mille cinq cent quatorze centiares.*

Le nombre 100^{hectares}0504 s'énonce : *cent hectares, cinq ares, quatre centiares.*

Le nombre *vingt hectares, soixante-cinq ares, seize centiares*, s'écrit 20^{hectares}6516 ; ou bien, 20^{hectares}65^{ares}16^{centiares}.

Le nombre *mille hectares, deux centiares*, s'écrit 1000^{hectares}0002.

207. Pour convertir un nombre en unités plus petites que celles qu'il exprime, on le multiplie par 100 à chaque mesure

---

(a) Le centiare est un mètre carré.

qu'on trouve depuis la mesure donnée jusqu'à la mesure demandée.

Ainsi, pour convertir en centiares 234 hectares, je multiplie ce nombre par 100 à chaque mesure que je nomme depuis les hectares jusqu'aux centiares, et j'ai 2340000 centiares.

Ainsi, le nombre 23^{hectares}45, vaut en *ares*   2345 ;
en *centiares* 234500.

208. Pour convertir un nombre en unités plus grandes que celles qu'il exprime, *on le divise par 100 à chaque mesure qu'on trouve depuis la mesure donnée jusqu'à la mesure demandée.*

Ainsi pour réduire en hectares 234567^{centiares}, je divise ce nombre par 100 à chaque mesure que je trouve depuis la mesure donnée jusqu'à la mesure demandée, et j'ai 23^{hectares}4567.

Ainsi, 234^{ares}56, valent 2^{hectares}3456.

209. On ne se sert de l'*hectare* et de l'*are* que pour exprimer la superficie des champs, des prés, des vignes, etc.

Les autres surfaces s'évaluent en mètres carrés. On se sert donc du mètre carré pour exprimer la surface d'un ouvrage de maçonnerie, de menuiserie, de peinture, etc.

On voit que le *mètre carré* est d'un fréquent usage ; c'est pourquoi nous allons donner les mesures qu'on en a formées ; puis leur valeur, et enfin la manière de les lire, de les écrire et de les convertir.

210. Du MÈTRE CARRÉ on a formé :

Le DÉCAMÈTRE CARRÉ, qui vaut cent mètres carrés (a) ;
L'HECTOMÈTRE CARRÉ......... cent décamètres carrés ;
Le KILOMÈTRE CARRÉ.......... cent hectomètres carrés ;
Le MYRIAMÈTRE CARRÉ........ cent kilomètres carrés ;
Le DÉCIMÈTRE CARRÉ......... un centième de mètre carré ;
Le CENTIMÈTRE CARRÉ........ un centième de décimètre carré ;
Le MILLIMÈTRE CARRÉ........ un centième de centimètre carré.

_____

(a) En effet, ce carré total contient cent petits carrés partiels, puisqu'il contient dix rangs composés chacun de dix carrés partiels. Si chaque carré

211. Il faut donc :

100 millimètres carrés pour faire un centimètre carré ;
100 centimètres carrés . . . . un décimètre carré ;
100 décimètres carrés . . . . un mètre carré ;
100 mètres carrés. . . . . un décamètre carré ;
100 décamètres carrés . . . . un hectomètre carré ;
100 hectomètres carrés. . . . . un kilomètre carré ;
100 kilomètres carrés. . . . . un myriamètre carré (a).

212. Puisqu'il faut 100 millimètres carrés pour faire un centimètre carré, 100 centimètres carrés pour faire un décimètre carré,... il s'ensuit que, après avoir exprimé des myriamètres carrés, on peut encore avoir à exprimer jusqu'à 99 kilomètres carrés, 99 hectomètres carrés, 99 décamètres carrés, 99 mètres carrés.... Il faut donc *deux* chiffres pour représenter les kilomètres carrés, *deux* chiffres pour représenter les hectomètres carrés, et ainsi de suite ; donc,

213. Les *deux* premiers chiffres décimaux à droite des myriamètres carrés expriment des kilomètres carrés, les *deux* chiffres suivants expriment des hectomètres carrés... Le premier des deux chiffres à droite des myriamètres exprime les *dizaines* de kilomètres carrés, le deuxième les *unités* ; le premier des deux chiffres suivants exprime les *dizaines* d'hectomètres, et le deuxième les *unités*...; par conséquent,

Le nombre 175$^{\text{myriam. car.}}$ 30 06, s'énonce : *cent soixante-quinze myriamètres carrés, trente kilomètres, six hectomètres carrés*.
Le nombre. 2$^{\text{m. car.}}$ 07 60 (b), s'énonce : *deux mètres carrés, sept décimètres carrés, soixante centimètres carrés*.
Le nombre *cent trente mètres carrés, quatre centimètres carrés*, s'écrit : 130$^{\text{m. car.}}$ 0004.

214. Pour convertir un nombre en unités plus petites que celles qu'il exprime, *on multiplie ce nombre par 100 à chaque mesure qu'on trouve depuis la mesure donnée jusqu'à la mesure demandée*.

Ainsi, 25$^{\text{m. car.}}$ valent, en *décimètres carrés* . . . . . 2500 ;
en *centimètres carrés* . . . . 2500 00 ;
en *millimètres carrés* . . . . 2500 00 00.

215. Pour convertir un nombre en unités plus grandes que celles qu'il exprime, *on divise ce nombre par 100 à cha-*

---

partiel a un décimètre carré, les cent petits carrés feront un mètre carré ; si chaque carré partiel a un mètre carré, les cent petits carrés feront un décamètre carré, etc.
(a) La surface d'un pays, d'une contrée, s'exprime en myriamètres carrés.
(b) Pour énoncer les décimales de mètres carrés, on les partage en tranches de deux chiffres chacune, à partir de la virgule ; si la dernière tranche n'a qu'un chiffre, on y ajoute un zéro.

que mesure qu'on trouve depuis la mesure donnée jusqu'à la mesure demandée.

Ainsi, 23456789$^{millim.carr}$ valent,

en *centimètres carrés*........ 234567,89 ;
en *décimètres carrés*.......... 2345,6789 ;
en *mètres carrés*............. 23,456789.

MESURES DE VOLUME OU DE SOLIDITÉ.

STÈRE.

216. Le STÈRE *est un mètre cube, c'est-à-dire un cube dont les six côtés ont chacun un mètre carré.*

217. Du STÈRE on a formé :

Le DÉCASTÈRE, qui vaut dix stères ;
Le DÉCISTÈRE, qui vaut un dixième du stère.

218. Il faut donc :

10 décistères pour faire un stère ;
10 stères pour faire un décastère.

219. Puisqu'il faut 10 décistères pour faire un stère, et 10 stères pour faire un décastère, il s'ensuit que, après avoir exprimé des décastères, on peut encore avoir à exprimer jusqu'à 9 stères et 9 décistères. Il faut donc *un* chiffre pour représenter les stères et *un* chiffre pour représenter les décistères ; donc,

220. Si l'on compte par décastères, le premier chiffre décimal à droite des décastères, exprime des stères, et le second des décistères ; par conséquent,

Le nombre 36^{décast},05, s'énonce : *trente-six décastères, cinq décistères.*
Le nombre *seize décastères, huit stères*, s'écrit : 16^{décast},8.

Si l'on compte par stère, le premier chiffre décimal à droite des stères exprime des décistères ; par conséquent,

Le nombre 20st,7 s'énonce : *vingt stères, sept décistères.*
Le nombre *quarante stères, trois décistères*, s'écrit : 40st,3.

221. Pour convertir un nombre en unités plus petites que celles qu'il exprime, *on le multiplie par 10 à chaque mesure qu'on trouve depuis la mesure donnée jusqu'à la mesure demandée.*

Ainsi, le nombre 25^{décast} vaut, en *stères* 250 ;
en *décistères* 2500.

222. Pour convertir un nombre en unités plus grandes que celles qu'il exprime, *on le divise par 10 à chaque mesure qu'on trouve depuis la mesure donnée jusqu'à la mesure demandée.*

Ainsi, le nombre 125$^{\text{déc. st.}}$ vaut, en *stères*..... 12,5;
en *décastères*..... 1,25.

223. On se sert du *stère* pour mesurer le bois de chauffage, et du *décistère* pour le bois de charpente.

On se sert du *mètre cube* pour évaluer les travaux de déblais, de remblais, les blocs de pierre, le volume d'un tas de sable, de pierres à bâtir ou à ferrer les routes, etc.

On voit que le *mètre cube* est d'un fréquent usage, c'est pourquoi nous allons donner les mesures qu'on en a formées, puis leur valeur, et enfin la manière de les lire, de les écrire et de les convertir.

224. Du MÈTRE CUBE on a formé :

Le DÉCIMÈTRE CUBE, qui vaut un millième de mètre cube;
Le CENTIMÈTRE CUBE........ un millième de décimètre cube;
Le MILLIMÈTRE CUBE........ un millième de centimètre cube.

225. Il faut donc :

1000 millimètres cubes, pour faire un centimètre cube;
1000 centimètres cubes........ un décimètre cube (*a*);
1000 décimètres cubes (*b*)........ un mètre cube.

226. Puisqu'il faut 1000 millimètres cubes pour faire un centimètre cube, 1000 centimètres cubes pour faire un décimètre cube, 1000 décimètres cubes pour faire un mètre cube; il s'ensuit que, après avoir exprimé des mètres cubes, on peut encore avoir à exprimer jusqu'à 999 décimètres cubes, 999 centimètres cubes, 999 millimètres cubes. Il faut donc *trois* chiffres pour représenter les décimètres cubes, *trois* chiffres pour représenter les centimètres cubes et *trois* chiffres pour représenter les millimètres cubes; donc,

227. Les *trois* premiers chiffres à droite des mètres cubes, expriment des décimètres cubes; les *trois* chiffres suivants expriment des centimètres cubes... Le premier des trois chiffres à droite des mètres cubes exprime les *centaines* de décimètres cubes, le deuxième les *dizaines*, et le troisième les *unités*; le premier des trois chiffres suivants exprime les *centaines* de centimètres, le deuxième les *dizaines*, et le troisième les *unités*...; par conséquent,

---

(*a*) Pour montrer que le décim. cube contient 1000 centim. cubes, prenez dix petites planches d'un décimètre carré et d'un centimètre d'épaisseur; divisez le dessus de chacune en 100 carrés égaux; prenez une de ces planchettes, enlevez-en un des carrés, vous aurez 1 centimètre cube; mais il y en a encore 99 pareils dans la même planche : elle en contient donc 100; chacune des neuf autres planchettes en contient autant : les dix planchettes réunies contiennent donc 10 fois 100 ou 1000 centimètres cubes; mais ces dix planchettes réunies font 1 décimètre cube; donc le décimètre cube contient 1000 centimètres cubes.

(*b*) REMARQUE. 100 décimètres cubes font la dixième partie du mètre cube, ils valent donc un décistère qui fait la dixième partie du stère ou mètre cube (217).

Le nombre $12^{m.c.},345678$ (a), s'énonce : *douze mètres cubes, trois cent quarante-cinq décimètres cubes, six cent soixante-dix-huit millimètres cubes;* ou bien : *douze mètres cubes, trois cent quarante-cinq mille six cent soixante-dix-huit millimètres cubes.*

Le nombre cent mètres cubes, soixante millimètres cubes, s'écrit : $100^{m.c.},000\ 000\ 060$.

Le nombre *neuf centimètres cubes* s'écrit : $0^{m.c.},000\ 009$.

228. Pour convertir un nombre en unités plus petites que celles qu'il exprime, *on multiplie ce nombre par 1000 à chaque mesure qu'on trouve depuis la mesure donnée jusqu'à la mesure demandée.*

Ainsi, pour convertir en centimètres cubes $23^{m.c.}$, je multiplie ce nombre par 1000, à chaque mesure que je trouve depuis la mesure donnée jusqu'à la mesure demandée, et j'ai $23\ 000\ 000^{centim.cub.}$.

Ainsi, le nombre $23^{m.c.},456$ vaut, en *décimètres c...* 23456;
en *centimètres cubes..* 23456 000;
en *millimètres cubes...* 23456 000 000.

229. Pour convertir un nombre en unités plus grandes que celles qu'il exprime, *on divise ce nombre par 1000 à chaque mesure qu'on trouve depuis la mesure donnée jusqu'à la mesure demandée.*

Ainsi, pour convertir en mètres cubes $2345678901^{millim.cub.}$, je divise ce nombre par 1000, à chaque mesure que je trouve depuis la mesure donnée jusqu'à la mesure demandée, et j'ai $2^{metr.cub.},345678901$.

Ainsi, $1234567^{centim.cub.}$
valent, en *décimètres cubes...* 1234,567;
en *mètres cubes...* 1,234567.

MESURES DE CAPACITÉ OU DE CONTENANCE.

LITRE.

230. Le LITRE est un décimètre cube, c'est-à-dire un cube dont les six côtés ont chacun un décimètre carré.

231. Du LITRE on a formé :

Le DÉCALITRE, qui vaut dix litres;
L'HECTOLITRE .... dix décalitres;
Le KILOLITRE .... dix hectolitres;
Le DÉCILITRE .... un dixième de litre;
Le CENTILITRE .... un dixième de décilitre.

232. Il faut donc :

10 centilitres pour faire un décilitre;
10 décilitres .... un litre;
10 litres .... un décalitre;
10 décalitres .... un hectolitre;
10 hectolitres .... un kilolitre.

(a) Pour énoncer les décimales de mètres cubes, on les partage en tranches de trois chiffres chacune, à partir de la virgule; si la dernière tranche à droite n'a qu'un ou deux chiffres, on y ajoute deux zéros ou un zéro.

233. Puisqu'il faut 10 centilitres pour faire un décilitre, 10 décilitres pour faire un litre, et ainsi de suite, il s'en suit que, après avoir exprimé les kilolitres, on peut encore avoir à exprimer jusqu'à 9 hectolitres, 9 décalitres, 9 litres... Il faut donc *un* chiffre pour représenter les hectolitres, *un* chiffre pour représenter les décalitres, *un* chiffre pour représenter les litres...; donc,

234. Si l'on compte par HECTOLITRES, le premier chiffre décimal à droite des hectolitres exprime des décalitres, le deuxième des litres, le troisième des décilitres, et le quatrième des centilitres; par conséquent,

Le nombre 45$^{hectol.}$,62 s'énonce : *quarante-cinq hectolitres, soixante-deux litres.*

Le nombre *dix hectolitres, trois litres*, s'écrit 10$^{hectol.}$,03.

Si l'on prend le DÉCALITRE pour unité, le premier chiffre décimal à droite des décalitres exprime des litres, le deuxième des décilitres...; par conséquent,

Le nombre 5$^{décalit.}$,60 s'énonce : *cinq décalitres, soixante décilitres.*

Le nombre *huit décalitres, six litres*, s'écrit : 8$^{décal.}$,6

Si l'on compte par LITRES, le premier chiffre décimal à droite des litres exprime des décilitres, et le deuxième des centilitres; par conséquent,

Le nombre 37$^{litr.}$,25 s'énonce : *trente-sept litres, vingt-cinq centilitres.*

Le nombre 0$^{litr.}$,26, s'énonce : *vingt-six centilitres.*

Le nombre *quinze litres, six décilitres* s'écrit : 15$^{litr.}$,6; le nombre *deux centilitres* s'écrit 0$^{litr.}$,02.

235. Pour convertir un nombre en unités plus petites que celles qu'il exprime, *on le multiplie par 10 à chaque mesure qu'on trouve depuis la mesure donnée jusqu'à la mesure demandée.*

Ainsi, 23$^{kilol.}$,4
valent, en *hectolitres*.. 234;
en *décalitres*.... 2340;
en *litres*...... 23400;
en *décilitres*... 234000;
en *centilitres*.. 2340000.

236. Pour convertir un nombre en unités plus grandes que celles qu'il exprime, *on le divise par 10 à chaque mesure qu'on trouve depuis la mesure donnée jusqu'à la mesure demandée.*

Ainsi, 12345$^{centil.}$
valent en *décilitres*... 1234,5;
en *litres*...... 123,45;
en *décalitres*... 12,345;
en *hectolitres*.. 1,2345.

237. Le commerce en gros des vins, des eaux-de-vie, etc., se fait en *hectolitres* et en *litres*; et le commerce en détail se fait en *litres*, en *décilitres* et en *centilitres*.

Le commerce en gros de blé, de seigle, d'orge, d'avoine, de haricots, de pois, etc., se fait en *hectolitres* et en *décalitres*; et le commerce en détail des légumes secs, des graines, etc., se fait ordinairement en *litres* et en *décilitres*.

MESURES DE POIDS.

GRAMME.

238. *Le* GRAMME *est le poids d'un centimètre cube d'eau pure* (a).

239. Du GRAMME on a formé :

- Le DÉCAGRAMME, qui vaut dix grammes;
- L'HECTOGRAMME............ dix décagrammes;
- Le KILOGRAMME............. dix hectogrammes;
- Le MYRIAGRAMME (b)........ dix kilogrammes;
- Le DÉCIGRAMME............. un dixième de gramme;
- Le CENTIGRAMME............ un dixième de décigramme;
- Le MILLIGRAMME............. un dixième de centigramme.

240. Il faut donc :

- 10 milligrammes pour faire un centigramme;
- 10 centigrammes............ un décigramme;
- 10 décigrammes............. un gramme;
- 10 grammes................. un décagramme;
- 10 décagrammes............ un hectogramme;
- 10 hectogrammes............ un kilogramme;
- 10 kilogrammes............. un myriagramme.

241. Puisqu'il faut 10 milligrammes pour faire un centigramme, 10 centigrammes pour faire un décigramme..., il s'ensuit que, après avoir exprimé des kilogrammes, on peut encore avoir à exprimer jusqu'à 9 hectogrammes, 9 décagrammes, 9 grammes... Il faut donc *un* chiffre pour représenter les hectogrammes, *un* chiffre pour représenter les décagrammes, *un* chiffre pour représenter les grammes...; donc,

242. Si on compte par KILOGRAMMES, le premier chiffre décimal à droite des kilogrammes exprime des hectogrammes, le deuxième des décagrammes, le troisième des grammes; par conséquent,

Le nombre $215^{kilogr},18$ s'énonce : *deux cent quinze kilogrammes, dix-huit décagrammes*.

Le nombre $527^{gr},430$ s'énonce : *cinq cent vingt-sept grammes, quatre cent-trente milligrammes*.

(a) *Mieux.* Le gramme est le poids d'un centimètre cube d'eau distillée, prise à la température d'environ quatre degrés centigrades au-dessus de zéro, et pesée dans le vide.

(b) L'expression *myriagramme* est ordinairement remplacée par celle de dix kilogrammes.

Le nombre *quinze kilogrammes, seize décagrammes*, s'écrit :
15$^{kilog.}$,16.

Le nombre *vingt centigrammes*, s'écrit : 0$^{gram.}$,20.

243. Pour convertir un nombre en unités plus petites que celles qu'il exprime, *on le multiplie par 10 à chaque mesure qu'on trouve depuis la mesure donnée jusqu'à la mesure demandée.*

Ainsi, le nombre . . . . . . 23$^{kilog.}$
vaut en *hectogrammes* . . 230 ;
    en *décagrammes* . . 2300 ;
    en *grammes* . . . . . . 23000 ;
    en *décigrammes* . . . 230000 ;
    en *centigrammes* . . 2300000.

244. Pour convertir un nombre en unités plus grandes que celles qu'il exprime, *on divise ce nombre par 10 à chaque mesure qu'on trouve depuis la mesure donnée jusqu'à la mesure demandée.*

Ainsi, le nombre . . . . . . 2345^{grammes}
vaut en *décagrammes*. 234,5 ;
    en *hectogrammes*. 23,45 ;
    en *kilogrammes*. . 2,345.

245. On se sert du *kilogramme*, de l'*hectogramme* et du *décagramme* pour le pain, la viande, le beurre, le café, le sucre, le sel, etc.

On se sert du *gramme*, du *décigramme* et du *milligramme* pour peser les choses précieuses, par exemple, l'or, les perles, les diamants, etc.

MESURES MONÉTAIRES.

FRANC.

246. *Le* FRANC *est une pièce de monnaie pesant cinq grammes et contenant neuf dixièmes d'argent pur et un dixième de cuivre.*

247. Du FRANC on a formé :

Le DÉCIME, qui vaut un dixième de franc ;
Le CENTIME, qui vaut un dixième de décime.

248. Il faut donc :

10 centimes pour faire un décime ;
10 décimes pour faire un franc.

249. Puisqu'il faut 10 centimes pour faire un décime, 10 décimes pour faire un franc, il s'ensuit que, après avoir exprimé des francs, on peut encore avoir à exprimer jusqu'à 9 décimes et 9 centimes. Il faut donc *un* chiffre pour représenter les décimes, et *un* chiffre pour représenter les centimes ; donc,

250. Le premier chiffre décimal à droite des francs ex-

— 77 —

prime des décimes et le deuxième des centimes ; par conséquent,

Le nombre 125^f,35, s'énonce : *cent vingt-cinq francs, trente-cinq centimes.*
Le nombre *dix francs, cinquante centimes,* s'écrit : 10^f,50.

251. Pour convertir un nombre en unités plus petites que celles qu'il exprime, *on le multiplie par 10 à chaque mesure qu'on trouve depuis la mesure donnée jusqu'à la mesure demandée.*

Ainsi, le nombre   145^f
    vaut en *décimes*.. 1350;
    en *centimes*.. 14500.

252. Pour convertir un nombre en unités plus grandes que celles qu'il exprime, *on le divise par 10 à chaque mesure qu'on trouve depuis la mesure donnée jusqu'à la mesure demandée.*

Ainsi, le nombre...... 2345^{centimes}
    vaut en *décimes*.. 234,5;
    en *francs*.. 23,45.

253. On se sert des *francs, décimes* et *centimes* pour évaluer les choses à vendre, à acheter, etc.

Application des quatre règles fondamentales de l'arithmétique au nouveau système des poids et mesures.

254. L'addition, la soustraction, la multiplication et la division des nombres métriques se font comme celles des nombres décimaux, parce que les chiffres des nombres métriques, comme ceux des nombres décimaux, expriment des unités de dix en dix fois plus grandes à mesure qu'on avance d'un rang vers la gauche.

OBSERVATION. Avant d'opérer sur les nombres métriques, on les réduit en unités de même espèce, c'est-à-dire de même nom.

1er EXEMPLE. Soit à additionner les deux nombres 15 hectolitres 006 et 37 litres 52.

Réduction et addition.

       1500^{litres},6
         37   52
somme   1538^{litres},12

Je réduis d'abord 15 hectolitres 006 en litres, ce qui donne 1500 litres 6 ; puis j'ajoute 1500 litres 6 à 37 litres 52, et je trouve 1538 litres 12.

2e EXEMPLE. Soit à retrancher 84 hectogrammes, 6 de 16 kilogrammes, 295.

Réduction et soustraction.

$$16^{kilog},295$$
$$\underline{8\phantom{^{kilog}},46}$$
$$7^{kilos},835$$

3ᵉ EXEMPLE. Si un hectare coûte 965 fr., combien coûteront 243 ares,08 ?

Le prix donné étant celui de l'hectare, je réduis en hectares 243ᵃʳᵉˢ,08, ce qui donne 2ʰᵉᶜᵗ,4308 ; puis je multiplie 2ʰᵉᶜᵗ,4308 par 965, suivant la règle n° 165, et je trouve 2345ᶠ,72 environ.

ANCIENNES MESURES CONSERVÉES.

255. Les anciennes mesures conservées sont le temps et la circonférence.

1° TEMPS.

256. Les mesures pour le temps sont : le siècle, l'année, le mois, la semaine, le jour, l'heure, la minute, la seconde et la tierce.

Le *siècle* est une période de 100 années.

L'*année solaire* est d'environ 365 jours ¼. L'année ordinaire ou *civile* est de 365 jours. On voit que quatre années solaires valent un jour de plus que quatre années ordinaires. Pour faire concorder ces deux sortes d'années, on est convenu d'ajouter un jour à chaque quatrième année civile qu'on nomme *bissextile*.

L'année solaire n'étant pas exactement de 365 jours ¼, mais seulement de 365 jours 5 heures 48 minutes 51 secondes 36 tierces, il en résulte une erreur en plus d'environ 3 jours en 400 ans ; pour corriger cette dernière erreur, on réduit à 365 jours, trois des années bissextiles qui se trouvent en 400 ans (*a*).

Pour savoir si une année est bissextile, on divise par 4 les deux chiffres à droite du millésime. Si la division est sans reste, l'année est bissextile ; si, au contraire, il y a un reste quelconque, l'année n'est pas bissextile. Ainsi, 1856 sera une année bissextile, parce qu'en divisant par 4 les deux chiffres à droite, il ne reste rien ; 1859 ne le sera pas, parce qu'en divisant 59 par 4, il reste 3.

Si les deux chiffres à droite du millésime sont des zéros, on les efface, puis on divise par 4 les deux chiffres suivants. Si la division est sans reste, l'année sera bissextile. Ainsi, les années 2000, 2400, etc., seront bissextiles, parce qu'en divisant 20, 24, par 4, il ne reste rien.

Pendant que la terre fait une révolution autour du soleil

(*a*) Le *Calendrier* actuel, réglé d'après ces conventions, s'appelle *Calendrier Grégorien*, parce qu'il est dû au pape Grégoire XIII. Ce calendrier ne retardera sur le soleil que de 1 jour 0334 en 4400 ans, puisque la valeur d'une année solaire est de 365 jours 242264.

en une année, la lune suit la terre dans ce mouvement, et fait à peu près douze révolutions autour d'elle. Ce qui a conduit à diviser l'année en douze mois, savoir :

Janvier, février, mars, avril, mai, juin, juillet, août, septembre, octobre, novembre et *décembre.*

Les mois de janvier, mars, mai, juillet, août, octobre et décembre ont 31 jours; les mois d'avril, juin, septembre et novembre ont 30 jours, le mois de février en a 28, et 29 quand l'année est bissextile.

Pour distinguer les mois de 30 jours de ceux de 31, on compte les mois sur les quatre doigts de la main, et les intervalles en fossettes qui règnent entre eux ; le mois qui tombe sur la phalange des doigts est de 31 jours, et celui qui tombe sur la fossette est de 30 ou de 28 pour février. Ainsi, pour trouver si septembre a 30 ou 31 jours, je dis : sur l'index, janvier 31 jours; entre ce doigt et le suivant, février 28 ; sur le doigt du milieu, mars 31 ; sur l'intervalle, avril 30 ; sur l'annulaire, mai 31 ; sur l'intervalle, juin 30 ; sur le petit doigt, juillet 31 ; je reviens sur l'index, août 31 ; sur l'intervalle, septembre; septembre tombant sur un intervalle, j'en conclus qu'il a 30 jours.

La *semaine* est une période de 7 jours, qui sont : dimanche, lundi, mardi, mercredi, jeudi, vendredi et samedi.

Le *jour* vaut 24 *heures*, l'heure 60 *minutes*, la minute 60 *secondes*, la seconde 60 *tierces.*

257. Pour convertir des jours en heures, en minutes, en secondes, etc., on opère comme il suit.

1ᵉʳ EXEMPLE. Combien 365 jours valent-ils de tierces?

Opération.

je réduis	365 jours en heures,
en les multipliant par	24
	1460
	730
et j'ai	8760 heures (*a*), que je réduis en min^{tes},
en les multipliant par	60
et j'ai	525600 minutes, que je réduis en secondes,
en les multipliant par	60
et j'ai	31536000 secondes, que je réduis en tierces,
en les multipliant par	60
et j'ai	1892160000 tierces.

(*a*) Pour s'assurer qu'on doit trouver ce résultat, il suffit de résoudre la question suivante :
Si un jour vaut 24 heures, combien 365 jours en valent-ils? PLUS de 24 (74). J'ai donc pour réponse 24 × 365 = 8760 heures.

2ᵉ EXEMPLE. Combien y a-t-il de tierces dans un an, ou 365 jours 5 heures 48 minutes 51 secondes et 36 tierces ?

Opération.

$$
\begin{array}{r}
365 \text{ jours} \\
\times \quad 24 \\
\hline
1460 \\
730 \\
\hline
8760 \\
+ \quad 5 \\
\hline
8765 \text{ heures} \\
\times \quad 60 \\
\hline
525900 \\
+ \quad 48 \\
\hline
525948 \text{ minutes} \\
\times \quad 60 \\
\hline
31556880 \\
+ \quad 51 \\
\hline
31556931 \text{ secondes} \\
\times \quad 60 \\
\hline
1893415860 \\
+ \quad 36 \\
\hline
1893415896 \text{ tierces.}
\end{array}
$$

Pour effectuer cette opération, je multiplie 365 jours par 24, pour avoir des heures au produit, et j'en ai 8760 qui, ajoutées aux 5 heures du nombre proposé, font un total de 8765 heures ; je multiplie ce dernier nombre par 60 pour avoir des minutes, et j'en ai 525900 qui, ajoutées aux 48 du nombre proposé, font un total de 525948 minutes ; je multiplie ce dernier nombre par 60 pour avoir des secondes, et j'en ai 31556880 qui, ajoutées aux 51 du nombre proposé, font un total de 31556931 secondes ; je multiplie ce dernier nombre par 60 pour avoir des tierces, et j'en ai 1893415860 qui, ajoutées aux 36 du nombre proposé, font un total de 1893415896 tierces.

Il y a donc 1893415896 tierces dans une année solaire.

258. Pour convertir des tierces en secondes, en minutes, en heures, en jours, on opère comme il suit :

EXEMPLE. Combien y a-t-il de jours dans 1893415896 tierces ?

Opération.

```
1893415896   | 60 tierces
 180         | 31556931 sec | 60 secondes
 ---         |  300         | 525948 min.  | 60 min tes
  93         |  ---         |  480         | 8765 h res | 24 heures
  60         |  155         |  ---         |   72       | 365 jours.
 ---         |  120         |  459         |  ---       |
 334         |  ---         |  420         |  156       |
 300         |  356         |  ---         |  144       |
 ---         |  300         |  394         |  ---       |
 341         |  ---         |  360         |  125       |
 300         |  569         |  ---         |  120       |
 ---         |  540         |  348         |  ---       |
 415         |  ---         |  300         | R te 5 h res
 360         |  293         |  ---         |
 ---         |  240         | Reste 48 min.|
 558         |  ---         |
 540         |  531         |
 ---         |  480         |
 189         |  ---         |
 180         | Reste 51 sec des
 ---         |
  96         |
  60         |
 ---         |
Reste 36 t ces
```

Pour effectuer cette opération, je divise d'abord le nombre des tierces par 60 pour avoir des secondes au quotient, et j'en ai 31556931 (a), et il reste 36 tierces; je divise ensuite ce nombre de secondes par 60 pour avoir des minutes, et j'en ai 525948, et il reste 51 secondes; je divise ce nombre de minutes par 60 pour avoir des heures, et j'en ai 8765, et il reste 48 minutes; je divise ce nombre d'heures par 24 pour avoir des jours, et j'en ai 365, et il reste 5 heures.

Il y a donc 365 jours 5 heures 48 minutes 51 secondes et 36 tierces dans 1893415896 tierces.

2° Circonférence.

259. La circonférence se divise en 360 parties égales qu'on nomme *degrés*; le degré se divise en 60 *minutes*; la minute en 60 *secondes*, et la seconde en 60 *tierces*.

Pour convertir un nombre d'unités en unités plus petites ou plus grandes, on opère comme aux numéros 257, 258.

ANCIENNES MESURES NON CONSERVÉES.

260. Autrefois on se servait en France d'un grand nombre de mesures; on en connaît près de huit cents différentes : nous ne parlerons que des plus répandues. Ces mesures étaient :

(a) Pour s'assurer qu'on doit trouver ce résultat, il suffit de résoudre cette question :

S'il y a 1 seconde dans 60 tierces, combien y en a-t-il dans 1 893 415 896 tierces? Plus de 1 ; j'ai donc pour réponse $\dfrac{1 \times 1893415896}{60}$ ou 31556931 (90).

4.

Pour les longueurs, la *toise*, la *lieue*, l'*aune*;
Pour les surfaces, la *toise carrée*, la *perche carrée*, l'*arpent*;
Pour les volumes, la *toise cube*, la *corde*, la *solive*;
Pour les contenances, le *muid*;
Pour les poids, la *livre poids*;
Pour les monnaies, la *livre tournois* ou simplement la *livre*.

La *toise* se divisait en 6 pieds, le pied en 12 pouces, le pouce en 12 lignes, et la ligne en 12 points.

L'*aune* de Paris valait 3 pieds 7 pouces 10 lignes 10 points. Elle servait à mesurer les draps, les toiles, etc.

La *lieue* de poste valait 2000 toises; la *lieue terrestre*, de 25 au degré, valait 2280 toises 33; la *lieue marine*, de 20 au degré, valait 2850 toises 41, etc. Les lieues servaient à évaluer les longueurs itinéraires.

La *toise carrée* valait 36 pieds carrés; le pied carré, 144 pouces carrés; le pouce carré, 144 lignes carrées.

La *perche carrée* (eaux et forêts) valait 484 pieds carrés.

L'*arpent* des eaux et forêts valait 100 perches carrées.

La *toise cube* valait 216 pieds cubes; le pied cube, 1728 pouces cubes; le pouce cube, 1728 lignes cubes.

La *corde* de bois (*eaux et forêts*) valait 112 pieds cubes. Elle servait à mesurer le bois de chauffage.

La *solive* valait 3 pieds cubes. Elle servait à mesurer le bois de charpente.

Le *muid* de Paris, pour les liquides, contenait 36 veltes; la velte, 8 pintes; la pinte valait 46$^{po.cub.}$,95.

Le *muid* de Paris, pour les matières sèches, contenait 12 setiers; le setier, 12 boisseaux; le boisseau, 16 litrons. Le litron valait 40$^{po.cub.}$,986.

La *livre poids* valait 16 onces; l'once, 8 gros; le gros, 72 grains.

La *livre tournois* valait 20 sous; le sou, 12 deniers.

NOMBRES COMPLEXES.

261. On appelle *nombre* COMPLEXE *celui qui est composé de parties qui ne sont pas de dix en dix fois plus petites*. Tels sont les nombres 4 toises 5 pieds 11 pouces 11 lignes; 3 livres 15 onces 6 gros 70 grains, etc.

On appelle *nombre* INCOMPLEXE *celui qui est composé de parties qui sont de dix en dix fois plus petites*. Tels sont les nombres entiers, les nombres décimaux.

Avant d'indiquer la manière de faire l'addition, la soustraction, la multiplication et la division des nombres complexes, nous allons donner celle d'opérer: 1° pour convertir un nombre d'unités données en unités plus grandes ou plus petites; 2° pour changer un nombre complexe en fraction, et réciproquement; 3° pour changer un nombre complexe en nombre décimal, et réciproquement.

262. 1° Pour convertir un nombre d'unités, en unités plus petites ou plus grandes, on opère comme aux n°ˢ 257, 258.

263. 2° Pour changer un nombre complexe en fraction, on le réduit à sa plus petite espèce, et l'on donne au résultat pour dénominateur le nombre qui marque combien il faut de ces dernières unités pour composer l'unité principale.

Ainsi, pour changer le nombre complexe $2^{lt}\ 7^s\ 5^d$ en fraction, je le convertis d'abord en deniers; puis je donne au résultat 240 pour dénominateur (parce qu'il faut 240 deniers pour une livre); et j'ai $\frac{569}{240}^{lt}$ pour l'équivalent de $2^{lt}\ 7^s\ 5^d$.

264. 3° Pour changer une fraction en nombre complexe, on divise d'abord le numérateur par le dénominateur; ce premier quotient donne les unités principales; on réduit ensuite le reste en unités de l'espèce immédiatement plus petite, et l'on divise le résultat par le même diviseur. Si cette seconde division laisse un reste, on le réduit aussi en unités de l'espèce immédiatement plus petite, puis on divise le résultat par le même diviseur. On continue d'opérer ainsi jusqu'à ce qu'on soit parvenu à un quotient exact ou assez approché.

Ainsi, pour changer la fraction $\frac{569}{240}^{lt}$ en nombre complexe, je divise 569 par 240, ce qui donne 2^{lt} pour quotient et 89^{lt} pour reste ; je multiplie ces 89 par 20 pour avoir des sous, et j'en ai 1780 que je divise par 240, ce qui donne 7^s au quotient et 100^s de reste. Je multiplie ces 100^s par 12 pour avoir des deniers, et j'en ai 1200 que je divise par 240, ce qui donne 5^d au quotient et rien de reste. Je trouve ainsi que le nombre $2^{lt}\ 7^s\ 5^d$ équivaut à la fraction $\frac{569}{240}^{lt}$.

265. 4° Pour changer un nombre complexe en nombre décimal, on le change d'abord en fraction, et l'on convertit la fraction en décimales (187).

Ainsi, pour changer le nombre complexe $2^{lt}\ 7^s\ 5^d$ en nombre décimal, je le change en fraction, ce qui donne $\frac{569}{240}$ que je convertis en décimales, et j'ai $2^{lt}3708$ pour l'équivalent de $2^{lt}\ 7^s\ 5^d$.

266. 5° Pour changer un nombre décimal en nombre complexe, on opère comme il suit :

EXEMPLE. Combien le nombre décimal $2^{lt}3708$ vaut-il de livres, de sous et de deniers ?

Opération.

$$2^{lt}3708$$
$$\times\ 20^s$$
$$\overline{7^s4160}$$
$$\times\ 12^d$$
$$\overline{8320}$$
$$4\ 160$$
$$\overline{4^d9920}$$

— 84 —

Pour effectuer cette opération, je multiplie les décimales par 20 pour avoir des sous dans la partie entière du produit, et j'en trouve 7 (a). Je multiplie le reste 4160 par 12 pour avoir des deniers dans la partie entière, et je trouve 4ᵈ 9920. Le nombre décimal 2ᶠ 3708 vaut donc 2ᶠ 7ˢ 5ᵈ.

267. L'ADDITION, la SOUSTRACTION, la MULTIPLICATION et la DIVISION sur les nombres complexes peuvent être ramenées à celles des fractions. Pour cela, *on convertit d'abord les nombres complexes sur lesquels on doit opérer, chacun en une seule fraction; on effectue sur les fractions trouvées l'opération demandée, d'après les règles ordinaires des fractions, et l'on obtient pour résultat une fraction que l'on réduit en nombre complexe* (264), *ce qui donne enfin le résultat cherché.*

268. L'ADDITION, la SOUSTRACTION, la MULTIPLICATION et la DIVISION sur les nombres complexes, peuvent aussi être ramenées à celles des nombres décimaux.

Pour cela, on convertit d'abord les nombres complexes sur lesquels on doit opérer, chacun en un nombre décimal (265); *on effectue sur les fractions trouvées, l'opération demandée d'après les règles des nombres décimaux, et l'on obtient pour résultat un nombre décimal que l'on convertit en nombre complexe* (266), *ce qui donne enfin le résultat cherché.*

Pour résoudre une question sur des nombres complexes, nous venons d'indiquer deux méthodes bien faciles, mais longues et indirectes; nous allons en donner d'autres moins faciles, mais plus courtes et directes.

ADDITION DES NOMBRES COMPLEXES.

269. Pour faire l'addition des nombres complexes, on écrit les nombres à ajouter les uns au-dessous des autres, de manière que les unités de même espèce se correspondent; on tire un trait sous le dernier nombre pour le séparer du total, puis on commence par additionner les unités de la plus petite espèce; si la somme ne vaut pas une unité de l'espèce immédiatement plus grande, on l'écrit tout entière; si elle vaut une ou plusieurs unités de l'espèce immédiatement plus grande, on retient ces unités pour les ajouter à leurs semblables, et on écrit le surplus; s'il n'y a pas de surplus, on met zéro. On continue d'opérer ainsi sur chaque espèce d'unités. Arrivé aux unités principales, on les ajoute comme à l'ordinaire.

EXEMPLE. Soit à ajouter les nombres 58 toises 4 pieds 7 pouces 10 lignes, 166ᵗ 3ᵖ 10ᵖᵒ 2ˡ, 24ᵗ 5ᵖ 9ᵖᵒ 4ˡ.

Opération.

58ᵗ	4ᵖ	7ᵖᵒ	10ˡ
166	3	10	2
24	5	9	4
250ᵗ	2ᵖ	3ᵖᵒ	4ˡ

(a) Pour s'assurer qu'on devait obtenir ce résultat, il suffit de résoudre cette question :
Si 1ᶠ vaut 20ˢ, combien 0ᶠ3708 en vaut-il ? MOINS DE 20; j'ai donc pour réponse $\dfrac{20 \times 0{,}3708}{1}$ ou 7ˢ 4160 (90).

j'écris les nombres proposés, de manière que les lignes soient placées sous les lignes, les pouces sous les pouces, les pieds sous les pieds, etc., puis je dis : 10 lignes et 2 font 12, et 4 font 16 ; en 16 lignes il y a 1 pouce et 4 lignes ; j'écris 4 sous les lignes et je retiens 1 pouce que j'ajoute aux pouces, en disant : 1 et 7 font 8, et 10 font 18, et 9 font 27 ; en 27 pouces il y a 2 pieds et 3 pouces ; j'écris 3 pouces et je retiens 2 pieds, que j'ajoute aux pieds, en disant : 2 et 4 font 6, et 3 font 9, et 5 font 14 ; en 14 pieds il y a deux toises et 2 pieds ; j'écris 2 pieds et je retiens 2 toises, que j'ajoute aux toises, en disant : 2 et 8 font 10, et... A partir d'ici, l'opération s'effectue comme celle des nombres entiers.

SOUSTRACTION DES NOMBRES COMPLEXES.

270. Pour faire la soustraction des nombres complexes, *on écrit le plus petit nombre sous le plus grand, de manière que les unités de même espèce se correspondent ; on tire un trait sous le dernier nombre pour le séparer du reste ; puis on commence par retrancher les unités de la plus petite espèce. Si le nombre inférieur de ces unités peut être retranché du nombre supérieur, on écrit le reste au-dessous.*

S'il ne peut en être retranché, on ajoute à ce nombre supérieur autant d'unités de son espèce qu'il en faut pour en former une de l'espèce immédiatement plus grande ; de la somme ainsi obtenue, on retranche le nombre inférieur, et on écrit le reste au-dessous ; ensuite on ajoute 1 au nombre inférieur de l'espèce suivante, puis on soustrait.

On continue d'opérer ainsi sur chaque espèce d'unités. Arrivé aux unités principales, on les soustrait comme à l'ordinaire.

EXEMPLE. Une personne née le 9 novembre 1807 à 4 heures du matin est décédée le 7 novembre 1851 à 1 heure du soir. Quel âge avait-elle ?

Opération.

1850^{ans}	10^{mois}	6^{jours}	13^{heures}
1806	10	8	4
43^{ans}	11^{mois}	28^{jours}	9^{heures}

J'écris les nombres proposés, de manière que les heures soient placées sous les heures, les jours sous les jours, les mois sous les mois, etc., puis je retranche les unités de la plus petite espèce, en disant : 4 de 13, il reste 9, que j'écris sous les heures.

Je retranche ensuite les unités de l'espèce immédiatement plus grande, en disant : ôter 8 de 6, cela ne se peut ; alors à 6 jours j'en ajoute 30 (qui valent 1 mois), et j'en ai 36 ; de 36 ôter 8, il reste 28, que j'écris au-dessous.

J'ajoute 1 au nombre inférieur de l'espèce suivante, en disant : 1 et 10 font 11 ; ôter 11 de 10, cela ne se peut ; alors à 10 mois j'en ajoute 12 (qui valent 1 an), et j'en ai 22 ; ôter 11 de 22, il reste 11, que j'écris au-dessous.

J'ajoute 1 au chiffre suivant du nombre inférieur, en disant : 1 et 6 font 7 ; ôter 7 de 0, c'est impossible ; alors j'ajoute 10 à 0, ce qui fait 10 ; de 10 ôter 7, il reste 3... A partir d'ici, j'opère comme sur des nombres entiers, et je trouve que l'âge demandé est 43 ans 11 mois 28 jours 9 heures.

MULTIPLICATION DES NOMBRES COMPLEXES.

On distingue trois cas dans la multiplication des nombres complexes, savoir : ou le multiplicande seul est complexe, ou le multiplicateur seul est complexe, ou ils sont tous les deux complexes.

271. Pour multiplier les nombres complexes, on se sert ordinairement de la méthode des *parties aliquotes*, parce qu'elle exige moins de calcul que les autres.

On appelle *partie aliquote* un nombre qui est plusieurs fois juste contenu dans un autre. Ainsi, 2, 3, 4, 6 sont des parties aliquotes de 12 ; mais 5 n'est pas une partie aliquote de 12, parce que 5 n'est pas contenu plusieurs fois exactement dans 12.

272. 1er cas. Soit à multiplier 6^{toises} 4^{pieds} 5^{pouces} 2^{lignes} par 5.

Dans la multiplication des nombres complexes, on change la valeur du produit en prenant le multiplicande pour multiplicateur, à moins que ces deux facteurs ne soient de même espèce. Pour avoir le véritable produit demandé ci-dessus, il faut donc multiplier par 5.

Opération.

	6^t	4^p	5^{po}	2^l
	5			
Produit de 6^t par 5	30^t			
Produit de 4^p par 5 { d'abord de 3^p par 5	2	3^p		
{ puis de 1^p		5		
Produit de 5^{po} par 5 { d'abord de 4^{po}		1	8^{po}	
{ puis de 1^{po}			5	
Produit de 2^{li} par 5				10^{li}
Produit total	33^t	4^p	1^{po}	10^l

Pour multiplier 6 toises par 5, j'opère comme sur deux nombres entiers, et j'ai 30.

Pour multiplier 4 pieds par 5, je décompose 4 pieds en parties aliquotes de la toise, c'est-à-dire en 3 pieds plus 1, et j'ai à chercher le produit de 3 pieds et 1 pied par 5 ; d'abord pour trouver celui de 3 pieds par 5, je dis : 3 pieds sont la moitié d'une toise : donc le produit de 3 pieds par 5 doit être la moitié du produit de 1 toise par 5 ou la moitié de 5, ce qui donne 2 toises 3 pieds. Ensuite, pour trouver celui de 1 pied, je dis : 1 pied est le tiers de 3 pieds ; donc le produit de 1 pied par 5 doit être le tiers de celui de 3 pieds par 5, ou le tiers de 2 toises 3 pieds, ce qui donne 5 pieds.

Pour multiplier 5 pouces par 5, je décompose 5 pouces en parties aliquotes du pied, c'est-à-dire en 4 pouces plus 1 pouce, et j'ai à chercher le produit de 4 pouces et 1 pouce par 5 ; d'abord pour trouver celui de 4 pouces par 5, je dis : 4 pouces sont le tiers d'un pied ; donc le produit de 4 pouces par 5 doit être le tiers du produit d'un pied par 5, ou le tiers de 5 pieds, ce qui donne 1 pied 8 pouces. Ensuite, pour trouver celui de 1 pouce, je dis : 1 pouce est le quart de 4 pouces ; donc le produit de 1 pouce doit être le quart du produit de 4 pouces ou le quart de 1 pied 8 pouces, ce qui donne 5 pouces.

Pour le produit de 2 lignes, je prends le sixième du produit donné par 1 pouce, et j'ai 10 lignes.

J'additionne tous les produits partiels, et je trouve 33 toises 4 pieds 1 pouce 10 lignes pour produit total.

Remarque Dans cette méthode de faire la multiplication, on prend le produit de l'unité de l'espèce sur laquelle on opère avant de passer à l'espèce immédiatement plus petite, afin de pouvoir toujours prendre facilement le produit de la partie aliquote suivante sur celui de la précédente.

273. IIe cas. S'il faut 7 heures pour faire une toise d'ouvrage, combien en faudra-t-il pour faire 9 toises 5 pieds 11 lignes du même ouvrage ?

Opération.

			7^h			
			9to	5^p	0^{po}	11^{lig}.
Produit de 7^h par 9to			63^h			
Produit de 7 par 5^p	par 3 pieds..		3	30^m		
	par 1 pied..		1	10		
	par 1 pied..		1	10		
Produit *auxiliaire* pour 1 pouce			5	50^{sec}		
	par 6 lignes..			2	55	
Produit de 7^h par 11^{lig}.	par 3 lignes..			1	27	30^t
	par 1 ligne..				29	10
	par 1 ligne..				29	10
Produit total			68^h	55^m	20^s	50^t.

Pour multiplier 7 heures par 9 toises, j'opère comme sur deux nombres entiers, et j'ai 63.

Pour multiplier 7 heures par 5 pieds, je décompose 5 pieds en parties aliquotes de la toise, c'est-à-dire en 3 pieds, plus 1 pied, plus 1 pied ; ensuite :

Pour le produit de 3 pieds, je prends la moitié du multiplicande, et j'ai 3 heures 30 minutes (*a*).

Pour 1 pied, je prends le tiers du produit de 3 pieds, et j'ai 1 heure 10 minutes que j'écris deux fois.

Quoique je n'aie point à chercher le produit de 1 pouce, je le chercherai cependant pour obtenir plus facilement celui des lignes (272, V. *Remarque*).

Pour 1 pouce, je prends le douzième du produit donné par 1 pied, et j'ai 5 minutes 50 secondes.

Nota. Ce produit se nomme *produit auxiliaire*. Il ne doit point faire partie du produit total ; c'est pourquoi il faut le barrer.

Pour multiplier 7 heures par 11 lignes, je décompose 11 lignes en parties aliquotes du pouce, c'est-à-dire en 6 lignes, 3 lignes, 1 ligne, 1 ligne ; ensuite :

(*a*) En multipliant 7 heures par 1 toise, j'aurais 7 h. pour produit ; en multipliant 7 heures par 3 pieds, qui sont la moitié d'une toise, je dois donc avoir pour produit la moitié de 7 heures ou 3 heures 30 minutes.

Pour avoir le produit de 6 lignes, je prends la moitié du produit donné par 1 pouce, et j'ai 2 minutes 55 secondes.

Pour 3 lignes, je prends la moitié du produit donné par 6 lignes, et j'ai 1 minute 27 secondes 30 tierces.

Pour 1 ligne, je prends le tiers du produit donné par 3 lignes, et j'ai 29 secondes 10 tierces que j'écris deux fois.

J'additionne tous les produits partiels, et je trouve 68 heures 55 minutes 20 secondes 50 tierces pour le temps demandé.

N. B. Cette manière d'opérer est la même que celle des numéros 272 et 274, seulement elle est bien plus courte.

274. IIIe cas. Si une toise coûte 4 liv. 2 sous 6 deniers; combien coûteront 35 toises 4 pieds 8 pouces?

Opération.

		4^{tt}	2^s	6^a
		35^t	4^p	8^{po}
Produit de 4^{tt} par 35^{toises}.............		140^{tt}		
Produit de 2^s par 35^t....	d'abord de 1^s...	1	15^s	
	puis de 1^s......	1	15	
Produit de 6^a par 35^t.................			17	6^a
Produit de 4^{tt} 2^s 6^a par 4^p	par 3 pieds.....	2	1	3
	par 1 pied......		13	9
Produit de 4^{tt} 2^s 6^a par 8^{po}	par 4 pouces....		4	7
	par 4 pouces....		4	7
		147^{tt}	11^s	8^a

Pour faire cette opération, il faut multiplier tout le multiplicande par chaque partie du multiplicateur, savoir : d'abord par 35 toises, puis par 4 pieds, enfin par 8 pouces.

Pour multiplier 4 liv. par 35 toises, j'opère comme sur deux nombres entiers, et j'ai 140 liv.

Pour multiplier 2 sous par 35 toises, je décompose 2 sous en parties aliquotes de la livre, c'est-à-dire en 1 sou plus 1 sou, et j'ai à chercher le produit de 1 sou et 1 sou par 35.

Pour trouver le produit de 1 sou par 35 toises, je dis : 1 livre multipliée par 35 toises donnerait 35 au produit; mais 1 sou, qui est le vingtième d'une livre, ne doit donner que le vingtième de ce produit; je prends donc le vingtième de 35 livres, et j'ai 1 liv. 15 sous que j'écris deux fois.

Pour trouver le produit de 6 deniers par 35 toises, je dis : 6 deniers sont la moitié de 1 sou ; donc le produit de 6 deniers par 35 toises doit être la moitié de celui de 1 sou par 35 toises, ou la moitié de 1 liv. 15 sous : je prends donc la moitié de ce produit, et j'ai 17 sous 6 deniers.

Pour multiplier 4 liv. 2 sous 6 deniers par 4 pieds, je décompose 4 pieds en parties aliquotes de la toise, c'est-à-dire en 3 pieds plus 1 pied, et j'ai à chercher le produit de 4 liv. 2 sous 6 deniers par 3 pieds et par 1 pied.

D'abord pour trouver le produit de 4 liv. 2 sous 6 deniers par 3 pieds, je dis : 4 liv. 2 sous 6 deniers multipliés par 1 toise, donneraient 4 liv. 2 sous 6 deniers au produit; mais multipliés par 3 pieds, qui sont moitié d'une toise, ils ne doivent donner que moitié de ce produit : je prends donc la moitié de 4 liv. 2 sous 6 deniers, et j'ai 2 liv. 1 sou 3 deniers.

Ensuite, pour le produit de 1 pied, je prends le tiers de ce qu'ont produit 3 pieds, c'est-à-dire le tiers de 2 liv. 1 sou 3 deniers, et j'ai 13 sous 9 deniers.

Pour multiplier 4 liv. 2 sous 6 deniers par 8 pouces, je décompose 8 pouces en parties aliquotes du pied, c'est-à-dire en 4 pouces plus 4 pouces, et j'ai à chercher le produit de 4 liv. 2 sous 6 deniers par 4 pouces et 4 pouces.

Pour trouver le produit de 4 liv. 2 sous 6 deniers par 4 pouces, je dis : 4 pouces sont le tiers d'un pied ; donc le produit de 4 liv. 2 sous 6 deniers par 4 pouces, doit être le tiers de celui de 1 pied ou le tiers de 13 sous 9 deniers, ce qui donne 4 sous 7 deniers que j'écris deux fois.

J'additionne tous les produits partiels, et je trouve 147 liv. 11 sous 8 deniers pour le prix demandé.

DIVISION DES NOMBRES COMPLEXES.

On distingue trois cas dans la division des nombres complexes, savoir : ou le dividende seul est complexe, ou le diviseur seul est complexe, ou ils sont tous les deux complexes.

275. Ier CAS. Quand le dividende seul est complexe, *on divise d'abord les unités principales par le diviseur ; si cette division laisse un reste, on le réduit en unités de l'espèce immédiatement plus petite, lesquelles ajoutées aux unités de même espèce qui se trouvent dans le dividende, font un total qu'on divise par le même diviseur. Si cette seconde division laisse un reste, on le réduit aussi en unités de l'espèce immédiatement plus petite, auxquelles on ajoute les unités de même espèce qui se trouvent dans le dividende, et l'on a un total qu'on divise par le même diviseur.*

On continue d'opérer ainsi jusqu'à ce qu'on ait employé les unités de la plus petite espèce.

EXEMPLE. Si 32 livres poids ont coûté 88 liv. 18 sous 8 deniers, à combien revient la livre poids?

Opération.

```
        88ᵗᵗ 18ˢ 8ᵈ  | 32
        64          | 2ᵗᵗ 15ˢ 7ᵈ
        ───
        24ᵗᵗ
      × 20
        ───
        480
      + 18
        ───
        498ˢ
        32
        ───
        178
        160
        ───
         18ˢ
      × 12
        ───
         36
         18
        ───
        216
      +   8
        ───
        224ᵈ
        224
        ───
          0
```

Pour effectuer cette opération, je divise d'abord 88 liv. par 32 comme à l'ordinaire, et je trouve 2 liv. pour quotient et 24 liv. pour reste. Je multiplie ce reste par 20 pour avoir des sous, et j'en ai 480 qui, ajoutés aux 18 du dividende, font un total de 498 sous; je divise ces 498 sous par 32, et je trouve 15 sous pour quotient et 18 sous pour reste. Je multiplie ce reste par 12 pour avoir des deniers, et j'en ai 216 qui, ajoutés aux 8 du dividende, font un total de 224 deniers; je divise ces 224 deniers par 32, et je trouve 7 deniers pour quotient exact.

Le prix de la livre poids est donc de 2 livr. 15 sous 7 deniers.

276. IIe CAS. *Quand le diviseur seul est complexe, on convertit d'abord le diviseur en unités de sa plus petite espèce; on multiplie ensuite le dividende par les mêmes nombres par lesquels on a multiplié le diviseur, puis on fait la division comme au n° 275.*

EXEMPLE. Si 5 liv. 6 onces 3 gros ont coûté 11 livres, à combien revient la livre poids?

<table>
<tr><td colspan="2">*Multiplication.*</td><td colspan="2">*Réduction.*</td></tr>
<tr><td>Dividende</td><td>11^{tt}</td><td>Diviseur</td><td>5 lb 6°3^s</td></tr>
<tr><td>×</td><td>16</td><td>×</td><td>16</td></tr>
<tr><td></td><td>66</td><td></td><td>80</td></tr>
<tr><td></td><td>11</td><td>+</td><td>6</td></tr>
<tr><td></td><td>176</td><td></td><td>86</td></tr>
<tr><td>×</td><td>8</td><td>×</td><td>8</td></tr>
<tr><td>Nouveau dividende</td><td>1408</td><td></td><td>688</td></tr>
<tr><td></td><td></td><td>+</td><td>3</td></tr>
<tr><td></td><td></td><td>Nouv. divis.</td><td>691</td></tr>
</table>

DIVISION.

Nouveau dividende 1408^{tt} | Nouveau diviseur 691
1382 | Quotient   2^{tt} 0^s 9^d $\frac{21}{691}$
26^{tt}
× 20
520^s
× 12
1040
520
6240^d
6219
21

277. IIIe CAS. Quand le dividende et le diviseur sont complexes, *on convertit d'abord le diviseur en unités de sa plus petite espèce; on multiplie ensuite le dividende par les mêmes nombres par lesquels on a multiplié le diviseur, puis on fait la division comme au n° 275.*

EXEMPLE. Si 52 liv. 19 sous 11 deniers rapportent 2 liv. 13 sous, combien rapporte la livre?

Multiplication.   Conversion.

```
Dividende        2ᵗ 13ˢ      Diviseur     62ᵗ 19ˢ 11ˡ
                × 20                       × 20
                ─────                      ─────
                 40ᵗ                        1040
Produit de   ⎧ de 10... 10                 + 19
13ˢ par 20   ⎨ de  2... 2                  ─────
             ⎩ de  1... 1                  1059ˢ
                ─────                      × 12
                  53                       ─────
                × 12                       2118
                ─────                      1059
                 106                       ─────
                  53                       12708
                ─────                      + 11
                 636                       ─────
                                           12719
```

DIVISION.

Nouveau dividende   636ᵗ | Nouveau diviseur 12719
```
            × 20         | Quotient       0ᵗ 1ˢ
            ─────        |
            12720        |
            12719        |
            ─────        |
                1        |
```

COMPARAISON DES MESURES NOUVELLES AVEC LES ANCIENNES ET RÉCIPROQUEMENT.

Mesures de longueur.

278. La longueur du quart de la circonférence de la terre est de 5 130 740 toises, et de dix millions de mètres : le mètre vaut donc la 10 000 000ᵉ partie de 5 130 740 toises, par conséquent :

Le *mètre* vaut, en toises................	0ᵗᵒⁱˢᵉ5130740
en pieds, 6 fois plus, ou.......	3ᵖⁱᵉᵈ·07844
en pouces, 12 fois plus, ou....	36ᵖᵒᵘᶜᵉˢ9413
en lignes, 12 fois plus, ou....	443ˡⁱᵍ·296
La *toise* vaut, en mètres................	1ᵐᵉᵗ·94904
Le pied vaut 6 fois moins, ou...........	0ᵐ,32484
Le pouce vaut 12 fois moins, ou........	0ᵐ,02707
La ligne vaut 12 fois moins, ou.........	0ᵐ,00225
Le *kilomètre* vaut, en lieues de 2280ᵗ,33...	0ˡⁱᵉᵘᵉ225
La *lieue* de 2280ᵗ,33 vaut en kilom.........	4ᵏⁱˡᵒᵐ·4444
Le *mètre* vaut en aunes de Paris............	0ᵃᵘⁿᵉ84143
L'*aune* de Paris vaut, en mètres............	1ᵐᵉᵗʳᵉ18845

Mesures de surface.

279. Le *mètre carré* vaut, en toises carrées. 0ᵗ·ᶜᵃʳ·263245
en pieds carrés... 9ᵖⁱᵉᵈˢ47682
en pouces carrés.. 1364ᵖᵒᵘᶜᵉˢ66
en lignes carrées. 196511ˡⁱᵍ·
L'*are* vaut en perches carrées (eaux et forêts). 1ᵖᵉʳᶜʰ·ᶜᵃʳ·958
L'*hectare* vaut en arpents (eaux et forêts)... 1ᵃʳᵖ958
La *toise carrée* vaut, en mètres carrés...... 3ᵐᵉᵗ·ᶜᵃʳ·798744

Le pied carré............................... $0^{m.\ car.}105521$
Le pouce carré.............................. $0^{m.\ car.}0007328$
La ligne carrée............................. $0^{m.\ car.}00000509$
La *perche carrée* (eaux et forêts) vaut en ares. $0^{are}51072$
L'*arpent* (eaux et forêts) vaut en hect., envir. $0^{hect.}51072$

Mesures de volume.

280. Le *mètre cube* vaut, en toises cubes. $0^{toise}135064$
en pieds cubes......... $29^{pi.\ c.}17385$
en pouces cubes........ $50412^{po.\ c.}42$
en lignes cubes........ $87112655^{lig.\ c.}$
La *toise cube* vaut, en mètres cubes...... $7^{m.\ c.}403890$
Le pied cube............................... $0^{m.\ c.}0342773$
Le pouce cube.............................. $0^{m.\ c.}000019836$
La ligne cube.............................. $0^{m.\ c.}00000001148$
Le *stère* vaut, en cordes de bois (eaux et for.). $0^{corde}26048$
La *corde* de bois des eaux et for. vaut en stères. $3^{stères}83905$
Le *stère* vaut, en solives................. $9^{soliv.}7246$
La *solive* vaut, en stères................. $0^{stère}10283$

Mesures de contenance ou de capacité.

281. Le *litre* vaut, en veltes de Paris.... $0^{vel.}13422$
en pintes de Paris...... $1^{pinte}073746$
en setiers de Paris..... $0^{setier}006406$
en boisseaux de Paris... $0^{boiss.}07687$
en litrons de Paris..... $1^{litron}230$
La *velte* de Paris vaut, en litres......... $7^{litres}4506$
La *pinte* de Paris......................... $0^{litre}9313$
Le *setier* de Paris........................ $156^{litres}10$
Le *boisseau* de Paris...................... $13^{litres}0083$
Le *litron* de Paris........................ $0^{litre}8130$

Mesures de poids.

282. Le *kilogramme* vaut, en livres poids.. $2^{livr.}04288$
en onces....... $32^{onces}686$
en gros........ $261^{gros}49$
en grains...... $18827^{grains}15$
La *livre poids* vaut, en kilogrammes....... $0^{kilogr.}48951$
L'once..................................... $0^{kil.}03059$
Le gros.................................... $0^{kil.}003824$
Le grain................................... $0^{kil.}0000531$

Mesures monétaires.

283. Le *franc* vaut, en livres tournois.... $1^{liv.}01250$
Le décime.................................. $0^{liv.}1013$
Le centime................................. $0^{liv.}0101$
La *livre* vaut, en francs.................. 0^f98765
Le sou..................................... 0^f0494
Le denier.................................. 0^f0041

NOTA. Il faut 81 livres tournois pour faire 80 francs.

CONVERSION DES ANCIENNES MESURES EN NOUVELLES, ET RÉCIPROQUEMENT.

284. 1ᵉʳ EXEMPLE. Combien une longueur de 25 pieds vaut-elle en mètres ?

Pour trouver la réponse à cette question, je cherche d'abord la valeur du pied en mètres, ce qui donne 0ᵐ,32484 ; puis je dis :

Si 1 pied vaut 0ᵐ32484, combien 25 pieds valent-ils ? Plus de 0ᵐ32484 (74) ; j'ai donc pour réponse 0ᵐ32484 × 25 = 8ᵐ121.

2ᵉ EXEMPLE. Combien une longueur de 8ᵐ,121 vaut-elle de pieds ?

Pour résoudre cette question, je cherche d'abord la valeur du mètre en pieds, ce qui donne 3ᵖⁱ,07844 ; puis je dis :

Si 1 mètre vaut 3ᵖⁱ·07844, combien valent 8ᵐ121 ? Plus de 3ᵖⁱ·07844 (74) ; j'ai donc pour réponse 3ᵖⁱ·07844 × 8ᵐ121 = 25 pieds.

3ᵉ EXEMPLE. Combien 2ᵗᵗ7ᶠ5ᵃ valent-ils de francs ?

Pour résoudre cette question, je convertis d'abord 2ᵗᵗ7ᶠ5ᵃ en deniers, ce qui donne 569 : puis je dis :

Si 1 denier vaut en francs 0ᶠ0041, combien 569 deniers valent-ils en francs ? Plus de 0ᶠ0041 (74) ; j'ai donc pour réponse 0,0041 × 569 = 2ᶠ3329.

4ᵉ EXEMPLE. Combien 2ᶠ3329 font-ils de livres, sous et deniers ?

Pour résoudre cette question, je cherche d'abord la valeur du franc en livres, ce qui donne 1ˡⁱᵛʳᵉ,0125 ; puis je dis :

Si 1 franc vaut 1ᵗᵗ0125, combien 2ᶠ3329 valent-ils ? Plus de 1ᵗᵗ0125 (74) ; j'ai donc pour réponse 1,0125 × 2,3329 = 2ᵗᵗ36205125.

Pour savoir combien la partie décimale 0ᵗᵗ36205125 vaut de sous, je la multiplie par 20 ; la partie entière du produit 7,241025 exprime des sous (266). Pour savoir combien la partie décimale 0ˢ241025 vaut de deniers, je la multiplie par 12, la partie entière du produit exprime près de 3 deniers. Je trouve ainsi que 2ᶠ3329 valent à peu près 2ᵗᵗ7ˢ3ᵈ.

5ᵉ EXEMPLE. Si l'aune de Paris coûte 6 francs, combien coûte le mètre ?

Pour trouver la réponse à cette question, je cherche d'abord la valeur du mètre en aunes de Paris, ce qui donne 0ᵃᵘⁿᵉ84153 ; puis je dis :

Si une aune de Paris coûte 6 fr., combien coûteront 0ᵃᵘⁿᵉ84143 ? Moins de 6 fr. ; j'ai donc pour réponse 6 × 0,84143 = 5ᶠ04858 (89).

6ᵉ EXEMPLE. Si 1 mètre coûte 1ᶠ05, combien coûte l'aune de Paris ?

Pour résoudre cette question, je cherche d'abord la valeur

— 94 —

de l'aune de Paris en mètres, ce qui donne 1ᵐ18845; puis je dis :

Si 1 mètre coûte 5ᶠ05, combien coûtera 1ᵐ18843? Plus de 5ᶠ05 (74); j'ai donc pour réponse 5,05 × 1,18843 = 6 fr.

7ᵉ EXEMPLE. Si la livre de laine coûte 2ᵗ7ᵈ5ᵃ, combien le kilogramme coûterait-il de francs?

Pour résoudre cette question, je convertis d'abord 2ᵗ7ᵈ5ᵃ en deniers, et j'en ai 569 : je cherche la valeur du kilogramme en livres, ce qui donne 2ᵗ04288, puis je dis :

Si 1℔ de laine coûte 2ᶠ3329, combien coûteront 2℔04288? Plus de 2ᶠ3329 (74), j'ai donc pour réponse 2,3329 × 2,04288 = 4ᶠ7658.

8ᵉ EXEMPLE. S'il faut 28ᵗ9ᵈ pour avoir 12 livres de laine, combien faut-il de francs pour avoir 3ᵏⁱˡ 21 ? Réponse : 15ᶠ30 environ.

RAPPORT PAR QUOTIENT.

285. On appelle RAPPORT le *quotient qu'on obtient, ou qu'on obtiendrait, en divisant un nombre par un autre.*

Ainsi, le rapport de 12 à 4 est 3, parce que 3 est le quotient qu'on obtient en divisant 12 par 4; celui de 15 à 7 est $2\frac{1}{7}$, parce que $2\frac{1}{7}$ est le quotient de 15 divisés par 7; celui de 2 à 9 est $\frac{2}{9}$, parce que $\frac{2}{9}$ est le quotient de 2 divisés par 9.

286. Dans tout rapport il y a deux nombres, celui qu'on énonce ou qu'on écrit le premier se nomme *antécédent* et le second *conséquent*.

L'antécédent et le conséquent s'appellent les *termes* du rapport.

Pour indiquer un rapport, on met entre les deux termes deux points (:) qui signifient *est à*. Ainsi, 12 : 4 indique un rapport qu'on énonce 12 *est à* 4.

287. Un rapport peut aussi être mis sous la forme d'une fraction qui a l'antécédent pour numérateur et le conséquent pour dénominateur. Ainsi, ce rapport 12 : 4 peut être exprimé par $\frac{12}{4}$ qu'on énonce 12 divisés par 4.

PROPORTION PAR QUOTIENT.

288. On appelle PROPORTION *la réunion de deux rapports égaux.*

Ainsi l'assemblage de ces deux rapports 12 à 4 et 15 à 5, forme une proportion, parce que le quotient de 12 divisés par 4 est égal à celui de 15 divisés par 5.

289. Pour indiquer une proportion, on met deux points (:) entre les termes de chaque rapport, et quatre points (::)

entre les rapports. Les deux points qui séparent les deux termes de chaque rapport, signifient *est à*, et les quatre points qui séparent les deux rapports signifient *comme*.

Ainsi, la proportion donnée plus haut, n° 288, s'écrit 12 : 4 :: 15 : 5 qu'on énonce 12 *est à* 4 *comme* 15 *est à* 5 ; ce qui veut dire que le quotient de 12 divisés par 4 est égal à celui de 15 divisés par 5.

290. Pour indiquer qu'il y a proportion entre les quatre nombres 12, 4, 15, 5, on peut encore les écrire ainsi $\frac{12}{4} = \frac{15}{5}$. On lit 12 divisés par 4 égalent 15 divisés par 5.

291. Dans toute proportion il y a quatre termes. Le premier et le troisième se nomment *antécédents*; le second et le quatrième se nomment *conséquents*. Ceux des extrémités s'appellent les *extrêmes*, et ceux du milieu, les *moyens*.

292. *Dans toute proportion, le produit des extrêmes est égal à celui des moyens.*

Ce principe serait évident si chaque conséquent était égal à son antécédent, comme dans cette proportion :
$$12 : 12 :: 15 : 15 ;$$
or, on peut ramener toute proportion à cet état en multipliant chaque conséquent par le rapport ; mais en multipliant chaque conséquent par le rapport, on multiplie le produit des extrêmes et celui des moyens par un même nombre : donc, puisqu'après cette multiplication le produit des extrêmes serait égal à celui des moyens, ces deux produits doivent aussi être égaux avant cette multiplication. Soit la proportion 12 : 4 :: 15 : 5 dont le rapport est 3. En multipliant les conséquents 4 et 5 chacun par le rapport 3, j'obtiens la proportion 12 : 12 :: 15 : 15 dans laquelle chaque conséquent est égal à son antécédent.

Le principe que je viens d'établir est général. Pour m'en convaincre d'une autre manière, je prends la proportion 12 : 4 :: 15 : 5, je l'écris sous la forme suivante : $\frac{12}{4} = \frac{15}{5}$; je réduis ces deux fractions au même dénominateur, et j'ai $\frac{12 \times 5}{4 \times 5} = \frac{15 \times 4}{5 \times 4}$. Le numérateur de la première de ces nouvelles fractions est égal à celui de la seconde ; mais le numérateur de la première est le produit des extrêmes et celui de la seconde est le produit des moyens : donc *le produit des extrêmes est égal à celui des moyens*. Il en serait de même pour toute autre proportion ; ce principe est donc général.

293. Il suit de ce principe, que si l'on connaît trois termes d'une proportion, il est facile de trouver le quatrième. Si le terme inconnu est un *extrême*, on fait le produit des moyens ; puis on divise ce produit par l'extrême connu, et on a l'autre extrême au quotient (*a*). Si le terme inconnu

---

(*a*) En effet, si l'on divisait le produit des extrêmes par un extrême, on

est un *moyen*, on fait le produit des extrêmes; puis on divise ce produit par le moyen connu, et on a l'autre au quotient (a).

Soit à trouver l'*extrême* inconnu de cette proportion 12 : 4 :: 15 : R (le terme inconnu se représente par R, x...)
Je multiplie 15 par 4, ce qui donne 60; je divise 60 par 12, et je trouve 5 au quotient, d'où je conclus que 5 est l'extrême cherché. Ainsi, la proportion sera 12 : 4 :: 15 : 5.

Soit à trouver le *moyen* inconnu de la proportion 12 : 4 :: R : 5.
Je multiplie 5 par 12, ce qui donne 60; je divise 60 par 4 et je trouve 15 au quotient, d'où je conclus que 15 est le moyen cherché. Ainsi, la proportion sera 12 : 4 :: 15 : 5.

294. On peut, sans détruire une proportion, faire subir à ses termes tous les changements qui n'altèrent pas l'égalité entre le produit des extrêmes et celui des moyens. Ainsi :

295. 1° On peut mettre les *antécédents à la place des conséquents, et réciproquement*, sans qu'une proportion cesse d'exister.

La proportion 12 : 4 :: 15 : 5, peut s'écrire 4 : 12 :: 5 : 15.

296. 2° *On peut multiplier* UN EXTRÊME ET UN MOYEN *par un même nombre, sans qu'une proportion cesse d'exister*; parce que le produit des extrêmes ne cesse pas d'être égal au produit des moyens.

Ce principe fournit le moyen de ramener à des nombres entiers les termes qui seraient des nombres décimaux, ou des fractions, ou des nombres fractionnaires, etc.

Ainsi, I. Pour ramener à des nombres entiers les termes de la proportion

4 : 1,30 :: R : 2,10

je supprime la virgule dans les deux conséquents, ce qui donne

4 : 130 :: R : 210.

Pour réduire à des nombres entiers les termes de la proportion

29,58 : 1,45 :: 20,40 : R

je supprime la virgule dans les antécédents, ce qui donne

2958 : 1,45 :: 2040 : R ;

je supprime ensuite la virgule dans 1,45 ; je mets deux zéros à la droite de 2958, et j'ai enfin la proportion

295800 : 145 :: 2040 : R.

---

trouverait l'autre extrême au quotient (88) ; mais le produit des moyens est tout à fait le même que celui des extrêmes : donc, si l'on divise le produit des moyens par un extrême, on trouvera l'autre extrême au quotient.

(a) En effet, en divisant le produit des moyens par un moyen, on aurait l'autre moyen au quotient ; mais, puisque le produit des extrêmes est tout à fait le même que celui des moyens, en divisant le produit des extrêmes par un moyen, on aura donc l'autre moyen au quotient.

II. Pour réduire à des nombres entiers les termes de la proportion
$$\tfrac{3}{4} : \tfrac{2}{3} :: \tfrac{5}{6} : R,$$
je multiplie d'abord les antécédents, ce qui donne $\tfrac{18}{24} : \tfrac{2}{3} :: \tfrac{20}{24} : R$; je supprime le dénominateur commun, et j'ai
$$18 : \tfrac{2}{3} :: 20 : R;$$
je multiplie ensuite les deux termes du premier rapport par 3, ce qui donne $\tfrac{54}{3} : \tfrac{2}{3} :: 20 : R$; je supprime le dénominateur commun, et j'ai enfin la proportion
$$54 : 2 :: 20 : R.$$

III. Pour réduire à des nombres entiers les termes de la proportion
$$4\tfrac{2}{7} : 2\tfrac{1}{7} :: R : 60,$$
je réduis chaque entier et la fraction qui l'accompagne en une seule fraction, ce qui donne $\tfrac{30}{7} : \tfrac{15}{7} :: R : 60$; je supprime le dénominateur 7, et j'ai la proportion
$$30 : 15 :: R : 60.$$

297. 3° *On peut diviser* UN EXTRÊME ET UN MOYEN *par un même nombre, sans que la proportion cesse d'exister*; parce que le produit des extrêmes ne cesse pas d'être égal au produit des moyens.

Ce principe fournit le moyen de simplifier les termes d'une proportion.

Ainsi, en divisant par 100 les antécédents de la proportion 1200 : 4 :: 1500 : 5, on a la proportion 12 : 4 :: 15 : 5.

APPLICATION DES PROPORTIONS.

RÈGLE DE TROIS.

298. *La* RÈGLE DE TROIS *est une opération par laquelle on trouve le quatrième terme d'une proportion dont les trois autres sont connus.*

La règle de trois est *simple* ou *composée*. Elle est simple quand elle ne contient que trois termes connus; elle est composée quand elle contient plus de trois termes connus.

RÈGLE DE TROIS SIMPLE.

299. Dans toute règle de trois simple, on a deux nombres de même espèce, et un troisième de l'espèce de celui qu'on cherche. Pour trouver le quatrième nombre, on établit la proportion d'après la règle suivante.

300. Règle générale. *On forme le premier rapport avec les deux nombres donnés de même espèce, en plaçant le grand nombre devant le petit; et le second rapport avec le nombre demandé et celui de son espèce, en plaçant le grand nombre devant le petit.* On représente le nombre demandé par R.

On voit qu'il est très-facile de former le premier rapport; il est aussi facile de former le second quand on sait que le nombre demandé est le plus grand toutes les fois que la réponse à la question proposée est PLUS de..., et qu'il est le plus petit toutes les fois que la réponse est MOINS de...

1er EXEMPLE. Si 20 hommes ont fait 268 mètres d'ouvrage, combien 60 hommes en feront-ils? Ils feront PLUS de 268 mètres.

La réponse est PLUS de 268 mètres : donc le nombre de mètres demandé est plus grand que 268; alors je mets R devant 268, et j'ai le second rapport formé; je forme ensuite le premier, et j'obtiens la proportion

$$60^h : 20^h :: R^m : 268^m$$

Suivant ce qui est dit n° 293, je multiplie 268 par 60, ce qui donne 16080; je divise 16080 par 20, et je trouve 804 au quotient; d'où je conclus que 804 est le quatrième terme cherché, et, par conséquent, la réponse à la question proposée.

En effet, si 20 hommes ont fait 268 mètres, il est clair que 60 hommes en feront autant de fois plus qu'ils sont de fois 20 ; mais ils sont 3 fois 20 : donc ils feront 3 fois plus de 268 mètres ou 804 mètres.

Suivant ce qui est dit n° 297, on aurait pu diviser par 10 les deux premiers termes de cette proportion, et obtenir ainsi 6 : 2 :: R : 268; d'où l'on tire $\frac{268 \times 6}{2} = 804$.

2e EXEMPLE. Si 60 hommes ont fait 804 mètres d'ouvrage, combien 20 hommes en feront-ils? MOINS de 804 mètres.

La réponse est MOINS de 804 mètres : donc le nombre de mètres demandé est plus petit que 804; alors je mets R après 804, et j'ai le second rapport formé; je forme ensuite le premier, et j'obtiens la proportion

$$60^h : 20^h :: 804^m : R^m$$

Suivant ce qui est dit n° 293, je multiplie 804 par 20, ce qui donne 16080; je divise 16080 par 60, et je trouve 268 au quotient; d'où je conclus que 268 est le quatrième terme cherché, et, par conséquent, la réponse à la question proposée.

En effet, si 60 hommes ont fait 804 mètres, il est clair que 20 hommes en feront autant de fois moins qu'ils sont de fois moins de 60; mais ils sont 3 fois moins de 60; donc ils feront 3 fois moins de 804 mètres ou 268 mètres.

3e EXEMPLE. Combien faut-il de mètres de toile à $\frac{5}{8}$ pour servir de doublure à 30 mètres de drap de $\frac{6}{8}$? PLUS de 30 mètres : j'ai donc pour proportion $\frac{6}{8} : \frac{5}{8} :: R : 30$, laquelle revient à celle-ci (296), 6 : 5 :: R : 30, et pour R $\frac{30 \times 6}{5} = 36^m$.

RÈGLE DE TROIS COMPOSÉE.

301. Toute règle de trois composée se résout *toujours très-facilement* par plusieurs règles de trois simples. Montrons-le par quelques exemples.

1ᵉʳ EXEMPLE. Si 7 ouvriers, travaillant 13 jours, ont fait 182 mètres d'ouvrage, combien 12 ouvriers, travaillant 15 jours, feront-ils de mètres du même ouvrage (*a*)?

Le nombre de mètres demandé dépend ici du nombre d'ouvriers et du nombre de jours : on aura donc successivement égard au nombre d'ouvriers et au nombre de jours, ce qui conduira à résoudre les deux questions suivantes :

1° Si 7 ouvriers ont fait 182 mètres d'ouvrage, combien 12 ouvriers feront-ils de mètres du même ouvrage (*b*)? Plus de 182 mètres : j'ai donc pour proportion (*c*)

12ᵒᵘᵛ : 7ᵒᵘᵛ :: Rᵐ : 182ᵐ, et pour R $\frac{182 \times 12}{7}$ ou 312ᵐ (*d*);

2° Si l'on fait 312 mètres en travaillant 13 jours, combien en fera-t-on en travaillant 15 jours? Plus de 312 : j'ai donc pour proportion (*c*)

15ʲ : 13ʲ :: Rᵐ : 312ᵐ, et pour R $\frac{312 \times 15}{13}$ ou 360ᵐ.

2ᵉ EXEMPLE. Si 20 hommes, en 8 jours, travaillant 6 heures par jour, ont fait 360 mètres d'ouvrage; combien 12 hommes, en 10 jours, travaillant 10 heures par jour, feront-ils de mètres du même ouvrage?

Le nombre de mètres demandé dépend du nombre d'hommes, du nombre de jours et du nombre d'heures : on aura donc successivement égard, 1° au nombre d'hommes; 2° au nombre de jours; 3° au nombre d'heures, ce qui conduira à résoudre les trois questions suivantes :

(*a*) N. B. Avant de résoudre une règle de trois, on dispose toujours les nombres de la manière suivante :

7 ouvriers 13 jours 182 mètres.
12   15   R

(*b*) On suppose *toutes choses égales d'ailleurs*, c'est-à-dire même temps; même force dans les ouvriers; même assiduité au travail; même difficulté dans l'ouvrage, etc., etc. En général, toutes les circonstances qui ne sont pas comprises dans une question sont toujours censées être les mêmes de part et d'autre.

(*c*) En écrivant les deux nombres de même espèce qui doivent former un rapport, n'oubliez pas que *les grands ont les premières places et les petits les dernières*.

(*d*) Les derniers ouvriers feraient 312 mètres en travaillant comme les premiers, c'est-à-dire 13 jours; mais ce n'est pas 13 jours qu'ils travaillent, c'est 15 jours. Il faut donc résoudre la question suivante : *Si les derniers ouvriers font 312 mètres en 13 jours, combien en feront-ils en 15 jours?*

1° Si 20 hommes ont fait 360 mètres, combien 12 hommes en feront-ils ? Moins de 360 : j'ai donc pour proportion (300)

$20^{hom.} : 12^{hom.} :: 360^m : R^m$, et pour réponse $\dfrac{360 \times 12}{20}$ ou 216^m.

2° Si on fait 216 mètres en 8 jours, combien en fera-t-on en 10 jours ? Plus de 216 : j'ai donc pour proportion (300)

$10^j : 8^j :: R^m : 216^m$, et pour réponse $\dfrac{216 \times 10}{8}$ ou 270 mètres.

3° Si on fait 270 mètres en 6 heures, combien en fera-t-on en 10 heures ? Plus de 270 : j'ai donc pour proportion

$10^h : 6^h :: R^m : 270^m$, et pour réponse $\dfrac{270 \times 10}{6}$ ou 450 mèt.

3ᵉ Exemple. Si 7 hommes, en 8 mois, ont consommé 100 mesures de froment du poids de 15 kilogrammes ; combien 9 hommes, en 10 mois, en consommeront-ils du poids de 16 kilogrammes ?

Le nombre de mesures demandé sera le résultat de la dernière des questions suivantes :

1° Si 7 hommes ont consommé 100 mesures de froment, combien 9 hommes en consommeront-ils ? Plus de 100 mesures : j'ai donc pour proportion (300)

$9^h : 7^h :: R^{mes} : 100^{mes}$, et pour réponse $\dfrac{100 \times 9}{7}$ (a);

2° Si on consomme $\dfrac{100 \times 9}{7}$ mesures en 8 mois, combien en consommera-t-on en 10 mois ? Plus de mesures : j'ai donc pour proportion (300)

$10^{mois} : 8^m :: R^{mes} : \dfrac{100 \times 9}{7}$, et pour réponse $\dfrac{100 \times 9 \times 10}{7 \times 8}$ (a).

3° Si l'on consomme $\dfrac{100 \times 9 \times 10}{7 \times 8}$ mesures de froment du poids de 15 kilogrammes, combien en consommera-t-on de mesures du poids de 16 kilogrammes ? Moins de mesures : j'ai donc pour proportion

$16^{kil} : 15^{kil} :: \dfrac{100 \times 9 \times 10^{mes}}{7 \times 8} : R^{mes}$, et pour rép. $\dfrac{100 \times 9 \times 10 \times 15}{7 \times 8 \times 16}$

ou, en effectuant les multiplications indiquées, $\dfrac{135000}{896}$ et, en effectuant la division indiquée, 150 mesures $\dfrac{600}{896}$.

4ᵉ Exemple. Si 10 hommes ont mis 8 jours pour faire 12 mètres d'ouvrage, combien 50 hommes mettront-ils de jours pour faire 15 mètres du même ouvrage ?

(a) Pour abréger les calculs et éviter des fractions, je me contente ici du résultat indiqué.

Le nombre de jours demandé sera le résultat de la dernière des questions suivantes :

1° Si 10 hommes ont mis 8 jours pour faire un ouvrage, combien 50 hommes mettront-ils de jours pour faire le même ouvrage ? Moins de 8 jours ; j'ai donc pour proportion (300)

$$50^{hom.} : 10^h :: 8^j : R^j, \text{ et pour réponse } \frac{8 \times 10}{50}.$$

2° Si on met $\frac{8 \times 10}{50}$ jours pour faire 25 mètres, combien mettra-t-on de jours pour faire 15 mètres ? Moins de jours ; j'ai donc pour proportion (300).

$$125^m : 15^m :: \frac{8 \times 10^j}{50} : R^j, \text{ et pour rép. } \frac{8 \times 10 \times 15}{50 \times 125} \text{ ou } \frac{1200}{6250} \text{ jours}.$$

5ᵉ EXEMPLE. Si 8 hommes, travaillant 9 heures par jour, ont mis 5 jours pour creuser un canal de 8 mètres de longueur, 5 mètres de largeur et 2 mètres de profondeur ; on demande combien mettront de jours 9 hommes, travaillant 12 heures par jour, pour creuser un autre canal de 12 mètres de longueur sur 4 mètres de largeur, et 3 mètres de profondeur, dans un terrain 3 fois plus difficile à fouiller que le premier ?

Le résultat de la dernière des questions suivantes sera le nombre de jours demandé.

1° Si 8 hommes ont mis 5 jours pour creuser un canal, combien 9 hommes mettront-ils de jours pour creuser un autre canal ? Moins de 5 jours ; j'ai donc pour proportion (300)

$$9^{hom.} : 8^h :: 5^j : R^j, \text{ et pour réponse } \frac{5 \times 8}{9};$$

2° Si on met $\frac{5 \times 8}{9}$ jours pour creuser un canal en travaillant 9 heures par jour, combien mettra-t-on de jours pour creuser un autre canal en travaillant 12 heures par jour ? Moins de jours ; j'ai donc pour proportion (300)

$$12^{heur.} : 9^{heur.} :: \frac{5 \times 8^j}{9} : R^j, \text{ et pour réponse } \frac{5 \times 8 \times 9}{9 \times 12};$$

3° Si on met $\frac{5 \times 8 \times 9}{9 \times 12}$ jours pour creuser un canal de 8 mètres de longueur, combien mettra-t-on de jours pour creuser un autre canal de 12 mètres de longueur ? Plus de jours ; j'ai donc pour proportion

$$12^m : 8^m :: R^j : \frac{5 \times 8 \times 9^j}{9 \times 12}, \text{ et pour réponse } \frac{5 \times 8 \times 9 \times 12}{9 \times 12 \times 8};$$

4° Si on met $\frac{5 \times 8 \times 9 \times 12}{9 \times 12 \times 8}$ jours pour creuser un canal de 5 mètres de largeur, combien mettra-t-on de jours pour creuser un autre canal de 4 mètres de largeur ? Moins de jours ; j'ai donc pour proportion (300)

$$5^m : 4^m :: \frac{5 \times 8 \times 9 \times 12^j}{9 \times 12 \times 8} : R^j, \text{ et pour réponse } \frac{5 \times 8 \times 9 \times 12 \times 4}{9 \times 12 \times 8 \times 5};$$

5° Si on met $\dfrac{5 \times 8 \times 9 \times 12 \times 4}{9 \times 12 \times 8 \times 5}$ jours pour creuser un canal de 2 mètres de profondeur, combien mettra-t-on de jours pour creuser un canal de 3 mètres de profondeur ? Plus de jours ; j'ai donc pour proportion (300)

$3^m : 2^m :: R : \dfrac{5 \times 8 \times 9 \times 12 \times 4}{9 \times 12 \times 8 \times 5}$, et pour rép. $\dfrac{5 \times 8 \times 9 \times 12 \times 4 \times 3}{9 \times 12 \times 8 \times 5 \times 2}$;

6° Si on met $\dfrac{5 \times 8 \times 9 \times 12 \times 4 \times 3}{9 \times 12 \times 8 \times 5 \times 2}$ jours pour creuser un canal dans un terrain qui a 1 degré de difficulté (a), combien mettra-t-on de jours pour creuser un autre canal dans un terrain qui a 3 degrés de difficulté ? Plus de jours ; j'ai donc pour proportion (300)

$3 : 1 :: R : \dfrac{5 \times 8 \times 9 \times 12 \times 4 \times 3}{9 \times 12 \times 8 \times 5 \times 2}$, et pour rép. $\dfrac{5 \times 8 \times 9 \times 12 \times 4 \times 3 \times 3}{9 \times 12 \times 8 \times 5 \times 2 \times 1}$;

ou, en effectuant les multiplications indiquées, $\dfrac{155520}{8640}$ ou, en effectuant la division indiquée, 18 jours.

302. Pour abréger les calculs, il faut avant d'effectuer les multiplications indiquées, avoir soin de supprimer tous les facteurs communs au numérateur et au dénominateur (126, 103).

Ici les facteurs 5, 8, 9 et 12 étant communs au numérateur et au dénominateur, je les supprime, de part et d'autre, et il reste $R = \dfrac{4 \times 3 \times 3}{2 \times 1}$ ou $\dfrac{36}{2}$, ou 18 jours.

MANIÈRE DE RÉSOUDRE UNE RÈGLE DE TROIS SANS ÉTABLIR LA PROPORTION.

303. *Quand la réponse est* PLUS, *on multiplie ce qui suit* PLUS *par le plus grand des deux nombres donnés de même espèce, et on divise le résultat par le plus petit* (90).

Quand la réponse est MOINS, *on divise ce qui suit* MOINS *par le plus grand des deux nombres donnés de même espèce, et on multiplie le résultat par le plus petit* (90).

Exemple. Si 20 hommes, en 8 jours, travaillant 6 heures par jour, ont fait 360 mètres d'ouvrage ; combien 12 hommes, en 10 jours, travaillant 10 heures par jour, feront-ils de mètres du même ouvrage ?

Je dispose d'abord les nombres de même espèce de la manière suivante :

20^{hom} 8^j 6^{heur} 360^m
12 10 10 R ; puis je dis :

(a) Puisque le second terrain est 3 fois plus difficile à fouiller que le premier, on peut représenter la dureté du premier par 1, et celle du second par 3.

1° Si 20 hommes ont fait 360 mètres, combien 12 hommes en feront-ils? Réponse : MOINS DE 360.

Je divise 360 par 20, ce qui donne $\frac{360}{20}$ que je multiplie par 12, et j'ai $\frac{360 \times 12}{20}$;

2° Si on fait $\frac{360 \times 12}{20}$ mètres en 8 jours, combien en fera-t-on en 10 jours? Réponse : PLUS DE $\frac{360 \times 12}{20}$;

Je multiplie $\frac{360 \times 12}{20}$ par 10, ce qui donne $\frac{360 \times 12 \times 10}{20}$ que je divise par 8, et j'ai $\frac{360 \times 12 \times 10}{20 \times 8}$;

3° Si on fait $\frac{360 \times 12 \times 10}{20 \times 8}$ mètres en 6 heures, combien en fera-t-on en 10 heures? Réponse : on fera PLUS de mètres.

Je multiplie les mètres par 10, je divise le résultat par 6, et j'ai $\frac{360 \times 12 \times 10 \times 10}{20 \times 8 \times 6}$ ou, en effectuant les multiplications indiquées, $\frac{432000}{960}$ ou, en effectuant la division indiquée, 450 mètres.

RÈGLES D'INTÉRÊT.

304. L'*intérêt* est le bénéfice que rapporte une somme prêtée à un taux et pendant un temps convenus.

La somme prêtée se nomme *capital* ou *principal*.

Le *taux* de l'intérêt est le bénéfice que rapportent 100 francs prêtés pendant un an.

Ainsi, quand on dit qu'une somme est prêtée au taux de 4, 5, 6 pour 100, cela signifie que pour chaque cent francs de cette somme le débiteur payera, au bout d'un an, un intérêt de 4, 5, 6 francs (a).

Le *temps* indique le nombre d'années, de mois, de jours, pendant lequel le capital est resté entre les mains de l'emprunteur.

NOTA : Dans les questions d'intérêt, on suppose que chacun des douze mois de l'année contient 30 jours, et que, par conséquent, l'année en contient 360.

305. L'intérêt est *simple* ou *composé*.

L'intérêt simple est celui qui ne se joint jamais au capital pour porter ensuite intérêt.

L'intérêt composé est celui qui, n'étant pas payé à la fin de l'année, se joint au capital pour porter ensuite intérêt (b).

___

(a) « L'intérêt conventionnel ne pourra excéder, en matière civile, cinq pour cent, ni, en matière de commerce, six pour cent, le tout sans retenue. » Loi du 13 septembre 1807, art. 1.

(b) « Les intérêts échus des capitaux peuvent produire des intérêts, ou par une amende judiciaire, ou par une convention spéciale, pourvu que, soit dans la demande, soit dans la convention, il s'agisse d'intérêts dus au moins pour une année entière. » Cod. civ. art. 1154.

Dans une règle d'intérêt, on peut avoir à chercher ou le montant de l'intérêt ou le capital, ou le taux, ou le temps.

RÈGLE D'INTÉRÊT SIMPLE.

306. Dans une règle d'intérêt *simple* on peut trouver, *par le moyen des proportions*, ou le montant de l'intérêt, ou le capital, ou le taux, ou le temps.

§ Ier. *Trouver le montant de l'intérêt.*

307. 1er EXEMPLE. Quel est, au bout d'un an, l'intérêt de 580 francs prêtés à 5 pour 100 par an?

Cette question revient à cette règle de trois simple :
Si un capital de 100 fr. rapporte 5 fr. d'intérêt au bout d'un an, combien un capital de 580 fr. rapportera-t-il d'intérêt au bout du même temps? PLUS de 5 fr.; j'ai donc pour proportion (300)

$$580^{cap.} : 100^{cap.} :: R^{int.} : 5^{int.}, \text{ et pour réponse } \frac{5 \times 580}{100} \text{ ou 29 fr.}$$

REMARQUE. Dans cette opération, on a multiplié le capital par le taux, puis divisé le produit par 100: donc *pour trouver l'intérêt* ANNUEL *d'une somme prêtée à tant pour cent, il faut multiplier cette somme par le taux et diviser le produit par* 100.

NOTA. En multipliant l'intérêt d'un an par 2, 3, 4.... on trouvera l'intérêt de 2, 3, 4... ans. Ainsi, en multipliant 29 fr. par 3, j'ai 87 fr. pour l'intérêt de 580 fr. prêtés pendant 3 ans.

2e EXEMPLE. Quel est, au bout de 3 ans, l'intérêt de 580 fr. prêtés à 5 pour 100 par an?

Cette question revient à cette règle de trois composée :
Si l'intérêt est de 5 pour 100 fr. prêtés pendant un an, de combien sera-t-il pour 580 fr. prêtés pendant 3 ans?
Le résultat de la dernière des questions suivantes sera la réponse :

1° Si l'intérêt est de 5 pour 100, de combien sera-t-il pour 580? De PLUS de 5; j'ai donc pour proportion (300)

$$580^e : 100^e :: R : 5, \text{ et pour R. } \frac{5 \times 580}{100};$$

2° Si l'intérêt est de $\frac{5 \times 580}{100}$ pour 1 an, de combien sera-t-il pour 3 ans? De PLUS; j'ai donc pour proportion (300)

$$3^{ans} : 1^{an} :: R : \frac{5 \times 580}{100}, \text{ et pour R. } \frac{5 \times 580 \times 3}{100 \times 1} \text{ ou 87 fr.}$$

3e EXEMPLE. Quel est, au bout de 3 ans 2 mois 12 jours, l'intérêt de 50 francs prêtés à 5 pour 100?

Cette question revient à cette règle de trois composée :
Si l'intérêt est de 5 pour 100 fr. prêtés pendant un an, de combien sera-t-il pour 50 fr. prêtés pendant 3 ans, 2 mois, 12 jours?
Le résultat de la dernière des questions suivantes sera la réponse.

1° Si l'intérêt est de 5 pour 100, de combien sera-t-il pour 50 ?
De MOINS de 5 ; j'ai donc pour proportion (300)

$$100^{cap} : 50^c :: 5^{int} : R^{int}, \text{ et pour } R. \frac{5 \times 50}{100};$$

2° Si l'intérêt est de $\frac{5 \times 50}{100}$ pour 1 an, de combien sera-t-il pour 3 ans, 2 mois, 12 jours ? De PLUS ; j'ai donc pour proportion (300)

$$3^{ans} \, 2^{mois} \, 12^j : 1^{an} :: R : \frac{5 \times 50}{100}.$$

Je réduis en jours les mois et les années (257), et j'ai

$$1152^j : 360^j :: R : \frac{5 \times 50}{100}, \text{ et pour } R \frac{5 \times 50 \times 1152}{100 \times 360} \text{ ou } \frac{288000}{36000} \text{ ou } 8 \text{ fr.}$$

§ II. *Trouver le capital.*

308. 1ᵉʳ EXEMPLE. Quelle somme faut-il prêter, à raison de 5 pour 100 par an, pour avoir un intérêt annuel de 29 francs ?

Cette question revient à cette règle de trois simple :

S'il faut 100 fr. de capital pour avoir 5 fr. d'intérêt, combien faudra-t-il de capital pour avoir 29 fr. d'intérêt ? PLUS de 100 fr. ; j'ai donc pour proportion (300)

$$29^{int} : 5^{int} :: R^{cap} : 100^{cap}, \text{ et pour } R. \frac{100 \times 29}{5} = 580 \text{ fr.}$$

2ᵉ EXEMPLE. On a prêté un capital à 5 pour 100 par an, pendant 3 ans ; au bout de ce temps, on reçoit 87 francs d'intérêt : quel était le capital prêté ?

Cette question revient à cette règle de trois composée :
S'il faut 100 fr. de capital pour avoir 5 fr. d'intérêt au bout de 1 an, combien faudra-t-il de capital pour avoir 87 fr. d'intérêt au bout de 3 ans ?

Le résultat de la dernière des questions suivantes sera la réponse :

1° S'il faut 100 fr. de capital pour avoir 5 fr. d'intérêt, combien faudra-t-il de capital pour avoir 87 fr. d'intérêt ? PLUS de 100 fr. ; j'ai donc pour proportion (300)

$$87^{int} : 5^{int} :: R^c : 100^c, \text{ et pour } R. \frac{100 \times 87}{5};$$

2° S'il faut $\frac{100 \times 87}{5}$ de capital pour avoir cet intérêt (les 87 fr.) au bout de 1 an, combien faudra-t-il de capital pour l'avoir au bout de 3 ans ? MOINS ; j'ai donc pour proportion (300)

$$3^{ans} : 1^{an} :: \frac{100 \times 87}{5} : R, \text{ et pour } R. \frac{100 \times 87 \times 1}{5 \times 3} \text{ ou } 580 \text{ fr.}$$

3ᵉ EXEMPLE. On a prêté un capital à 5 pour 100 pendant 3 ans ; au bout de ce temps on reçoit tant en principal qu'en intérêts, la somme de 667 francs : quel était le capital prêté ?

5.

Pour résoudre cette question, je suppose un capital de 100 fr. prêté à 5 pendant 3 ans; ce capital, réuni à ses intérêts de 3 ans, vaut 115; puis je dis :

S'il y a 100 fr. de capital dans 115 fr., combien y aura-t-il de capital dans 667 fr. ? Plus de 100 fr.; j'ai donc pour proportion (300)

$$667 : 115 :: R : 100, \text{ et pour } R, \frac{100 \times 667}{115} \text{ ou } 580 \text{ fr.}$$

§ III. *Trouver le taux.*

309. 1ᵉʳ EXEMPLE. On a prêté 580 francs pendant 3 ans, au bout de ce temps, on reçoit 87 francs d'intérêt : à quel taux cet argent était-il prêté ?

Cette question revient à cette règle de trois composée :

Si l'intérêt est de 87 pour 580 fr. prêtés pendant 3 ans, de combien sera-t-il pour 100 fr. prêtés pendant 1 an ?

Le résultat de la dernière des questions suivantes sera la réponse :

1° Si l'intérêt est de 87 pour 3 ans, de combien sera-t-il pour 1 an ? De moins de 87 ; j'ai donc pour proportion (300)

$$3 : 1 :: 87 : R, \text{ et pour } R, \frac{87 \times 1}{3};$$

2° Si l'intérêt d'un an est de $\frac{87 \times 1}{3}$ pour 580 fr., de combien sera-t-il pour 100 fr. ? De moins ; j'ai donc pour proportion (300)

$$580 : 100 :: \frac{87 \times 1}{3} : R, \text{ et pour } R, \frac{87 \times 1 \times 100}{3 \times 580}, \text{ ou } 5 \text{ fr.}$$

2ᵉ EXEMPLE. On a prêté 580 francs pendant 3 ans, au bout de ce temps on reçoit, tant en principal qu'en intérêts, la somme de 667 francs : à quel taux cet argent était-il prêté ?

J'ôte d'abord le capital 580 de 667, et il reste 87 pour l'intérêt de 3 ans; puis j'opère comme dans l'exemple précédent, et je trouve que l'argent était prêté au taux de 5 pour 100.

§ IV. *Trouver le temps.*

310. EXEMPLE. On a prêté 580 francs à raison de 5 pour 100 par an; on demande en combien de temps ces 580 francs donneront 667 francs, tant en principal qu'en intérêt.

J'ôte d'abord le capital 580 de 667, et il reste 87 pour l'intérêt du capital; puis je dis :

S'il faut 1 an pour avoir 5 fr. avec 100, combien faudra-t-il d'années pour avoir 87 fr. avec 580 ?

Le résultat de la dernière des questions suivantes sera la réponse.

1° S'il faut 1 an pour avoir 5 fr., combien faudra-t-il d'années pour en avoir 87 ? Plus de 1 ; j'ai donc pour proportion (300)

$$87^{\text{fr}} : 5^{\text{fr}} :: R^{\text{an}} : 1^{\text{an}}, \text{ et pour } R, \frac{1 \times 87}{5};$$

2° S'il faut $\frac{1 \times 87}{5}$ années pour avoir cet intérêt (les 87 fr.) avec 100 fr., combien faudra-t-il d'années pour l'avoir avec 580 fr.? Moins d'années; j'ai donc pour proportion (300)

$$580^c : 100^c :: \frac{1 \times 87^{\text{ans}}}{3} : R^{\text{ans}}, \text{ et pour R } \frac{1 \times 87 \times 100}{5 \times 580} \text{ ou } \frac{8700}{2900} \text{ ou 3 ans.}$$

RÈGLE D'INTÉRÊT COMPOSÉ.

311. Dans une règle d'intérêt composé, on peut trouver, par le moyen des proportions, ou le montant de l'intérêt, ou le capital, ou le temps.

§ I. Trouver le montant de l'intérêt.

312. 1ᵉʳ EXEMPLE. Combien vaudra, au bout de 3 ans, un capital de 8000 fr. prêté à 5 pour 100, et à intérêts composés?

Il faut d'abord chercher l'intérêt de la première année; pour le trouver, je dis :

Si l'intérêt est de 5 pour 100, de combien sera-t-il pour 8000 fr.? De PLUS de 5; j'ai donc pour proportion

$$8000^c : 100^c :: R : 5, \text{ et pour R. } \frac{5 \times 8000}{100} \text{ ou 400 fr.}$$

J'ajoute ces 400 fr. d'intérêt au capital qui les a produits, et j'ai 8400 fr. qui doivent, la seconde année, porter un intérêt que je trouve en disant :

Si l'intérêt est de 5 pour 100, de combien sera-t-il pour 8400 fr.? De PLUS de 5; j'ai donc pour proportion

$$8400^c : 100^c :: R : 5, \text{ et pour R. } \frac{5 \times 8400}{100} \text{ ou 420 fr.}$$

J'ajoute ces 420 fr. d'intérêt au capital qui les a produits, c'est-à-dire à 8400, et j'ai 8820 qui doivent, la troisième année, produire un intérêt que je trouve en disant :

Si l'intérêt est de 5 pour 100, de combien sera-t-il pour 8820 fr.? De PLUS de 5; j'ai donc pour proportion

$$8820^c : 100^c :: R : 5, \text{ et pour R. } \frac{5 \times 8820}{100} \text{ ou 441 fr.}$$

J'ajoute le dernier intérêt obtenu au capital qui l'a produit, c'est-à-dire à 8820, et j'ai 9261 fr.

Les 8000 fr. vaudront donc 9261 fr. dans 3 ans. Les intérêts vaudront 9261 fr. — 8000 = 1261 fr.

On peut obtenir le même résultat en opérant comme il suit : on multiplie le capital par le taux; on écrit sous le capital le produit dont on transporte chaque chiffre de deux rangs vers la droite; on additionne le capital avec le produit, et l'on a pour somme le capital de l'année suivante. On dispose ainsi l'opération :

Au commencement de la 1ʳᵉ année, capital	8000
Intérêts à 5 pour 100..............	400,00
2ᵉ année, capital.................	8400
Intér. à 5 pour 100...............	420,00
3ᵉ année, capital.................	8820
Intér. à 5 pour 100...............	441,00
Capital et intér. des intér.........	9261 fr. au bout de 3 ans.

— 108 —

2ᵉ EXEMPLE. Combien vaudra, au bout de 3 ans 7 mois 6 jours un capital de 8000 fr. prêté à 5 pour 100 et à intérêts composés ?

En opérant comme dans l'exemple précédent, je trouve d'abord que ces 8000 fr. valent 9261 fr. au bout de 3 ans ; il ne reste donc plus qu'à chercher combien ces 9261 fr. vaudront au bout de 7 mois 6 jours ; pour le trouver, j'ai à résoudre les deux questions suivantes. Le résultat de la dernière sera la réponse.

1° Si on a 5 au bout de 1 an ou 360 jours, combien aura-t-on au bout de 7 mois 6 jours ou 216 jours ? MOINS ; j'ai donc pour proportion :

$$360 : 216 :: 5 : R, \text{ et pour } R. \frac{5 \times 216}{360};$$

2° Si on a $\frac{5 \times 216}{360}$ pour 100, combien aura-t-on pour 9261 ? PLUS ; j'ai donc pour proportion

$$9261 : 100 :: R : \frac{5 \times 216}{360}, \text{ et pour } R. \frac{5 \times 216 \times 9261}{360 \times 100}, \text{ ou } 277 \text{ fr. } 83.$$

J'ajoute ce dernier intérêt au capital qui l'a produit, c'est-à-dire à 9261, et j'ai 9538 fr. 83 c. pour la valeur demandée.

§ II. *Trouver le capital.*

313. 1ᵉʳ EXEMPLE. Quel capital devrait-on placer à 5 pour 100, et à intérêts composés, pour avoir, au bout de 3 ans, la somme de 9261 francs ?

Il faut d'abord chercher le capital qu'on devrait placer au commencement de la troisième année pour avoir, à la fin de cette même année, une somme de 9261 fr. ; pour le trouver, je dis : s'il faut 100 de capital pour avoir la somme de 105 fr. au bout d'un an, combien faudra-t-il de capital pour avoir la somme de 9261 fr. au bout du même temps ? PLUS de 100 fr. ; j'ai donc pour proportion (300)

$$9261 : 105 :: R : 100, \text{ et pour } R. \frac{100 \times 9261}{105}, \text{ ou } 8820 \text{ fr.}$$

Il faut ensuite chercher le capital qu'on devrait placer au commencement de la deuxième année pour avoir, à la fin de cette même année, la somme de 8820 fr. ; pour le trouver, je dis :
S'il faut 100 de capital pour avoir la somme de 105 fr. au bout d'un an, combien faudra-t-il de capital pour avoir la somme de 8820 au bout du même temps ? PLUS de 100 fr. ; j'ai donc pour proportion

$$8820 : 105 :: R : 100, \text{ et pour } R. \frac{100 \times 8820}{105}, \text{ ou } 8400 \text{ fr.}$$

Il faut enfin chercher le capital qu'on devra placer au commencement de la première année pour avoir, à la fin de cette même année, la somme de 8400 fr. ; pour le trouver, je dis :
S'il faut 100 fr. de capital pour avoir la somme de 105 fr. au bout d'un an, combien faudra-t-il de capital pour avoir la somme de 8400 fr. au bout du même temps ? PLUS de 100 fr. ; j'ai donc pour proportion (300)

$$8400 : 105 :: R : 100, \text{ et pour } R. \frac{100 \times 8400}{105}, \text{ ou } 8000 \text{ fr.}$$

Le capital demandé est donc 8000 fr.

2ᵉ EXEMPLE. Quel capital devrait-on placer à 5 pour 100, et à intérêts composés, pour avoir, au bout de 3 ans 7 mois 6 jours, une somme de 9538ᶠ, 83?

Il faut d'abord chercher le capital qu'on devrait placer au commencement des 7 mois 6 jours pour avoir, au bout de ce temps, la somme de 9538 fr. 83 c.; pour le trouver, je dis :

S'il faut 100 fr. de capital pour avoir la somme de 103 fr. au bout de 7 mois 6 jours, combien faudra-t-il de capital pour avoir la somme de 9538 fr. 83 c. au bout du même temps? PLUS DE 100 fr.; j'ai donc pour proportion (300)

$$9538^{\text{f}}.83^{\text{c}} : 103 :: R : 10, \text{ laquelle se réduit à celle-ci } (296)$$

$$953883 : 10300 :: R : 100, \text{ et pour } R. \frac{100 \times 953883}{10300}, \text{ ou } 9261 \text{ fr.}$$

Il ne reste plus à chercher que le capital qu'on devrait placer pendant 3 ans à 5 pour 100 et à intérêts composés, pour avoir, au bout de ce temps, la somme de 9261 fr.; pour le trouver, on opère comme dans l'exemple précédent, et on a 8000 fr. pour le capital demandé.

§ III. *Trouver le temps.*

314. 1ᵉʳ EXEMPLE. Combien faudrait-il de temps à un capital de 8000 francs prêté à 5 pour 100, et à intérêts composés, pour atteindre la valeur de 9261 francs?

Il faut chercher ce que vaudra le capital, d'abord après la première année, puis après la seconde, puis après la troisième, et ainsi de suite d'année en année, jusqu'à ce qu'il ait atteint la valeur désignée.

Pour trouver combien le capital vaudra après la première année, je dis :

Si 100 fr. valent 105 fr. au bout d'un an, combien 8000 vaudront-ils au bout du même temps? PLUS DE 105; j'ai donc pour proportion (300)

$$8000^{\text{c}} : 100^{\text{c}} :: R : 105, \text{ et pour } R. \frac{105 \times 8000}{100}, \text{ ou } 8400 \text{ fr.}$$

Pour trouver combien le capital vaudra après la seconde année, je dis :

Si 100 valent 105 au bout d'un an, combien 8400 vaudront-ils au bout du même temps? PLUS DE 105; j'ai donc pour proportion (300)

$$8400 : 100 :: R : 105, \text{ et pour } R. \frac{105 \times 8400}{100}, \text{ ou } 8820 \text{ fr.}$$

Pour trouver combien le capital vaudra après la troisième année, je dis :

Si 100 valent 105 au bout d'un an, combien 8820 vaudront-ils au bout du même temps? PLUS DE 105; j'ai donc pour proportion (300)

$$8820 : 100 :: R : 105, \text{ et pour } R. \frac{105 \times 8820}{100}, \text{ ou } 9261 \text{ fr.}$$

Je trouve au bout de trois ans la valeur que devait atteindre mon capital ; donc le temps demandé serait 3 ans.

2° EXEMPLE. Combien faudrait-il de temps à un capital de 8000 francs, prêté à 5 pour 100 et à intérêts composés, pour atteindre la valeur de 9538', 83 ?

En opérant comme dans l'exemple précédent, on trouve d'abord que ces 8000 fr. valent 9261 fr. au bout de 3 ans, et 9724 fr. 05 c. au bout de 4 ans. La valeur à atteindre, c'est-à-dire 9538 fr. 83 c., étant comprise entre 9261 et 9724 fr. 05 c., le temps demandé est compris entre 3 et 4 ans. Pour préciser ce temps, je retranche d'abord le capital 9261 de 9538 fr. 83 c., et il reste 277 fr. 83 c. pour intérêt de ce capital, puis je dis :

S'il faut 360 jours pour avoir 5 fr. avec 100, combien faudra-t-il de jours pour avoir 277 fr. 83 c. avec 9261 fr.?

Le résultat de la dernière des questions suivantes sera la réponse :

1° S'il faut 360 jours pour avoir 5 fr., combien faudra-t-il de jours pour avoir 277 fr. 83 c.? PLUS de 360 jours ; j'ai donc pour proportion (300)

$277^{fr} \; 83^c : 5 :: R : 360$, laquelle se réduit à celle-ci (296) :

$27783 : 500 :: R : 360$, et pour R. $\dfrac{360 \times 27783}{500}$,

2° S'il faut $\dfrac{360 \times 27783}{500}$ jours pour avoir l'intérêt demandé avec 100, combien faudra-t-il de jours pour l'avoir avec 9261 ? MOINS de jours ; j'ai donc pour proportion

$9261 : 100 :: \dfrac{360 \times 27783}{500} : R$, et pour R. $\dfrac{360 \times 27783 \times 100}{500 \times 9261} = 216^j$,

ou 7 mois 6 jours en sus des 3 ans ; donc il faudrait à 8000 fr. prêtés à 5 pour 100 et à intérêts composés, 3 ans 7 mois 6 jours pour atteindre la valeur de 9538 fr. 83 c.

RÈGLE D'ESCOMPTE.

315. L'ESCOMPTE *est la retenue faite sur le montant d'un billet qu'on paie avant l'échéance.*

316. La retenue se fait en proportion du temps qui doit s'écouler jusqu'à l'échéance, et à raison de tant pour 100 par an.

317. Avant d'escompter un billet, on cherche quelle en sera la valeur au moment de l'échéance ; cette valeur trouvée, on la considère comme un capital réuni à ses intérêts au taux de l'escompte ; puis on escompte le billet.

318. Il y a deux manières d'escompter un billet. La première s'appelle *escompte en dedans*, la seconde *escompte en dehors*.

L'escompte EN DEDANS est *l'intérêt simple compris dans la valeur du billet au moment de l'échéance.* Cet escompte est la même chose que l'intérêt simple du capital.

Ainsi, en prenant l'escompte *en dedans* et au taux de 5 pour 100 par an, un billet de 105 fr., payable dans un an, subira une retenue de 5 fr. pour être payé comptant.

L'escompte EN DEHORS est l'intérêt simple de toute la valeur du billet au moment de l'échéance. Cet escompte est composé de l'intérêt du capital, et de l'intérêt de l'intérêt de ce capital.

Ainsi, en prenant l'escompte en dehors et au taux de 5 pour 100 par an, un billet de 105 fr. payable dans un an, subira une retenue de 5 fr. 25 c. pour être payé comptant.

319. Dans une règle d'escompte on peut trouver, *par le moyen des proportions*, ou le montant de l'escompte, ou le montant de la dette, ou le taux, ou le temps.

ESCOMPTE EN DEDANS.

§ I. *Trouver le montant de l'escompte.*

320. 1ᵉʳ EXEMPLE. Une personne, ayant besoin d'argent comptant, se présente chez un banquier pour lui faire escompter un billet de 742 francs payable dans un an. Le banquier le lui escompte à 6 pour 100 par an : combien lui retient-il ?

La valeur de ce billet au moment de l'échéance sera de 742 fr.; je considère ces 742 fr. comme un capital réuni à son intérêt d'un an, à raison de 6 pour 100; puis, pour trouver l'escompte *en dedans*, c'est-à-dire l'intérêt compris dans 742 fr., je dis :

Si l'escompte est de 6 fr. en un an, sur 106, de combien sera-t-il, en un an, sur 742 ? De PLUS de 6 ; j'ai donc pour proportion

$$742 : 106 :: R : 6, \text{ et pour } R. \frac{6 \times 742}{106} \text{ ou } \frac{4452}{106}, \text{ ou } 42 \text{ fr.}$$

L'escompte est de 42 fr. Le banquier retient ces 42 fr. sur la valeur du billet au moment de l'échéance, et il lui reste 700 fr. à payer comptant.

2ᵉ EXEMPLE. Une personne se présente chez un banquier pour lui faire escompter un billet de 742 francs payable dans 7 mois 12 jours, ou 222 jours. Le banquier le lui escompte à 6 pour 100 par an : Combien lui retient-il ?

Cette question revient à cette règle de trois composée : si l'escompte est de 6 sur 106 fr. payables en 360 jours, de combien sera-t-il sur 742 fr. payables en 222 jours ?

Le résultat de la dernière des questions suivantes sera la réponse :
1° Si l'escompte est de 6 fr. sur 106, de combien sera-t-il sur 742 ? De PLUS de 6 ; j'ai donc pour proportion

$$742 : 106 :: R : 6, \text{ et pour } R. \frac{6 \times 742}{106};$$

2° Si l'escompte demandé est de $\frac{6 \times 742}{106}$ pour 360 jours, de combien sera-t-il pour 222 jours ? De MOINS ; j'ai donc pour proportion

$$360 : 222 :: \frac{6 \times 742}{106} : R, \text{ et pour } R \frac{6 \times 742 \times 222}{106 \times 360} \text{ ou } \frac{988344}{38160} \text{ ou } 25^{fr}\cdot 90^c.$$

L'escompte ou retenue est de 25 fr. 90 c. Le banquier retranche ces 25 fr. 90 c. de 742, et il lui reste 716 fr. 10 c. à payer sur-le-champ.

§ II. *Trouver le montant de la dette.*

321. EXEMPLE. En escomptant à 6 pour 100 par an, on a retenu 25^f. 90^c sur un billet payable dans 7 mois 12 jours, ou 222 jours : Quelle était la valeur du billet au moment de l'échéance ?

Cette question revient à cette règle de trois composée : s'il fau^t 106 fr. pour avoir 6 fr. d'escompte en 360 jours, combien faudra-t-il pour avoir 25 fr. 90 c. d'escompte en 222 jours ?

Le résultat de la dernière des questions sera la réponse :

1° S'il faut 106 fr. pour avoir 6 fr., combien faudra-t-il pour avoir 25 fr. 90 c. ? PLUS de 106 ; j'ai donc pour proportion

$$25,90 : 6 :: R : 106, \text{ et pour } R \frac{106 \times 25,90}{6};$$

2° S'il faut $\frac{106 \times 25,90}{6}$ pour avoir cet escompte (*les* 25 fr. 90 c.) en 360 jours, combien faudra-t-il pour l'avoir en 222 jours ? PLUS ; j'ai donc pour proportion

$$360 : 222 :: R : \frac{106 \times 25,90}{6},$$

et pour rép. $\frac{106 \times 25,90 \times 360}{6 \times 222}$ ou $\frac{988344}{1332}$ ou 742^{fr}.

La valeur du billet au moment de l'échéance était donc de 742 fr.

§ III. *Trouver le taux de l'escompte.*

322. EXEMPLE. En escomptant un billet de 742 francs, payable en 7 mois 12 jours, ou 222 jours, on a retenu 25^{f}90^c. A quel taux était l'escompte ?

Pour résoudre cette question, je dis d'abord : si l'escompte est de 25 fr. 90 c. pour 222 jours, de combien sera-t-il pour 360 jours ? De PLUS de 25 fr. 90 c. ; j'ai donc pour proportion

$$360 : 222 :: R : 25,90, \text{ et pour } R \frac{25,90 \times 360}{222} \text{ ou } \frac{9324}{222} \text{ ou } 42^{fr}.$$

Je retranche ces 42 fr. de 742, puis je dis : si l'escompte est de 42 fr. pour 700 fr. par an, de combien sera-t-il pour 100 par an ? De moins de 42 fr. ; j'ai donc pour proportion

$$700 : 100 :: 42 : R, \text{ et pour } R \frac{42 \times 100}{700}, \text{ ou } 6^{fr}.$$

Le taux de l'escompte était donc de 6 fr.

§ IV. *Trouver le temps.*

323. EXEMPLE. En escomptant à 6 pour 100 par an, on a

retenu 25ᶠ 90ᶜ sur un billet de 742 francs : A quelle époque ce billet était-il payable ?

Cette question revient à cette règle de trois composée : s'il faut 360 jours pour avoir 6 fr. sur 106, combien faudra-t-il de jours pour avoir 25 fr. 90 c. sur 742 fr. ?

Le résultat de la dernière des questions suivantes sera la réponse :

1° S'il faut 360 jours pour avoir 6 fr. d'escompte, combien faudra-t-il de jours pour avoir 25 fr. 90 c. d'escompte ? Plus de 360 jours ; j'ai donc pour proportion

$$25,90 : 6 :: R : 360, \text{ et pour } R. \frac{360 \times 25,90}{6};$$

2° S'il faut $\frac{360 \times 25,90}{6}$ jours pour avoir cet escompte (*les* 25 fr. 90 c.) avec 106 fr., combien faudra-t-il de jours pour l'avoir avec 742 fr. ? Moins de jours ; j'ai donc pour proportion

$$742 : 106 :: \frac{360 \times 25,90}{6} : R, \text{ et pour } R. \frac{360 \times 25,90 \times 106}{6 \times 742}, \text{ ou } 222^j.$$

qui font 7 mois 12 jours.

Le billet était donc payable dans 7 mois 12 jours.

ESCOMPTE EN DEHORS.

§ Iᵉʳ. *Trouver le montant de l'escompte.*

324. Exemple. Une personne se présente chez un banquier pour lui faire escompter un billet de 742 francs, payable dans 7 mois 12 jours, ou 222 jours. Le banquier le lui escompte à 6 pour 100 par an : Combien lui retient-il ?

Cette question revient à cette règle de trois composée : si l'escompte est de 6 pour 100 fr. payables en 360 jours, de combien sera-t-il pour 742 fr. payables en 222 jours ?

Le résultat de la dernière des questions suivantes sera la réponse :

1° Si l'escompte est de 6 pour 100, de combien sera-t-il pour 742 ? De plus de 6 ; j'ai donc pour proportion

$$742 : 100 :: R : 6, \text{ et pour } R. \frac{6 \times 742}{100};$$

2° Si l'escompte est de $\frac{6 \times 742}{100}$ en 360 jours, de combien sera-t-il en 222 jours ? De moins ; j'ai donc pour proportion

$$360 : 222 :: \frac{6 \times 742}{100} : R, \text{ et pour } R. \frac{6 \times 742 \times 222}{100 \times 360}, \text{ ou } 27^f 454.$$

L'escompte est de 27 fr. 454. Le banquier retient cette somme sur la valeur du billet au moment de l'échéance, et il lui reste 714 fr. 546 à payer sur-le-champ.

§ II. *Trouver le montant du billet.*

325. Exemple. En escomptant à 6 pour 100 par an, on a

retenu 27^f 454 sur un billet, payable dans 7 mois 12 jours, ou 222 jours : Quelle était la valeur de ce billet au moment de l'échéance ?

Cette question revient à cette règle de trois composée : S'il faut 100 fr. pour avoir 6 fr. d'escompte en 360 jours, combien faudra-t-il pour avoir 27 fr. 454 d'escompte en 222 jours ?

Le résultat de la dernière des questions suivantes sera la réponse :

1° S'il faut 100 fr. pour avoir 6 fr., combien faudra-t-il pour avoir 27 fr. 454 ? Plus de 100 fr. ; j'ai donc pour proportion

27^{fr} 454 : 6 :: R : 100, laquelle revient à celle-ci (296) :

$$27454 : 6000 :: R : 100, \text{ et pour R}, \frac{100 \times 27454}{6000};$$

2° S'il faut $\frac{100 \times 27454}{6000}$ pour avoir cet escompte (*les* 27 fr. 454) en 360 jours, combien faudra-t-il pour l'avoir en 222 jours ? Plus ; j'ai donc pour proportion

$$360 : 222 :: R : \frac{100 \times 27454}{6000}, \text{ et pour R}. \frac{100 \times 27454 \times 360}{6000 \times 222}, \text{ ou } 742^f$$

La valeur du billet au moment de l'échéance était donc de 742 fr.

§ III. *Trouver le taux de l'escompte.*

326. Exemple. En escomptant un billet de 742 francs, payable en 7 mois 12 jours, ou 222 jours, on a retenu 27^f 454. A quel taux était l'escompte ?

Cette question revient à cette règle de trois composée : si l'escompte est de 27 fr. 454 pour 742 fr. en 222 jours, de combien sera l'escompte pour 100 fr. en 360 jours ?

Le résultat de la dernière des questions suivantes sera la réponse :

1° Si l'escompte est de 27 fr. 454 pour 222 jours, de combien sera-t-il pour 360 jours ? De plus ; j'ai donc pour proportion

360 : 222 :: R : 27^{f}454, laquelle revient à celle-ci (296) :

$$360 : 222000 :: R : 27454, \text{ et pour R}. \frac{27454 \times 360}{222000};$$

2° Si l'escompte d'un an est de $\frac{27454 \times 360}{222000}$ pour 742 fr., de combien sera-t-il pour 100 fr. ? De moins ; j'ai donc pour proportion

$$742 : 100 :: \frac{27434 \times 360}{222000} : R,$$

et pour rép. $\frac{27454 \times 360 \times 100}{222000 \times 742}$ ou $\frac{9783440}{1647240}$ ou 6^{fr}.

Le taux de l'escompte était donc de 6 pour 100 par an.

§ IV. *Trouver le temps.*

327. Exemple. En escomptant à 6 pour 100 par an, on a retenu 27^f 454, sur un billet de 742 francs. A quelle époque ce billet était-il payable ?

Cette question revient à cette règle de trois composée : s'il faut 360 jours pour avoir 6 fr. avec 100, combien faudra-t-il de jours pour avoir 27 fr. 454 avec 742 fr. ?

Le résultat de la dernière des questions suivantes sera la réponse.

1° S'il faut 360 jours pour avoir 6 fr. d'escompte, combien faudra-t-il de jours pour avoir 27 fr. 454 d'escompte? Plus de 360 jours; j'ai donc pour proportion
27,454 : 6 :: R : 360, laquelle revient à celle-ci (296) :

$$27454 : 6000 :: R : 360, \text{ et pour R } \frac{360 \times 27474}{6000};$$

2° S'il faut $\frac{360 \times 27454}{6000}$ jours pour avoir cet escompte (les 27 fr. 454) avec 100 fr.; combien faudra-t-il de jours pour l'avoir avec 742 fr.? Moins ; j'ai donc pour proportion

$$742 : 100 :: \frac{360 \times 27454}{6000} : R, \text{ et pour R } \frac{360 \times 27454 \times 100}{6000 \times 742} \text{ ou } 222^j,$$

qui font 7 mois 12 jours.

Le billet était donc payable en 7 mois 12 jours.

RÈGLE DE PARTAGE.

328. *La règle de* PARTAGE *est une opération par laquelle on trouve ce qui revient à chaque partageant, ou la somme partagée, ou dans quelle proportion elle a été partagée.* De là les trois paragraphes suivants.

§ 1er. *Trouver ce qui revient à chaque partageant.*

329. 1er EXEMPLE. Deux marchands se sont associés pour un commerce : le premier a mis 500 francs, et le second 400 francs; ils se séparent et veulent partager le bénéfice commun qui se monte à 3600 francs : combien revient-il à chacun proportionnellement à sa mise?

Pour résoudre ce problème, je fais d'abord la somme des mises :

    mise du 1er associé... 500f
    mise du 2e associé... 400f
    mise totale............ 900f ; ensuite,

Pour trouver ce qui revient au premier associé, je dis : Si une mise de 900 fr. a rapporté 3600 fr. de bénéfice, combien une mise de 500 fr. a-t-elle rapporté de bénéfice? Moins de 3600 fr. J'ai donc pour proportion (300).

$$900 : 500 :: 3600 : R, \text{ et pour R } \frac{3600 \times 500}{900} \text{ ou } 2000^f.$$

Pour trouver ce qui revient au second associé, je dis : Si une mise de 900 fr. a rapporté 3600 fr.; combien une mise de 400 fr. a-t-elle rapporté? Moins de 3600 fr. : j'ai donc pour proportion (300),

$$900 : 400 :: 3600 : R, \text{ et pour R } \frac{3600 \times 400}{900} \text{ ou } 1600^f.$$

PREUVE.

330. Pour faire la preuve d'une règle de partage, on fait la somme des résultats trouvés ; cette somme doit être égale à la somme partagée, si l'on a bien opéré.

Ainsi, pour vérifier l'opération ci-dessus,

j'additionne les deux résultats trouvés $\begin{cases} 2000 \\ 1600 \end{cases}$

et leur somme 3600^f étant égale à la somme partagée, j'en conclus que j'ai bien opéré.

2e EXEMPLE. Deux associés ont fait une mise égale, mais le premier a laissé ses fonds dans la société pendant 5 mois, et le second pendant 4 mois ; le gain total est 3600 francs : combien revient-il à chacun, proportionnellement au temps que son argent est resté dans la société ?

Je fais d'abord la somme des temps :

temps de la 1re mise.. 5 mois
temps de la 2e mise.. 4 mois
temps total............ 9 mois ; ensuite,

Pour trouver la part du premier associé, je dis : Si l'on a 3600 fr. pour 9 mois, combien a-t-on pour 5 mois ? MOINS de 3600 fr. : j'ai donc pour proportion

$$9 : 5 :: 3600 : R, \text{ et pour } \frac{3600 \times 5}{9} \text{ ou } 2000^f.$$

Pour trouver la part du second associé, je dis : Si l'on a 3600 fr. pour 9 mois, combien a-t-on pour 4 mois ? MOINS de 3600 fr. : j'ai donc pour proportion (300) :

$$9 : 4 :: 3600 : R, \text{ et pour } R \frac{3600 \times 4}{9} \text{ ou } 1600^f.$$

3e EXEMPLE. Deux marchands se sont associés pour un commerce : le premier a mis 125 francs pendant 4 mois, et le second 200 francs pendant 2 mois ; le gain total est 3600 francs : combien revient-il à chaque associé, proportionnellement à sa mise, et au temps que son argent est resté dans la société ?

SOLUTION.

125^f, plac. pend. 4 mois, rapp. autant que 4 fois 125^f ou 500^f en 1 mois ;
200^f, plac. pend. 2 mois, rapp. autant que 2 fois 200^f ou 400^f en 1 mois.

En multipliant chaque mise par le temps qu'elle est restée dans la société (a), j'ai rendu le temps des mises le même pour toutes, et j'ai ainsi ramené la question proposée à cette règle de partage :

(a) Si une des mises doit être multipliée par des *jours*,.... toutes les autres doivent être multipliées par des *jours*,.... autrement on ne rendrait pas le temps des mises égal pour toutes.

Les mises de deux associés sont 500 fr. et 400 fr.; le gain total est 3600 fr. : Quel est le gain de chaque associé ?
La solution de cette question se trouve au n° 329.

4° EXEMPLE. Deux marchands se sont associés pour un commerce : le premier a mis 45 francs pendant 3 ans, puis 150 francs pendant 2 ans, et enfin 65 pendant 1 an ; le second a mis 50 francs pendant 3 ans, puis 70 francs pendant 2 ans, et enfin 110 francs pendant 1 an, le gain total est 3600 francs : quel est le gain de chaque associé?

SOLUTION.

Le 1ᵉʳ a mis 45×3 ans $= 135$
    plus 150×2 ans $= 300$ } Le 1ᵉʳ a donc mis en tout.... 500ᶠ
    plus 65×1 an $= 65$

Le 2ᵉ a mis 50×3 ans $= 150$
    plus 70×2 ans $= 140$ } Le 2ᵉ a donc mis en tout.... 400ᶠ
    plus 110×1 an $= 110$

La question proposée se réduit donc à cette règle de partage : Les mises de deux associés sont 500 fr. et 400 fr.; le gain total est 3600 fr. Quel est le gain de chaque associé ?
La réponse à cette question se trouve au n° 329.

5ᵉ EXEMPLE. Partager 3600 francs en deux parties qui soient entre elles comme les nombres 5 et 4 (a).

Je fais d'abord la somme des nombres 5, 4 et j'ai 9; puis,
Je cherche la première partie en disant : Si on a 3600 fr. pour 9, combien a-t-on pour 5? MOINS de 3600; j'ai donc pour proportion (300)

$$9 : 5 :: 3600 : R, \text{ et pour } R. \frac{3600 \times 5}{9} \text{ ou } 2000^{\text{f}}.$$

Je cherche la seconde partie en disant : si on a 3600 fr. pour 9, combien a-t-on pour 4? MOINS de 3600; j'ai donc pour proportion (300)

$$9 : 4 :: 3600 : R, \text{ et pour } R. \frac{3600 \times 4}{9} \text{ ou } 1600^{\text{f}}.$$

6ᵉ EXEMPLE. Partager 3600 francs entre deux personnes, proportionnellement aux nombres $\frac{5}{12}$ et $\frac{4}{12}$.

Je fais d'abord la somme des fractions $\frac{5}{12}$, $\frac{4}{12}$ (118), et j'ai 9 douzièmes qu'on écrit $\frac{9}{12}$; puis,
je cherche la part de la première personne en disant : si on a 3600 fr. pour $\frac{9}{12}$, combien a-t-on pour $\frac{5}{12}$? MOINS de 3600 fr.; j'ai donc pour proportion (300)

(a) Pour résoudre ce problème, je considère 3600 comme un *gain*, et les nombres 5 et 4 comme des *mises*.

$$\frac{9}{12} : \frac{5}{12} :: 3600 : R, \text{ laquelle revient à celle-ci (296)};$$

$$9 : 5 :: 3600 : R, \text{ et pour } R \; \frac{3600 \times 5}{9}, \text{ ou } 2000^f.$$

Je cherche la part de la seconde personne en disant : si on a 3600 fr. pour $\frac{9}{12}$, combien a-t-on pour $\frac{4}{12}$? Moins de 3600 fr. ; j'ai donc pour proportion (300)

$$9 : 4 :: 3600 : R, \text{ et pour } R \; \frac{3600 \times 4}{9}, \text{ ou } 1600^f.$$

7ᵉ EXEMPLE. Partager 3600 francs entre trois personnes, de manière que la seconde ait 2 fois plus que la première, et la troisième 3 fois plus que la seconde.

Je suppose que la première personne ait........ 1ᶠ
la seconde personne aura 1 × 2, ou............ 2
et la troisième personne aura 2 × 3, ou......... 6
je fais la somme des nombres 1, 2, 6, et j'ai...... 9ᶠ

Pour trouver la part de la première personne, je dis : Si l'on a 1 fr. sur 9, combien aura-t-on sur 3600 fr.? Plus de 1ᶠ ; j'ai donc pour proportion (300) :

$$3600 : 9 :: R : 1, \text{ et pour } R \; \frac{1 \times 3600}{9} \text{ ou } 400^f.$$

Pour trouver la part de la seconde personne, je dis : Si l'on a 2 fr. sur 9, combien aura-t-on sur 3600 fr.? Plus de 2 fr. ; j'ai donc pour proportion (300) :

$$3600 : 9 :: R : 2, \text{ et pour } R \; \frac{2 \times 3600}{9} \text{ ou } 800^f.$$

Pour trouver la part de la troisième personne, je dis : Si l'on a 6 fr. sur 9, combien aura-t-on sur 3600 fr.? Plus de 6 fr. ; j'ai donc pour proportion (300) :

$$3600 : 9 :: R : 6, \text{ et pour } R \; \frac{6 \times 3600}{9} \text{ ou } 2400^f.$$

§ II. *Trouver la somme partagée.*

331. EXEMPLE. Les mises de deux associés sont 500 francs et 400 francs ; le premier associé reçoit pour sa part 2000 francs de bénéfice : quel est le bénéfice total ?

Pour résoudre cette question, je dis : Si 500 fr. ont rapporté 2000 fr., combien 900 fr., ou la somme des mises, ont-ils rapporté? Plus de 200 fr. ; j'ai donc pour proportion :

$$900 : 500 :: R : 2000, \text{ et pour } R \; \frac{2000 \times 900}{500} \text{ ou } 3600^f.$$

§ III. *Trouver dans quelle proportion une somme a été partagée.*

332. EXEMPLE. Deux associés ont fait un bénéfice de

3600 francs; le premier reçoit pour sa part 2000 francs de bénéfice; la somme des mises est 900 francs : Quelle est la mise de chacun?

Le bénéfice du second associé est $3600^f - 2000^f = 1600^f$. Cela posé,

Pour trouver la mise du premier associé, je dis : Si 3600 fr. ont été rapportés par 900 fr., par combien 2000 fr. ont-ils été rapportés? Par MOINS de 900 fr. : j'ai donc pour proportion (300)

$$3600 : 2000 :: 900 : R, \text{ et pour R } \frac{900 \times 2000}{3600} \text{ ou } 500^f.$$

Pour trouver la mise du second associé, je dis : Si 3600 fr. ont été rapportés par 900 fr., par combien 1600 fr. ont-ils été rapportés? Par MOINS de 900 fr. : j'ai donc pour proportion (300)

$$3600 : 1600 :: 900 : R, \text{ et pour R } \frac{900 \times 1600}{3600} \text{ ou } 400^f.$$

RÈGLE DE TROC OU D'ÉCHANGE.

333. *La règle de* TROC *est une opération par laquelle on trouve combien une marchandise* DOIT OU DEVAIT *être estimée en troc pour l'être, en proportion, autant qu'une autre.* De là les deux paragraphes suivants.

§ Ier. *Trouver combien une marchandise doit être estimée en troc.*

334. 1er EXEMPLE. Deux marchands se proposent de faire un échange : l'un a du drap qu'il vend 20 francs le mètre, argent comptant, mais en troc il veut en avoir 22 francs; l'autre a du velours qu'il vend 24 francs, argent comptant : on demande combien le second marchand doit vendre son velours.

Pour ne rien perdre au change, le second marchand doit augmenter le prix de son velours en proportion de ce que le premier marchand a augmenté le prix de son drap. Il dira donc :

Si 20 francs comptant valent 22 fr. en troc, combien 24 fr. comptant vaudront-ils en troc? PLUS de 22 fr. : j'ai donc pour proportion (300)

$$24 : 20 :: R : 22, \text{ et pour R } \frac{22 \times 24}{20} \text{ ou } 26^f 40.$$

Le velours en troc doit donc être estimé 26^f 40.

2e EXEMPLE. Deux marchands se proposent de faire un échange : l'un a du café qu'il vend 2^{f}38^c argent comptant, mais en troc il veut en avoir 2^{f}80^c, dont le quart payé argent comptant; l'autre a du chocolat qu'il vend 4 francs argent comptant : combien le chocolat doit-il être estimé en troc?

Il faut diminuer les deux prix du café de l'argent qu'on exige, c'est-à-dire du quart de 2^{f}80.

Je prends donc le quart de 2'80, qui est de 0'70. Je retranche ces 0'70 d'abord de 2'80, et il reste 2'10 pour valeur du café en troc; je les retranche ensuite de 2'38, et il reste 1'68 pour valeur du café vendu argent comptant; puis je dis :

Si 1'68 comptant valent 2'10 en troc, combien 4 fr. comptant vaudront-ils en troc? Plus de 2'10 : j'ai donc pour proportion (300)

4 : 1'68 :: R : 2'10, laquelle revient à celle-ci (296) :

$$4 : 168 :: R : 210, \text{ et pour R } \frac{210 \times 4}{168} \text{ ou } 5^f.$$

Le chocolat en troc doit donc être estimé 5 fr.

§ II. *Trouver combien une marchandise devait être estimée en troc.*

335. 1er EXEMPLE. Deux négociants ont fait un échange : le premier a du satin qu'il vend 10 francs comptant, et 12 francs en troc; le second a du damas qu'il vend 36 francs comptant, et 39 francs en troc : lequel des deux gagne au troc?

Il suffit de chercher ce que l'un des deux négociants devait vendre sa marchandise en troc.

Pour trouver ce que le second négociant, par exemple, devait vendre son damas en troc, je dis :

Si 10 fr. comptant valent 12 fr. en troc, combien 36 fr. comptant vaudront-ils en troc? Plus de 12 fr. : j'ai donc pour proportion (300)

$$36 : 10 :: R : 12, \text{ et pour R } \frac{12 \times 36}{10} \text{ ou } 43'20.$$

Le second négociant devait vendre son damas 43'20 le mètre; mais il ne le vend que 39 fr. : donc il perd 4'20 par mètre; or tout ce que l'un perd, l'autre le gagne : donc le premier gagne au troc 4'20 par mètre.

2e EXEMPLE. Deux marchands ont fait un échange : le premier a du satin qu'il vend 10 francs comptant, mais en troc il l'a vendu 12 francs, dont moitié en argent; le second a du damas qu'il vend 36 francs comptant, et qu'il a vendu 39 francs en troc : lequel des deux a perdu au change?

Je diminue les deux prix du satin de l'argent qu'on exige, c'est-à-dire de la moitié, et il reste 6 fr. pour la valeur du satin en troc, et 4 fr. pour sa valeur en argent comptant; puis pour trouver ce que le second marchand devait vendre son damas en troc, je dis :

Si 4 fr. comptant valent 6 fr. en troc, combien 36 fr. comptant vaudront-ils en troc? Plus de 6 fr. : j'ai donc pour proportion (300)

$$36 : 4 :: R : 6, \text{ et pour R } \frac{6 \times 36}{4} \text{ ou } 54^f.$$

Le second marchand devait vendre son damas 54 fr. le mètre; mais il ne l'a vendu que 39 fr. : donc il a perdu 15 fr. par mètre.

RÈGLE DE CHANGE.

336. La règle de CHANGE est une opération par laquelle on trouve ce qu'il faut donner d'argent à un banquier pour obtenir un billet avec lequel on puisse toucher, dans une ville, telle somme d'argent qu'on veut.

337. On paye le change à tant pour 100.

1ᵉʳ EXEMPLE. Un particulier, voulant aller de Paris à Bordeaux, va trouver un banquier afin qu'il lui fasse toucher 8000 francs dans cette dernière ville : Combien doit-il donner au banquier, le change étant à 2 pour 100 ?

Cette question revient à cette règle de trois simple : Si le change est de 2 fr. pour 100, de combien sera-t-il pour 8000 fr. ? De PLUS de 2 fr. : J'ai donc pour proportion (300)

$$8000 : 100 :: R : 2, \text{ et pour } R \frac{2 \times 8000}{100} = 160^f.$$

Il faut donner 160 fr. pour le change; ces 160 francs ajoutés aux 8000 fr. font une somme de 8160 fr., que le particulier doit remettre au banquier pour en obtenir un billet de 8000 fr. sur Bordeaux.

2ᵉ EXEMPLE. On donne 8160 francs à un banquier, tant pour le change que pour le billet : de combien le billet doit-il être fait, le change étant à 2 pour 100 ?

Cette question revient à cette règle de trois simple :
Si un billet doit être de 100 fr. pour 102, de combien doit-il être pour 8160 ? De plus de 100 : J'ai donc pour proportion (300)

$$8160 : 102 :: R : 100, \text{ et pour } R \frac{100 \times 8160}{102} = 8000^f.$$

3ᵉ EXEMPLE. Pour 8160 francs, un banquier me donne un billet de 8000 francs sur Bordeaux : Quel est le taux du change ?

J'ôte d'abord 8000 fr. de 8160, et il reste 160 fr. pour le change; puis je dis : Si le change est de 160 fr. pour 8000 fr., de combien est-il pour 100 ? De MOINS de 160 fr. : J'ai donc pour proportion (300)

$$8000 : 100 :: 160 : R, \text{ et par } R \frac{160 \times 100}{8000} = 2^f.$$

On résout de la même manière les questions sur les assurances, les droits de commission, de courtage, etc., parce qu'alors les choses se règlent aussi à tant par 100, ou par 1000, et sans tenir compte du temps.

RÈGLE CONJOINTE.

338. La règle CONJOINTE est une opération par laquelle on cherche ce que vaut une chose par rapport à une autre; puis le résultat par

— 122 —

rapport à une autre chose, et ainsi de suite, jusqu'à ce qu'on soit parvenu au résultat demandé.

1ᵉʳ EXEMPLE. Combien 6300 fr. valent-ils de livres sterling, supposé
que 130 francs vaillent 25 piastres d'Espagne ;
que 126 piastres d'Espagne vaillent 150 roubles ;
et que 75 roubles vaillent 13 livres sterling ?

Pour résoudre ce problème il faut chercher d'abord combien 6300 fr. valent de piastres ; puis combien les piastres qu'ils valent font de roubles ; et enfin combien les roubles qu'ils valent font de livres sterling : de là les questions suivantes :

1° Si 130 fr. valent 25 piastres, combien 6300 fr. valent-ils de piastres ? PLUS de 25 : J'ai donc pour proportion (305)

$$6300 : 130 :: R : 25, \text{ et pour } R \frac{25 \times 6300}{130} \text{ piastres.}$$

2° Si 126 piastres valent 150 roubles, combien $\frac{25 \times 6300}{130}$ piastres en valent-elles (a) ? PLUS de 150 : J'ai donc pour proportion (305)

$$\frac{25 \times 6300}{130} : 126 :: R : 150, \text{ et pour } R \frac{25 \times 6300 \times 150}{130 \times 126} \text{ roubles.}$$

3° Si 75 roubles valent 13 livres sterling, combien $\frac{25 \times 6300 \times 150}{130 \times 126}$ roubles en valent-ils (a) ? PLUS de 13 : J'ai donc pour proportion (305)

$$\frac{25 \times 6300 \times 150}{130 \times 126} : 75 :: R : 13,$$

et pour $R, \frac{25 \times 6300 \times 150 \times 13}{130 \times 126 \times 75}$ ou $\frac{307125000}{1228500}$

ou 250 livres sterling.

6300 fr. valent donc 250 livres sterling.

2ᵉ EXEMPLE. On demande combien 250 livres sterling valent de francs, supposé que

13 livres sterling.... vaillent 75 roubles ;
que 150 roubles........ vaillent 126 piastres d'Espagne ;
et que 25 piastres d'Espagne vaillent 130 francs ?

Pour résoudre ce problème, il faut chercher d'abord combien 250 livres sterling valent de roubles ; puis combien les roubles qu'elles valent font de piastres, et enfin combien les piastres qu'elles valent font de francs. De là les questions suivantes :

(a) Pour répondre, il faudrait avoir le résultat de la fraction ; mais on peut se dispenser de le chercher, car on peut ici se tromper sur le *plus* ou le *moins*, sans fausser le résultat de l'opération, pourvu que, dans chaque rapport, le nombre qui est supposé le plus grand soit placé devant celui de son espèce (n° 305).

1° Si 13 livres sterling valent 75 roubles, combien 250 livres sterling en valent-elles? Plus de 75 : J'ai donc pour proportion (300)

$$250 : 13 :: R : 75, \text{ et pour R } \frac{75 \times 250}{13} \text{ roubles.}$$

2° Si 150 roubles valent 126 piastres d'Espagne, combien $\frac{75 \times 250}{13}$ roubles en valent-ils (a)? Plus de 126 : J'ai donc pour proportion (300)

$$\frac{75 \times 250}{13} : 150 :: R : 126, \text{ et pour R } \frac{75 \times 250 \times 126}{13 \times 150} \text{ piastres.}$$

3° Si 25 piastres d'Espagne valent 130 francs; combien $\frac{75 \times 250 \times 126}{13 \times 150}$ piastres en valent-ils (a)? Plus de 130 : J'ai donc pour proportion (300)

$$\frac{75 \times 250 \times 126}{13 \times 150} : 25 :: R : 130,$$

et pour R $\frac{75 \times 250 \times 126 \times 130}{13 \times 150 \times 25}$ ou $\frac{307\,125\,000}{48\,750}$ ou 6300^f.

250 livres sterling valent donc 6300 francs.

L'examen des opérations précédentes conduit à la règle suivante :

339. RÈGLE GÉNÉRALE. *Dans toute règle conjointe on multiplie le nombre proposé par tous les nombres de la colonne à droite; puis on multiplie, l'un par l'autre, tous les nombres de la colonne à gauche; ensuite on divise le produit de la colonne à droite par le dernier produit de la colonne à gauche, et on trouve la réponse au quotient.*

RÈGLE D'UNE SUPPOSITION.

340. *La règle d'*UNE *supposition est une opération par laquelle on trouve un nombre inconnu, par le moyen d'un nombre que l'on prend à volonté, pourvu cependant qu'il puisse satisfaire aux conditions proposées dans la question.*

1ᵉʳ EXEMPLE. Quel est le nombre dont la $\frac{1}{2}$, plus le $\frac{1}{3}$, plus le $\frac{1}{4}$ font 52 ?

Pour résoudre cette question, il faut que je suppose un nombre qui puisse être divisé exactement par les dénominateurs 2, 3 et 4; or 24 peut satisfaire à ces conditions, puisqu'il est le produit de ces trois dénominateurs : je suppose donc 24,

puis de 24 je
tire la $\frac{1}{2} = 12$
le $\frac{1}{3} = 8$ } mais ces trois parties ajoutées ne
le $\frac{1}{4} = 6$
font que 26 d'où je conclus que la supposition que j'ai

_____
(a) Voir la note précédente.

faite est fausse, puisque les trois parties doivent faire 52; néanmoins, avec cette supposition fausse je trouverai la vérité pour résultat de la question suivante :

S'il faut 24 pour avoir 26, combien faut-il pour avoir 52? Plus de 24 : j'ai donc pour proportion (300)

$$52 : 26 :: R : 24, \text{ et pour } R \frac{52 \times 24}{26} = 48.$$

48 est vraiment le nombre dont la moitié, le tiers et le quart, font 52. En effet, de 48,

prenez la $\frac{1}{2} = 24$
le $\frac{1}{3} = 16$ ajoutez ces trois parties, et
le $\frac{1}{4} = 12$

vous aurez 52 qui est le nombre désiré.

2ᵉ EXEMPLE. Si vous aviez le $\frac{1}{5}$, les $\frac{2}{6}$ et les $\frac{3}{10}$ de ce qu'il y a dans ma bourse, vous auriez 1000 francs. Combien y a-t-il dans ma bourse?

Cette question revient à celle-ci : Quel est le nombre dont le $\frac{1}{5}$, les $\frac{2}{6}$ et les $\frac{3}{10}$ font 1000?

Pour résoudre cette question, je suppose le nombre 300 (a), puis j'opère sur ce nombre comme dans l'exemple précédent, et je trouve 1200 francs pour réponse.

3ᵉ EXEMPLE. Une personne, en mourant, laisse à cinq de ses parents 3600 francs, à condition que Jean aura le $\frac{1}{4}$, Pierre le $\frac{1}{3}$, Simon le $\frac{1}{6}$, Nicolas le $\frac{1}{12}$, et Claude les $\frac{2}{3}$. On demande la part de chacun suivant la volonté du testateur.

Pour résoudre cette question, je chercherai d'abord quel est le nombre dont le $\frac{1}{4}$, le $\frac{1}{3}$, le $\frac{1}{6}$, le $\frac{1}{12}$ et les $\frac{2}{3}$ font 3600; et, après l'avoir trouvé, j'en prendrai le $\frac{1}{4}$, le $\frac{1}{3}$, le $\frac{1}{6}$, le $\frac{1}{12}$ et les $\frac{2}{3}$.

Pour trouver le nombre dont le $\frac{1}{4}$, le $\frac{1}{3}$, le $\frac{1}{6}$, le $\frac{1}{12}$ et les $\frac{2}{3}$ font 3600, je suppose le nombre 2592 (a);

Puis de 2592
je tire le $\frac{1}{4} = 648$
le $\frac{1}{3} = 864$
le $\frac{1}{6} = 432$
le $\frac{1}{12} = 216$
les $\frac{2}{3} = 1728$
3888

Ensuite je dis : S'il faut 2592 pour avoir 3888, combien faut-il pour avoir 3600? Moins de 2592 : j'ai donc pour proportion (300)

$$3888 : 3600 :: 2592 : R, \text{ et pour } R \frac{2592 \times 3600}{3888} = 2400.$$

(a) Ce nombre peut-être divisé exactement par tous les dénominateurs qui sont dans la question, puisqu'il en est le produit.

Le nombre cherché est donc............................ 2400

dont il reste maintenant à prendre pour........ $\begin{cases} \text{Jean le } \frac{1}{4} = & 600 \\ \text{Pierre } \frac{1}{3} = & 800 \\ \text{Simon } \frac{1}{6} = & 400 \\ \text{Nicolas } \frac{1}{12} = & 200 \\ \text{Claude } \frac{2}{3} = & 1600 \end{cases}$

Somme laissée par le testateur et partagée suiv. sa volonté   3600

4ᵉ EXEMPLE. Je voudrais payer 32 francs avec 10 pièces, en ne prenant que des pièces de 2 francs et de 5 francs.

SOLUTION. Avec 10 pièces de 2 francs, je payerais   20ᶠ
     mais je veux payer........   32
    il y a donc erreur de........   12

En remplaçant 1 pièce de   2ᶠ
  par 1 pièce de   5

je diminue l'erreur de   3. Pour diminuer l'erreur de 12 fr., je dis : S'il faut remplacer 1 petite pièce par une grosse, pour diminuer l'erreur de 3 fr.; combien faut-il remplacer de petites pièces par des grosses, pour diminuer l'erreur de 12 fr.? PLUS de 1 : j'ai donc pour proportion (300)

$$12 : 3 :: R : 1, \text{ et pour } R \frac{1 \times 12}{3} = 4.$$

Il faut donc remplacer 4 pièces de 2 fr. par 4 pièces de 5 fr. : je formerai donc les 32 fr. avec 4 pièces de 5 fr. et 6 pièces de 2 fr.

5ᵉ EXEMPLE. On a payé 69 francs pour 25 journées dont les unes sont de 2 francs 40, et les autres de 3 francs. Combien y en a-t-il de chaque prix ?

SOLUTION. Pour 25 journées à 3 fr., on aurait payé   75ᶠ
    mais on a payé   69
   il y a donc erreur de   6

En remplaçant 1 journée de   3ᶠ
  par 1 journée de   2ᶠ40

je diminue l'erreur de   0ᶠ60. Pour la diminuer de 6 fr., je dis : S'il faut 1 petite journée pour diminuer l'erreur de 0ᶠ60, combien en faut-il pour la diminuer de 6 fr.? PLUS de 1 : j'ai donc pour proportion (300)

$$6 : 0^f60 :: R : 1, \text{ et pour } R \frac{1 \times 6}{0,60} = 10.$$

Il faut donc remplacer 10 journées à 3 fr. par 10 journées à 2ᶠ40 : donc on a payé 10 journées à 2ᶠ40, et 15 journées à 3 fr.

RÈGLE DE DEUX SUPPOSITIONS.

341. *La règle de* DEUX *suppositions est une opération par laquelle on trouve un nombre inconnu, par le moyen de deux*

— 196 —

nombres que l'on prend à volonté, pourvu qu'ils puissent satisfaire aux conditions proposées dans la question.

1ᵉʳ EXEMPLE. Pierre, Michel et François ont ensemble 150 ans. Pierre a le double d'âge de Michel plus 2 ans, et François a autant d'âge que les deux autres moins 4 ans. Quel est l'âge de chacun ?

1ʳᵉ Supposition.		2ᵉ Supposition.	
Je suppose que Michel ait 10 ans.	10ᵃⁿˢ	Je suppose que Michel ait 13 ans.	13ᵃⁿˢ
Dans ce cas, Pierre en aura 20 + 2 =	22	Dans ce cas, Pierre en aura 26 + 2 =	28
François en aura 30 + 2 — 4 =	28	François en aura 39 + 2 — 4 =	37
et ils auront ensemble	60	et ils auront ensemble	78
mais ils doivent avoir	150	mais ils doivent avoir	150
il y a donc erreur de	90	il y a donc erreur de	72

La supposition 10 donne une erreur de................ 90
La même supposition 10 augmentée de 3, c'est-à-dire la supposition 13, donne une erreur de...... 72
Donc la première supposition augmentée de 3 diminue l'erreur primitive de........................ 18. Pour la diminuer de 90, je dis :

S'il faut ajouter 3 à 10 pour réduire l'erreur de 18, combien faut-il y ajouter pour la réduire de 90 ? Plus de 3. J'ai donc pour proportion (300) :

$$90 : 18 :: R : 3, \text{ et pour } R \quad \frac{3 \times 90}{18} = 15.$$

Puisque 10 + 15 ou 25 détruit toute erreur, il s'ensuit que 25 est l'âge de Michel.

Si Michel a 25 ans	25ᵃⁿˢ
Pierre en a 50 + 2 =	52
François en a 75 + 2 — 4 =	73
et ils ont ensemble	150ᵃⁿˢ

2ᵉ EXEMPLE. Un berger, interrogé sur le nombre de moutons qu'il gardait, répondit : Si j'en avais encore le $\frac{1}{3}$ et le $\frac{1}{4}$ de ce que j'en ai, et 5 par dessus, j'en aurais 100. Devinez combien j'en ai ?

1ʳᵉ Supposition.		2ᵉ Supposition.	
Je lui suppose	12ᵐᵒᵘᵗᵒⁿˢ	Je lui suppose	24ᵐᵒᵘᵗᵒⁿˢ
avec le $\frac{1}{3}$ qui vaut	4	avec le $\frac{1}{3}$ qui vaut	8
le $\frac{1}{4}$ qui vaut	3	le $\frac{1}{4}$ qui vaut	6
et les 5 par dessus	5	et les 5 par dessus	5
il aura.............	24ᵐ	il aura.............	43ᵐ
au lieu de.........	100	au lieu de.........	100
Il y a donc erreur de	76	il y a donc erreur de	57

La supposition 12 donne une erreur de.................. 76
La même supposition 12 augmentée de 12, c'est-à-dire
la supposition 24, donne une erreur de............. 57
Donc la première supposition augmentée de 12, diminue l'erreur primitive de...................... 19. Pour
la diminuer de 76, je dis :

S'il faut ajouter 12 à 12 pour réduire l'erreur de 19, combien faut-
il y ajouter pour la réduire de 76 ? Plus de 12 : j'ai donc pour proportion (300)

$$76 : 19 :: R : 12, \text{ et pour } R \frac{12 \times 76}{19} = 48.$$

Si pour la première supposition j'avais pris 12 + 48 ou 60, je n'aurais point eu d'erreur : donc 60 est le nombre demandé.

3ᵉ EXEMPLE. Deux joueurs ont ensemble 75 francs : l'un
perd la ½ de ce qu'il possède, l'autre en perd le ⅓, et leur
perte totale s'élève à 35 francs. Combien chacun avait-il ?

1ʳᵉ *Supposition.*		2ᵉ *Supposition.*	
Je suppose que le premier ait	6ᶠ	Je suppose que le premier ait	18ᶠ
l'autre aura 75 — 6 ou	69	le sec. aura 75 — 18 ou	57
Dans ce cas, la perte du		Dans ce cas, la perte du	
premier sera la ½ de 6 =	3	premier sera la ½ de 18 =	9
Celle du sec. sera le ⅓ de 69 =	23	Celle du sec. sera le ⅓ de 57 =	19
et, la perte totale sera	26ᶠ	et la perte totale sera	28ᶠ
mais elle doit être de	35	mais, au lieu de 28 on doit	
il y a donc erreur de	9	trouver...............	35
		il y a donc erreur de....	7

La supposition 6 donne une erreur de........ 9
La même supposition augmentée de 12, c'est-à-
dire la supposit. de 18, donne une erreur de 7
Donc la première supposition, augmentée de
12, diminue l'erreur primitive de......... 2 Cela posé, je dis :
S'il faut ajouter 12 à 16 pour réduire l'erreur de 2, combien
faut-il y ajouter pour la réduire de 9 ? Plus de 12 : j'ai donc pour
proportion (300)

$$9 : 2 :: R : 12, \text{ et pour } R \frac{12 \times 9}{2} = 54.$$

Puisque 54 ajoutés à 6 ou 60 détruit toute erreur, il s'ensuit que
le premier joueur avait 60 fr., et que le second avait 75 — 60, c'est-
à-dire 15 fr. Ces résultats sont faciles à vérifier.

4ᵉ EXEMPLE. On donne par jour une gratification de 1ᶠ20
à un jeune écolier quand il remplit bien son devoir ; il
paye, au contraire, une amende de 0ᶠ75 quand il y manque ; au bout de 30 jours, il lui reste un bénéfice de 6ᶠ75.
Combien y avait-il de jours de travail, et combien de jours
de paresse ?

1ʳᵉ Supposition.		2ᵉ Supposition.	
Je suppose qu'il ait travaillé 12 jours à 1ᶠ 20	= 14,40	Je suppose qu'il ait travaillé 14 jours à 1ᶠ 20	= 16,80
Dans ce cas, il s'est reposé 18 jours à 0ᶠ 75	= 13,50	Dans ce cas, il s'est reposé 16 jours à 0ᶠ 75	= 12,00
et alors le bénéfice est de	0,90	et alors le bénéfice est de	4,80
au lieu d'être de	6,75	au lieu d'être de	6,75
Il y a donc erreur de	5,85	Il y a donc erreur de	1,95

La supposition 12 donne une erreur de.... 5ᶠ85
La même supposition augmentée de 2, c'est-à-dire la supposition 14, donne une erreur de 1,95.
La première supposition augmentée de 2 diminue donc l'erreur de primitive de.... 3,90. Cela posé, je dis :
S'il faut ajouter 2 à 12 pour pour réduire l'erreur de 3ᶠ90, combien faut-il y ajouter pour la réduire de 5ᶠ85? Plus de 2; j'ai donc pour proportion (300)

$$5^f85 : 3^f90 :: R : 2, \text{ et pour R. } \frac{2 \times 5,85}{3,90} = 3.$$

Puisque 12+3 détruit toute erreur, il s'ensuit qu'il a travaillé 15 jours et qu'il s'est reposé 15 jours.

5ᵉ EXEMPLE. Pour payer un certain nombre d'ouvriers sur le pied de 3 francs chacun, il manque 8 francs à un homme qui les fait travailler ; mais en ne leur donnant que 2 francs, il lui reste 3 francs : on demande combien cet homme a d'argent et d'ouvriers.

Je suppose qu'il ait 20 ouvriers, le produit de 20 par 3 diminué de 8 sera l'argent, et le produit de 20 par 2 augmenté de 3 sera aussi l'argent de cet homme.

1ʳᵉ Supposition.	2ᵉ Supposition.
20 ouvriers à 3ᶠ = 60 − 8 = 52	18 ouvriers à 3ᶠ = 54 − 8 = 46
20 ouvriers à 2ᶠ = 40 + 3 = 43	18 ouvriers à 2ᶠ = 36 + 3 = 39
Le 2ᵉ nombre n'égale pas le 1ᵉʳ, il s'en faut 9,	Le 2ᵉ nombre n'égale pas le 1ᵉʳ, il s'en faut 7,
il y a donc erreur de...... 9	il y a donc erreur de........ 7

La supposition 20 donne une erreur de........ 9
La même supposition 20 diminuée de 2, c'est-à-dire la supposition 18, donne une erreur de.. 7
La première supposition diminuée de 2, réduit donc l'erreur primitive de................ 2. Pour réduire l'erreur de 9, je dis :
S'il faut diminuer la première supposition de 2 pour réduire l'erreur de 2, de combien faut-il la diminuer pour réduire l'erreur de 9? De PLUS de 2; j'ai donc pour proportion (300)

$$9 : 2 :: R : 2, \text{ et pour R. } \frac{2 \times 9}{2} = 9.$$

Cet homme a donc 20 — 9 = 11 ouvriers. Maintenant pour savoir combien il a d'argent, je dis :

$$11 \text{ ouvriers à } 3 = 33 - 8 = 25^f$$
$$11 \text{ ouvriers à } 2 = 02 + 3 = 25^f$$

et je trouve qu'il a 25 fr.

6⁵ EXEMPLE. Un maître d'arithmétique veut distribuer à quelques-uns de ses écoliers un certain nombre d'oranges, à condition qu'ils trouveront eux-mêmes combien il en veut récompenser ainsi, et quel est le nombre d'oranges qu'il leur destine. Il leur dit que s'il leur en donne chacun 7, il lui en restera 9, et que s'il en veut donner à chacun 10, il lui en manquera 6.

Je suppose qu'il ait 8 élèves, le produit de 8 par 7, augmenté de 9, sera le nombre d'oranges ; et le produit de 8 par 10, diminué de 6, devra aussi être le nombre d'oranges.

1ʳᵉ *Supposition.*	2ᵉ *Supposition.*
8 × 7 = 56 + 9 = 65	11 × 7 = 77 + 9 = 86
8 × 10 = 80 — 6 = 74	11 × 10 = 110 — 6 = 104
Le premier nombre n'égale pas le second, il s'en faut 9 ;	Le premier nombre n'égale pas le second, il s'en faut 18,
il y a donc erreur de...... 9	il y a donc erreur de...... 18

La supposition 11 donne une erreur de...... 18
La même supposition 11 diminuée de 3, c'est-à-dire la supposition 8, donne une erreur de... 9
Donc la supposition 11 diminuée de 3 réduit l'erreur de........................... 9. Cela posé, je dis :
S'il faut diminuer la seconde supposition de 3 pour réduire l'erreur de 9, de combien faut-il la diminuer pour réduire l'erreur de 18 ? De PLUS de 3 ; j'ai donc pour proportion (300) ::

$$18 : 9 :: R : 3, \text{ et pour R. } \frac{3 \times 18}{9} = 6.$$

Il en veut récompenser 11 — 6 = 5 élèves. Maintenant pour savoir combien il leur destine d'oranges, je dis :

$$5 \times 7 = 35 + 9 = 44 \text{ oranges.}$$
$$5 \times 10 = 50 - 6 = 44 \text{ oranges.}$$

et je trouve qu'il leur destine 44 oranges.

RÈGLE DE MÉLANGE.

342. *La règle de* MÉLANGE *est une opération par laquelle on trouve la valeur moyenne de plusieurs choses dont le nombre et la valeur particulière de chacune sont connus.*

C'est aussi une opération par laquelle on trouve dans quelle proportion il faut mélanger plusieurs choses de différentes valeurs pour avoir un mélange d'une valeur moyenne connue. De là les deux paragraphes suivants.

§ I. TROUVER LA VALEUR MOYENNE DE PLUSIEURS CHOSES DE DIFFÉRENTES VALEURS.

343. 1er EXEMPLE. On a fait un mélange dans lequel il entre 2 hectolitres à 8 francs, et 5 hectolitres à 15 francs. Combien vaut l'hectolitre du mélange?

Pour résoudre cette question, je dis :

2 hectolitres à 8 fr. valent.............................	16f
5 hectolitres à 15 fr. valent............................	75
donc les 7 (*a*) hectolitres mêlés ensemble valent.......	91

La question est évidemment ramenée à celle-ci : si 7 hectolitres valent 91 fr., combien vaut 1 hectolitre? Moins de 91 fr.; j'ai donc pour proportion

$$7 : 1 :: 91 : R, \text{ et pour } R, \frac{91 \times 1}{7}$$

2e EXEMPLE. On a fait un mélange dans lequel il entre 1 hectolitre à 8 francs, 1 hectolitre à 10 francs, 2 hectolitres à 15 francs et 2 hectolitres à 17 francs : combien vaut l'hectolitre de ce mélange?

Pour résoudre cette question, je dis :

1 hectolitre à 8 fr. vaut...............................	8f
1 hectolitre à 10 fr. vaut..............................	10
2 hectolitres à 15 fr. valent...........................	30
2 hectolitres à 17 fr. valent...........................	34
donc, les 7 hectolitres mêlés ensemble valent...........	91

La question est évidemment ramenée à celle-ci : si 7 hectolitres valent 91 fr., combien vaut 1 hectolitre? Moins de 91 fr.; donc j'ai pour proportion

$$7 : 1 :: 91 : R, \text{ et pour } R, \frac{91 \times 1}{7} = 13f$$

3e EXEMPLE. J'ai fait un mélange dans lequel il entre 3 litres de vin à 0f65, 3 litres à 0f45, et 1 litre à 0f20; sur ce mélange je ne veux rien perdre, je veux gagner 0f70, combien dois-je vendre le litre?

Pour ne rien perdre,

3 litres à 0f65 doivent être vendus 3 fois 0f65 ou......	1f95
3 litres à 0f45 doivent être vendus 3 fois 0f45 ou......	1f35
1 litre à 0f20 doit être vendu.........................	0f20
les 7 litres du mélange doivent donc être vendus.......	3f50

pour que je ne perde rien; mais je veux gagner 0f70, il faut donc que ces 7 litres soient vendus 0f70 en sus de 3f50, c'est-à-dire 4f20.

(*a*) REMARQUE. *Le volume total d'un mélange n'est pas toujours égal à la somme des matières mélangées. Par exemple, lorsqu'on mêle des graines de différentes grosseurs, les plus petites se placent dans les intervalles qui séparent les grosses graines, et le volume du mélange peut par conséquent moindre que la somme des volumes des parties mélangées.*

— 131 —

La question est évidemment ramenée à celle-ci : si 7 litres doivent être vendus 4f20, combien 1 litre doit-il l'être? Moins de 4f20; j'ai donc pour proportion

$$7 : 1 :: 4f20 :: R, \text{ et pour } R. \frac{4,20 \times 1}{7} = 0f60.$$

4e EXEMPLE. On ajoute 16 litres d'eau à 24 litres de vin, qui coûte 0f75 le litre : à combien revient le litre de mélange?

Pour résoudre cette question, je dis :

24 litres à 0f75 ont coûté............... 18 fr.
16 litres d'eau n'ont rien coûté........... 0

donc les 40 litres mêlés ensemble ont coûté........ 18 fr.

La question est évidemment amenée à celle-ci : si 40 litres coûtent 18 fr., combien coûte 1 litre? Moins de 18 fr.; j'ai donc pour proportion

$$40 : 1 :: 18 : R, \text{ et pour } R. \frac{18 \times 1}{40} = 0f45.$$

5e EXEMPLE. Une vigne a rapporté, la première année, 560 francs, la seconde année 590 francs, la troisième 600 francs, la quatrième 570 francs, et la cinquième 620 francs : quel est le produit moyen de cette vigne?

Pour résoudre cette question, je dis :

1 année produit................ 560 fr.
1............................... 590
1............................... 600
1............................... 570
1............................... 620

donc   5 années produisent............ 2940 fr.

La question est évidemment ramenée à celle-ci : si 5 années produisent 2940 fr., combien 1 année produit-elle? Moins de 2940 fr.; j'ai donc pour proportion

$$5 : 1 :: 2940 : R, \text{ et pour } R. \frac{2940 \times 1}{5} = 588 \text{ fr.}$$

§ II. TROUVER DANS QUELLE PROPORTION IL FAUT MÉLANGER PLUSIEURS CHOSES DE DIFFÉRENTES VALEURS, AFIN D'AVOIR UN MÉLANGE D'UNE VALEUR MOYENNE DONNÉE.

344. RÈGLE GÉNÉRALE. *La différence du prix supérieur au prix moyen marque la quantité qu'il faut prendre du prix inférieur; et la différence du prix inférieur au prix moyen marque la quantité qu'il faut prendre du prix supérieur.*

EXEMPLE. J'ai du vin à 8 francs et à 15 francs l'hectolitre : combien dois-je en prendre de chaque sorte pour faire un mélange sur lequel je ne perde ni ne gagne en le vendant 13 francs l'hectolitre (a)?

(a) Le numéro 380 donne la manière de trouver par les proportions ce qu'il faut prendre de chaque sorte.

Opération.

$$\text{Prix moyen, } 13 \left\{ \begin{array}{c|c} 15 & 5 \\ \hline 8 & 2 \end{array} \right.$$

7 hectolitres.

Pour faire cette opération, je dis : la différence de **13** à **15** est **2** que je pose vis-à-vis de **8** ; la différence de **13** à **8** est **5** que je pose vis-à-vis de **15**. J'additionne **5** et **2**, ce qui donne **7** ; d'où je conclus que pour faire un mélange de **7** hectolitres, je dois prendre **5** hectolitres à **15** fr. et **2** hectolitres à **8** fr.

En vendant **13** fr. **5** hectolitres de vin à **15**, je perds **2** fr. par hectolitre, par conséquent **10** fr. ; en vendant **13** fr. **2** hectolitres de vin à **8** fr., je gagne **5** fr. par hectolitre, par conséquent **10** fr. La perte et le gain sont égaux : donc la règle qui a conduit à ce résultat est bonne.

345. Si le mélange doit être composé de trois, quatre, cinq... espèces de choses, on compare, comme dans l'exemple précédent, leurs prix deux à deux avec le prix moyen, ayant soin de faire entrer dans la comparaison un prix au-dessus et un prix au-dessous du prix moyen, en sorte que, si parmi les prix divers il ne s'en trouve qu'un qui soit au-dessus ou au-dessous, il faut l'employer chaque fois.

1ᵉʳ EXEMPLE. Un marchand a du vin à **17** francs, à **15** francs, à **10** francs et à **8** francs l'hectolitre, combien doit-il en prendre de chaque sorte pour faire un mélange qui lui revienne à **13** francs l'hectolitre ?

Opération.

$$13 \left\{ \begin{array}{c|c|c} 17 & 5 & 3 \\ 15 & 3 & 5 \\ 10 & 2 & 4 \\ 8 & 4 & 2 \\ \hline & 14 & 14 \end{array} \right.$$

Je prends un prix au-dessus et un prix au-dessous du prix moyen ; par exemple, **17** et **8**, et je dis : la différence de **17** à **13** est **4** que je pose vis-à-vis de **8** ; la différence de **8** à **13** est **5** que je pose vis-à-vis de **17**.

Je prends ensuite les deux autres nombres **15** et **10**, et je dis : la différence de **15** à **13** est **2** que je pose vis-à-vis de **10** ; la différence de **10** à **13** est **3** que je pose vis-à-vis de **15**. J'additionne toutes les différences et j'ai **14** ; d'où je conclus que pour faire un mélange de **14** hectolitres, il faut prendre **5** hectolitres à **17** fr., **3** à **15** fr., **2** à **10** fr. et **4** à **8** fr.

REMARQUE. Pour résoudre la question précédente, on aurait pu prendre **17** et **10** pour la première comparaison, et **15** et **8** pour la seconde ; mais alors on aurait trouvé que pour un mélange de **14** hectolitres, il en faudrait 3 à **17** fr.
  5 à **15**
  4 à **10**
  2 à **8** fr. Voyez la première colonne à droite.

2ᵉ EXEMPLE. Un marchand a du vin à **15** francs, à **11** francs et à 10 francs l'hectolitre, il veut en faire un mélange qui lui revienne à 12 francs l'hectolitre : combien faut-il en prendre de chaque espèce ?

Opération.

$$12 \begin{cases} 15 \\ 11 \\ 10 \end{cases} \begin{array}{l} 2+1=3 \\ \ldots\ldots 3 \\ \ldots\ldots 3 \\ \hline 9 \end{array}$$

Je prends le prix au-dessus et un des prix au-dessous du prix moyen ; par exemple 10, et je dis : la différence de 15 à 12 est 3 que je pose vis-à-vis de 10 ; la différence de 10 à 12 est 2 que je pose vis-à-vis de 15.

Je prends ensuite le prix 11 avec le prix 15 déjà employé, et je dis : la différence de 15 à 12 est 3 que je pose vis-à-vis de 11 ; la différence de 11 à 12 est 1 que je pose vis-à-vis de 15, ce qui donne 2 plus 1 égale 3 pour le premier.

Je fais l'addition des différences, et je vois que sur un mélange de 9 hectolitres, il en faut 3 de chaque prix.

PROBLÈMES RÉSOLUS *suivant la méthode de l'unité.*
I. *Sur la règle de trois simple.*

346. 1° Si 20 hommes ont fait 268 mètres d'ouvrage, combien 60 hommes feront-ils de mètres du même ouvrage ?

SOLUTION.

Si 20 hommes ont fait............ 268^m,

1^h en fera 60 fois m., c'est-à-dire $\frac{268}{20}$; et, puisque 1^h en ferait $\frac{268}{20}$,

60^h en feront 60 fois pl., c'est-à-d. $\frac{268 \times 60}{20}$ ou 804^m.

2° Si 60 hommes ont fait 804 mètres d'ouvrage, combien 20 hommes en feront-ils ?

SOLUTION.

Si 60^h ont fait................ 804^m,

1^h en fera 60 fois m., c'est-à-dire $\frac{804}{60}$; et puisque 1^h en ferait $\frac{804}{60}$,

20^h en feront 20 fois plus, c.-à-dire $\frac{804 \times 20}{60}$ ou 268.

347. Combien faut-il de mètres de toile à $\frac{5}{8}$ pour servir de doublure à 30 mètres de drap de $\frac{6}{8}$?

SOLUTION. Si la toile avait $\frac{6}{8}$, il en faudrait........ 30^m,

Si elle avait $\frac{1}{8}$, il en faudrait 6 f. plus ou 30×6,

Si elle a $\frac{5}{8}$, il en faut 5 fois moins ou $\frac{30 \times 6}{5}$, ou 36^m.

II. *Sur la règle de trois composée.*

348. 1° Si 7 ouvriers, travaillant 13 jours, ont fait 182 mètres d'ouvrage, combien 12 ouvriers, travaillant 15 jours, feront-ils de mètres du même ouvrage ?

= 151 =

Solution.
Si 7°, en 13^j, ont fait.......... 182^m

1°, en 13^j, en fera 7 fois m., ou $\dfrac{182}{7}$,

1°, en 1^j en fera 13 f. m., ou $\dfrac{182}{7\times 13}$, et, puisque 1° en 1^j ferait $\dfrac{182}{7\times 13}$

12°, en 1^j, en feront 12 fois p., ou $\dfrac{182\times 12}{7\times 13}$,

12°, en 15^j, en feront 15 fois p., ou $\dfrac{182\times 12\times 15}{7\times 13}$, ou 360^m.

2° Si 20 hommes, en 8 jours, travaillant 6 heures par jour, ont fait 360 mètres d'ouvrage; combien 12 hommes en 10 jours, travaillant 10 heures par jour, feront-ils de mètres du même ouvrage?

Solution.
Si 20^h, en 8^j de 6^h de travail, ont fait 360^m

1^h, en 8^j de 6^h en fera 20 fois m., ou $\dfrac{360}{20}$

1^h, en 1^j de 6^h en fera 8 fois m., ou $\dfrac{360}{20\times 8}$,

1^h, en 1^j de 1^h en fera 6 fois m., ou $\dfrac{360}{20\times 8\times 6}$,

12^h, en 1^j de 1^h en feront 12 f. pl., ou $\dfrac{360\times 12}{20\times 8\times 6}$,

12^h, en 10^j de 1^h en feront 10 f. pl., ou $\dfrac{360\times 12\times 10}{20\times 8\times 6}$,

12^h, en 10^j de 10^h en feront 10 f. pl., ou $\dfrac{360\times 12\times 10\times 10}{20\times 8\times 6}$, ou 450^m.

3° Si 6 hommes, en 8 mois, ont consommé 100 mesures de froment du poids de 15 kilogrammes; combien 9 hommes, en 10 mois, en consommeront-ils du poids de 16 kilogrammes?

Solution.
Si 6^h, en 8^m, avec du blé de 15^k, ont consommé 100 mesures.

1^h, en 8^m, avec du blé de 15^k, en consommera 6 fois m., ou $\dfrac{100}{6}$,

1^h, en 1^m, avec du blé de 15^k, en consommera 8 fois m., ou $\dfrac{100}{6\times 8}$

1^h, en 1^m, avec du blé de 1^k en consommera 15 f. pl., ou $\dfrac{100\times 15}{6\times 8}$,

9^h, en 1^m, avec du blé de 1^k consomm. 9 fois pl., ou $\dfrac{100\times 15\times 9}{6\times 8}$,

9^h, en 10^m, avec du blé de 1^k, consom. 10 f. pl., ou $\dfrac{100\times 15\times 9\times 10}{6\times 8}$,

9^h, en 10^m, avec du blé de 16^k, consomm. 16^k f. pl., ou $\dfrac{100\times 15\times 9\times 10}{6\times 8\times 16}$,

ou $\dfrac{135000}{768}$ ou 175 mesures $\dfrac{600}{768}$.

4° Si 10 hommes ont mis 8 jours pour faire 125 mètres d'ouvrage, combien 50 hommes mettront-ils de jours pour faire 15 mètres d'ouvrage?

SOLUTION.
Si 10 hommes, pour faire 125 mètres, sont 8 jours,

1^h, pour 125^m, sera 10 fois plus, ou 8×10,

1^h, pour 1^m, sera 125 fois moins, ou $\dfrac{8 \times 10}{125}$,

50^h, pour 1^m, seront 50 fois moins, ou $\dfrac{8 \times 10}{125 \times 50}$,

50^h, pour 15^m, seront 15 fois plus, ou $\dfrac{8 \times 10 \times 15}{125 \times 50}$ ou $\dfrac{1200}{6250}$ jours.

5° Si 20 mètres d'étoffes à $\frac{2}{3}$ de large ont coûté 36 francs, combien coûteront 12 mètres d'étoffe de même qualité, mais qui auraient $\frac{3}{4}$ de large (a)?

Si 20^m à $\frac{2}{3}$ de large ont coûté 36 fr.

1^m à $\frac{2}{3}$ de large coûtera 20 fois moins, ou $\dfrac{36}{20}$,

1^m à $\frac{1}{3}$ de large coûtera 2 fois moins, ou $\dfrac{36}{20 \times 2}$,

1^m à $\frac{3}{3}$ ou à 1^m de large, coûtera 3 fois plus, ou $\dfrac{36 \times 3}{20 \times 2}$,

1^m à $\frac{1}{4}$ de large coûtera 4 fois moins, ou $\dfrac{36 \times 3}{20 \times 2 \times 4}$,

1^m à $\frac{3}{4}$ de large coûtera 3 fois plus, ou $\dfrac{36 \times 3 \times 3}{20 \times 2 \times 4}$,

12^m à $\frac{3}{4}$ de large coûteront 12 fois plus, ou $\dfrac{36 \times 3 \times 3 \times 12}{20 \times 2 \times 4}$, ou 24^{f}30.

Problèmes sur l'intérêt simple.

L'intérêt *simple* est celui qui ne se joint jamais au capital pour porter ensuite intérêt.

349. 1. Quel est, au bout d'un an, l'*intérêt* de 580 francs prêtés à 5 pour 100 par an?

SOLUTION.
Si 100^f, prêtés pendant 1 an, rapportent 5 fr.,

1^f, prêté pendant 1 an, rapportera 100 fois m., ou $\dfrac{5}{100}$,

580^f, prêtés pendant 1 an, rapporteront 580 f. pl., ou $\dfrac{5 \times 580}{100}$, ou 29^f.

(a) En réduisant les fractions $\frac{2}{3}$ et $\frac{3}{4}$ au même dénominateur, on aurait $\frac{8}{12}$ et $\frac{9}{12}$, et la question serait ramenée à celle-ci : si 20 mètres d'étoffe à $\frac{8}{12}$ de large ont coûté 36 fr., combien coûteront 12 mètres d'étoffe de même qualité, mais qui auraient $\frac{9}{12}$ de large ? (347).

2° Quel est, au bout de 3 ans, l'intérêt de 580 francs prêtés à 5 pour 100 par an ?

SOLUTION.

Si 100^f, prêtés pendant 1 an, rapportent 5 fr.,

1^f, prêté pendant 1 an, rapportera 100 fois m., ou $\frac{5}{100}$,

580^f, prêtés pendant 1 an, rapporter. 580 fois plus, ou $\frac{5 \times 580}{100}$,

580^f, prêtés pendant 3 ans, rapporter. 3 f. pl., ou $\frac{5 \times 580 \times 3}{100}$, ou 87^f.

3° Quel est, au bout de 3 ans 2 mois 12 jours, l'intérêt de 50 francs prêtés à 5 pour 100 ?

SOLUTION.

Si 100^f, prêtés pendant un an ou 360 jours, rapportent 5 fr.,

1^f, prêté pendant 360^j, rapportera 100 fois moins, ou $\frac{5}{100}$,

1^f, prêté pendant 1^j, rapportera 360 fois moins, ou $\frac{5}{100 \times 360}$,

50^f, prêtés pendant 1^j, rapporteront 50 fois plus, ou $\frac{5 \times 50}{100 \times 360}$,

50^f, prêtés pendant 3 ans 2^m 12^j ou 1152^j, rapport. 1152 f. pl., ou $\frac{5 \times 50 \times 1152}{100 \times 360}$ ou 8 fr.

350 : 1° Quelle somme faut-il prêter à 5 pour 100 pour avoir intérêt annuel de 29 francs ?

SOLUTION.

Si pour avoir 5^f, au bout de 1 an, il faut un capital de 100 fr.

pour avoir 1^f, au bout de 1 an, il faut un cap. 5 f. pl. pet., ou $\frac{100}{5}$,

pour avoir 29^f, au bout de 1 an, il faut un capital 29 fois plus gr., ou $\frac{100 \times 29}{5}$ ou 580 fr.

2° On a prêté un capital à 5 pour 100 pendant 3 ans; au bout de ce temps, on reçoit 87 francs d'intérêt : quel était le *capital* prêté ?

SOLUTION.

Si pour avoir 5^f, au bout de 1 an, il faut un capital de 100 fr.,

pour avoir 1^f, au bout de 1 an, il faut un cap. 5 f. pl. petit, ou $\frac{100}{5}$,

pour avoir 87^f, au bout de 1 an, il faut un cap. 87 f. pl. gr., ou $\frac{100 \times 87}{5}$,

pour avoir 87^f, au bout de 3 ans, il faut un cap. 3 fois plus petit, ou $\frac{100 \times 87}{5 \times 3}$ ou 580 fr.

3° On a prêté un capital à 5 pour 100 pendant 3 ans; au bout de ce temps on reçoit, tant en principal qu'en intérêts, la somme de 667 francs : quel était le capital prêté?

Pour résoudre cette question, je suppose un capital de 100 fr., prêté à 5 pendant 3 ans; ce capital, réuni à ses intérêts de 3 ans, vaut 115 fr.; puis je dis :

Si dans 115^f, il y a un capital de 100 fr.

dans 1^f, il y a un capital 115 fois plus petit, ou $\frac{100}{115}$;

dans 667^f, il y a un capital 667 f. plus grand, ou $\frac{100 \times 667}{115}$, ou 580^f.

351. On a prêté 580 francs pendant 3 ans; au bout de ce temps, on reçoit 87 francs d'intérêt : à quel *taux* cet argent était-il prêté?

Solution.

Si pour 580^f prêtés pendant 3 ans, on reçoit un intérêt de 87 fr.

pour 1^f prêté pend. 3 ans, on reçoit un int. 580 f. pl. petit, ou $\frac{87}{580}$,

pour 1^f prêté pend. 1 an, on reçoit un int. 3 fois pl. petit, ou $\frac{87}{580 \times 3}$,

pour 100^f prêt. pend. 1 an, on reçoit un intérêt 100 fois plus grand, ou $\frac{87 \times 100}{580 \times 3}$, ou 5^f.

352. On a prêté 580 francs à 5 pour 100 par an; on demande en combien de *temps* ces 580 francs donneront 667 francs tant en principal qu'en intérêts?

J'ôte d'abord le capital 580 de 667, et il reste 87 pour l'intérêt du capital; puis je dis :

Si pour avoir 5^f avec 100, il faut 360 jours,

pour avoir 1^f avec 100, il faut 5 fois moins de temps, ou $\frac{360}{5}$,

pour avoir 1^f avec 1, il faut 100 f. plus de temps, ou $\frac{360 \times 100}{5}$,

pour avoir 87^f avec 1, il faut 87 f. plus de temps, ou $\frac{360 \times 100 \times 87}{5}$,

pour avoir 87^f avec 580^f, il faut 580 f. m. de temps, ou $\frac{390 \times 108 \times 87}{5 \times 580}$,

ou 1080 jours, qui font 3 ans.

Problèmes sur l'intérêt composé.

L'intérêt *composé* est celui qui, n'étant pas payé à la fin de l'année, se joint au capital pour porter ensuite intérêt.

353. Combien vaudra, au bout de 3 ans 7 mois 6 jours,

un capital de 8000 francs prêté à 5 pour 100 et à intérêts composés?

Pour trouver l'intérêt de la première année, je dis :
Si 100^f, prêtés pendant 1 an, rapportent 5 fr.

1^f, prêté pendant 1 an, rapportera 100 fois m., ou $\frac{5}{100}$,

8000^f, prêtés pend. 1 an, rapport. 8000 fois pl., ou $\frac{5 \times 8000}{100}$, ou 400^f.

J'ajoute ces 400 fr. d'intérêt au capital qui les a produits, et j'ai 8400^f qui doivent, la deuxième année, porter un intérêt que je trouve, en disant :
Si 100^f, prêtés pendant un an, rapportent 5 fr.

1^f, prêté pendant un an, rapportera 100 fois moins, ou $\frac{5}{100}$,

8400^f, prêtés pend. 1 an, rapport. 8400 f. plus, ou $\frac{5 \times 8400}{100}$, ou 420^f.

J'ajoute ces 420^f d'intérêt au capital qui les a produits, c'est-à-dire à 8400^f, et j'ai 8820 qui doivent, la troisième année, porter un intérêt que je trouve en disant :
Si 100^f, prêtés pendant 1 an, rapportent 5 fr.

1^f, prêté pendant un an, rapportera 100 fois moins, ou $\frac{5}{100}$,

8820^f, prêtés pend. 1 an, rapport. 8820 f. plus ou $\frac{5 \times 8820}{100}$, ou 441^f.

J'ajoute ces 441 fr. d'intérêt au capital qui les a produits, c'est-à-dire à 8820, et j'ai 9261 fr. qui doivent, pendant 7 mois 6 jours, ou 216 jours, porter un intérêt que je trouve en disant :
Si 100^f prêtés pendant 360 jours, rapportent............ 5^f

1^f prêté pend. 360 jours, rapportera 100 fois moins, ou $\frac{5}{100}$,

1^f prêté pend. 1^j, rapportera 360 fois moins, ou $\frac{5}{100 \times 360}$,

9261^f prêtés pend. 1^j, rapporteront 9261 fois plus, ou $\frac{5 \times 9261}{100 \times 360}$,

9261^f prêtés pend. 216^j, rapporteront 216 f. plus, ou $\frac{5 \times 9261 \times 216}{100 \times 360}$,

ou $\frac{10001880}{36000}$, ou 277^f 83.

J'ajoute ce dernier intérêt au capital qui l'a produit, c'est-à-dire 9261, et j'ai 9538 fr. 83 pour la valeur demandée.

354. Quel capital devrait-on prêter à 5 pour 100, et à intérêts composés, pour avoir, au bout de 3 ans 7 mois 6 jours, une somme de 9538^f 83?

Il faut d'abord chercher le capital qu'on devrait prêter au commencement des 7 mois 6 jours pour avoir, au bout de ce temps, la somme de 9538 fr. 83 c. Pour le trouver, je dis :

— 139 —

Si pour avoir 103^f au bout de 7^m 6^j, ou 216^j, il faut un capital de 100^f,

pour avoir 1^f au bout de 216^j, il faud. un cap. 103 f. pl. pet., ou $\dfrac{100}{103}$,

pour av. 9538^{f}83 au bout de 216^j, il faudra un cap. 9538,83 fois plus grand, ou $\dfrac{100 \times 9538,83}{103}$, ou 9261 fr.

Il faut ensuite chercher le capital qu'on devrait placer au commencement de la troisième année pour avoir, à la fin de cette même année, la somme de 9261 fr.; pour le trouver, je dis :
Si pour avoir 105^f au bout de 1 an, il faut un capital de 100^f,

p^r av. 1^f au bout de 1 an, il faudra un cap. 105 f. pl. petit, ou $\dfrac{100}{105}$,

p^r av. 9261^f au bout de 1 an, il faudra un cap. 9261 fois plus grand, ou $\dfrac{100 \times 9261}{105}$, ou 8820 fr.

Il faut maintenant chercher le capital qu'on devrait placer au commencement de la deuxième année pour avoir, à la fin de cette même année, la somme de 8820 fr.; pour le trouver, je dis :
Si pour avoir 105^f au bout de 1 an, il faut un capital de 100^f,

pour avoir 1^f au b. de 1 an, il faud. un cap. 105 f. pl. pet., ou $\dfrac{100}{105}$,

pour avoir 8820^f au bout de 1 an, il faudra un cap. 8820 fois plus grand, ou $\dfrac{100 \times 8820}{105}$, ou 8400 fr.

Il faut enfin chercher le capital qu'on devrait placer au commencement de la première année pour avoir, à la fin de cette même année, la somme de 8400 fr.; pour le trouver, je dis :
Si pour avoir 105^f au bout de 1 an, il faut un capital de 100^f,

pour avoir 1^f au b. de 1 an, il faut un cap. 105 f. pl. pet., ou $\dfrac{100}{105}$,

pour avoir 8400^f au bout de 1 an, il faut un capital 8400 fois plus grand, ou $\dfrac{100 \times 8400}{105}$, ou 8000 fr.

Le capital demandé est donc 8000 fr.

355. Combien faudrait-il de temps à un capital de 8000 francs, prêté à 5 et à intérêts composés, pour atteindre la valeur de 9538^f 83 ?

Il faut chercher ce que le capital vaudra d'abord après la première année, puis après la seconde, ensuite après la troisième, et ainsi de suite d'année en année jusqu'à ce qu'il ait atteint la valeur désignée.

Pour trouver combien le capital vaudra après la première année, je dis :
Si 100^f prêtés pendant un an valent 105^f,

1^f prêté pendant 1 an, vaudra 100 fois moins, ou $\dfrac{105}{100}$,

8000^f prêt. pend. 1 an, vaudr. 8000 f. plus, ou $\dfrac{105 \times 8000}{100}$, ou 8400^f.

Pour trouver combien le capital vaudra après la seconde année, je dis :

— 140 —

Si 100ᶠ prêtés pendant 1 an, valent 105ᶠ,

1ᶠ prêté pendant 1 an, vaudra 100 fois moins, ou $\frac{105}{100}$,

8400ᶠ prêt. pend. 1 an, vaudr. 8400 f. plus, ou $\frac{105 \times 8400}{100}$, ou 8820ᶠ.

Pour trouver combien le capital vaudra après la troisième année, je dis :

Si 100ᶠ prêtés pendant 1 an, valent 105ᶠ,

1ᶠ prêté pendant 1 an, vaudra 100 fois moins, ou $\frac{105}{100}$,

8820ᶠ prêt. pend. 1 an, vaudr. 8820 f. plus, ou $\frac{105 \times 8820}{100}$, ou 9261ᶠ.

Pour trouver combien le capital vaudra après la quatrième année, je dis :

Si 100ᶠ prêtés pendant 1 an, valent 105ᶠ,

1ᶠ prêté pendant 1 an, vaudra 100 fois moins, ou $\frac{105}{100}$,

9261ᶠ prêt. pend. 1 an, vaudr. 9261 f. pl., ou $\frac{105 \times 9261}{100}$, ou 9724ᶠ05.

Puisque le capital 8000ᶠ serait 3 ans pour valoir 9261ᶠ,
et 4 ans pour valoir 9724ᶠ05,
il serait entre 3 et 4 ans pour valoir 9538 fr. 83 c. Pour préciser le temps demandé, il me reste à chercher pendant combien de jours 9261 fr. doivent être prêtés à 5 pour devenir 9538 fr 83 c. Pour le trouver, j'ôte le capital 9261 de 9538 fr. 83 c., et il reste 277ᶠ 83 pour l'intérêt de ce capital, puis je dis :

Si pour avoir 5ᶠ avec 100, il faut 360 jours,

pour avoir 1ᶠ avec 100, il faudra 5 fois moins, ou $\frac{360}{5}$,

pour avoir 1ᶠ avec 1, il faudra 100 fois plus, ou $\frac{360 \times 100}{5}$,

pour av. 277ᶠ 83 avec 1, il faudra 277,83 f. pl., ou $\frac{360 \times 100 \times 277,83}{5}$,

pour av. 277ᶠ 83 avec 9261, il faud. 9261 f. m., ou $\frac{360 \times 100 \times 277,83}{5 \times 9261}$,

ou 216 jours qui font 7 mois 6 jours en sus de 3 ans. Donc il faudrait à 8000 fr. prêtés à 5 pour 100 et à intérêts composés, 3 ans 7 mois 6 jours pour atteindre la valeur de 9538 fr. 83 c.

Problèmes sur l'escompte en dedans.

356. 1° Une personne, ayant besoin d'argent comptant, se présente chez un banquier pour lui faire escompter un billet de 742 francs, payable dans un an. Le banquier le lui escompte à 6 pour 100 par an. Combien lui retient-il ?

SOLUTION. Puisque sur 106ᶠ il y a 6ᶠ d'escompte ou de retenue,

sur 1ᶠ il y en aura 106 fois moins, ou $\frac{6}{106}$,

sur 742ᶠ il y en aura 742 fois plus, ou $\frac{6 \times 742}{106}$, ou 42ᶠ.

Le banquier retient 42 fr. sur la valeur du billet au moment de l'échéance, et il lui reste 700 fr. à payer comptant.

2° Une personne se présente chez un banquier pour lui faire escompter un billet de 742 francs, payable dans 7 mois 12 jours ou 222 jours. Le banquier le lui escompte à 6 pour 100 par an. Combien lui retient-il?

Solution.
Si l'esc. de 106^f en 1 an ou 360^j, est de 6^f,

l'esc. de 1^f en 360^j, sera 106 f. plus petit, ou $\frac{6}{106}$,

l'esc. de 1^f en 1^j, sera 360 f. plus petit, ou $\frac{6}{106\times 360}$,

l'es. de 742^f en 1^j, sera 742 f. plus grand, ou $\frac{6\times 742}{106\times 360}$,

l'es. de 742^f en 222^j, sera 222 f. plus grand, ou $\frac{6\times 742\times 222}{106\times 360}$, ou

$\frac{988344}{38160}$, ou 25^{f}90.

L'escompte ou retenue est donc de 25 fr. 90. Le banquier retranche ces 25 fr. 90 de 742, et il lui reste 716 fr. 10 à payer sur-le-champ.

357. En escomptant à 6 pour 100 par an, on a retenu 25^{f}90 sur un billet payable dans 7 mois 12 jours, ou 222 jours. Quelle était la *valeur* de ce billet au montant de l'échéance?

Solution.
Si p^r ay. 6^f d'esc. en 360^j, il faut 106^f,

p^r av. 1^f d'esc. en 360^j, il faudra 6 fois m., ou $\frac{106}{6}$;

p^r av. 1^f d'esc. en 1^j, il faudra 360 f, plus, ou $\frac{106\times 360}{6}$,

p^r av. 25^{f}90 d'esc. en 1^j, il faudra 25,90 f. pl., ou $\frac{106\times 360\times 25,90}{6}$,

p^r av. 25^{f}90 d'es. en 222^j, il faud. 222 f. m., ou $\frac{106\times 360\times 25,90}{6\times 222}$, ou 742^f.

La valeur du billet au moment de l'échéance était de 742 fr.

358. En escomptant un billet de 742 francs, payable en 7 mois 12 jours ou 222 jours, on a retenu 25^{f}90. A quel *taux* était l'escompte?

Solution. Puisque l'escompte en 222 jours est de 25^{f}90,

l'escompte en 1^j sera 222 fois plus petit, ou $\frac{25,90}{222}$,

l'escompte en 360^j sera 360 fois plus grand, ou $\frac{25,90\times 360}{222}$, ou 42^f.

Je retranche ces 42 fr. de 742, puis je dis :
Puisque pour 700ᶠ en un an, l'escompte est de 42ᶠ,

pour 1ᶠ en 1 an, l'escompte sera 700 fois plus petit, ou $\frac{42}{700}$,

pour 100ᶠ en 1 an, l'esc. sera 100 fois plus grand, ou $\frac{42 \times 100}{700}$, ou 6ᶠ.

Le billet a été escompté au taux de 6 pour 100.

359. En escomptant à 6 pour 100 par an, on a retenu 25ᶠ 90 sur un billet de 742 francs : à quelle époque ce billet était-il payable ?

SOLUTION.

Si pʳ av. 6ᶠ d'esc. sur 106, il faut 360 jours,

pʳ av. 1ᶠ d'esc. sur 106, il faudra 6 fois moins de jours, ou $\frac{360}{6}$,

pʳ av. 1ᶠ d'esc. sur 1, il faudra 106 f. plus de jours, ou $\frac{360 \times 106}{6}$,

pʳ av. 25ᶠ90 d'esc. sur 1, il faud. 25,90 f. pl. de j., ou $\frac{360 \times 106 \times 25,90}{6}$,

pʳ av. 25ᶠ90 d'esc. sur 742, il faud. 742 f. m. de j., ou $\frac{360 \times 106 \times 25,90}{6 \times 742}$,

ou 222 jours, qui font 7 mois 12 jours.
Le billet était donc payable en 7 mois 12 jours.

Problèmes sur l'escompte en dehors.

360. Une personne se présente chez un banquier pour lui faire escompter un billet de 742 francs, payable dans 7 mois 12 jours ou 222 jours. Le banquier le lui escompte à 6 pour 100 par an. Combien lui retient-il ?

SOLUTION.

Si l'esc. de 100ᶠ en 360ʲ est de 6ᶠ,

l'esc. de 1ᶠ en 360ʲ est 100 fois plus petit, ou $\frac{6}{100}$,

l'esc. de 1ᶠ en 1ʲ est 360 fois plus petit, ou $\frac{6}{100 \times 360}$,

l'esc. de 742ᶠ en 1ʲ, est 742 fois plus grand, ou $\frac{6 \times 742}{100 \times 360}$,

l'esc. de 742ᶠ en 222ʲ, est 222 f. plus gr., ou $\frac{6 \times 742 \times 222}{100 \times 360}$, ou 27ᶠ454.

L'escompte est donc 27ᶠ454. Le banquier retient ces 27ᶠ454 sur la valeur du billet au moment de l'échéance, et il lui reste 714ᶠ546 à payer de suite.

361. En comptant à 6 pour 100 par an, on a retenu 27ᶠ 454 sur un billet, payable dans 7 mois 12 jours, ou 222 jours. Quelle était la valeur de ce billet au moment de l'échéance ?

SOLUTION.

Si p' av. 6' d'esc. en 360 jours, il faut 100 fr.

p' av. 1' d'esc. en 360^j, il faut 6 fois moins, ou $\dfrac{100}{6}$

p' av. 1' d'esc. en 1^j, il faut 360 f. plus, ou $\dfrac{100 \times 360}{6}$,

p' av. 27'454 d'esc. en 1^j, il f. 27,454 f. pl., ou $\dfrac{100 \times 360 \times 27,454}{6}$,

p' av. 27'454 d'esc. en 222^j, il faut 222 f. m., ou $\dfrac{100 \times 360 \times 27,454}{6 \times 222}$,

ou 742'.

La valeur du billet, au moment de l'échéance, était donc 742 fr.

362. En escomptant un billet de 742 francs, payable dans 7 mois 12 jours ou 222 jours, on a retenu 27' 454. A quel taux était l'escompte?

SOLUTION.

Si l'esc. de 742' en 222 jours, est 27'454,

l'esc. de 1' en 222^j est 742 fois plus petit, ou $\dfrac{27,454}{742}$,

l'esc. de 1' en 1^j est 222 fois plus petit, ou $\dfrac{27,454}{742 \times 222}$,

l'esc. de 100' en 1^j est 100 fois plus grand, ou $\dfrac{27,454 \times 100}{742 \times 222}$,

l'esc. de 100' en 360^j est 360 f. plus gr., ou $\dfrac{27,454 \times 100 \times 360}{742 \times 222}$, ou 6'.

363. En escomptant à 6 pour 100 par an, on a retenu 27' 454 sur un billet de 742 francs. A quelle *époque* ce billet était-il payable?

SOLUTION.

Si p' av. 6' d'esc. sur 100 fr., il faut 360 jours,

p' av. 1' d'esc. sur 100', il faut 6 fois moins, ou $\dfrac{360}{6}$

p' av. 1' d'esc. sur 1', il faut 100 fois plus, ou $\dfrac{360 \times 100}{6}$

p' av. 27'454 d'esc. sur 1', il f. 27,454 f. pl., ou $\dfrac{360 \times 100 \times 27,454}{6}$,

p' av. 27'454 d'esc. sur 742' il faut 742 fois m., ou $\dfrac{360 \times 100 \times 27,454}{6 \times 742}$,

ou 222^j, qui font 7^{m}12^j.

Le billet était donc payable dans 7 mois 12 jours.

Problèmes sur la règle de partage.

364. Deux marchands se sont associés pour un commerce : le premier a mis 500 francs, et le second 400 francs ;

ils se séparent et veulent partager le bénéfice commun qui se monte à 3600 francs : combien revient-il à chacun proportionnellement à sa mise ?

SOLUTION. La somme des mises est 900 fr.; ces 900 fr. ont rapporté 3600 fr.; je puis donc dire :

Si 900^f ont rapporté 3600 fr.

1^f a rapporté 900 f. m., ou $\frac{3600}{900}$, ou 4^f; et, puisque 1^f a rapp. 4^f,

500^f ont rapporté 500 fois plus, ou............ $4 \times 500 = 2000^f$
400^f ont rapporté 500 fois plus que 1^f, ou...... $4 \times 400 = 1600^f$

La somme des deux bén. doit être égale au bén. total   3600^f

365. Deux associés ont fait une mise égale, mais le premier a laissé ses fonds dans la société pendant 5 mois, et le second pendant 4 mois; le gain total est 3600 francs. Combien revient-il à chacun proportionnellement au temps que son argent est resté dans la société ?

SOLUTION.
Si 9 mois donnent......... 3600 fr.

1 mois donne 9 f. moins, ou $\frac{3600}{9}$, ou 400^f; et, puisque 1^m donne 400^f,

5 mois donnent 5 fois plus, ou................. $400 \times 5 = 2000^f$
4 mois donnent 4 fois plus qu'un, ou........... $400 \times 4 = 1600^f$

La somme des deux gains doit être égale au gain total   3600^f

366. Deux marchands se sont associés pour un commerce : le premier a mis 125 francs pendant 4 mois, et le second 200 francs pendant 2 mois; le gain total est 3600 francs : combien revient-il à chaque associé proportionnellement à sa mise, et au temps que son argent est resté dans la société ?

Il est clair que 125 fr., placés pendant 4 mois, rapportent autant que 4 fois 125 fr., ou 500 fr. en un mois,
et que........ 200 fr., placés pendant 2 mois, rapportent autant que 2 fois 200 fr., ou 400 fr. en un mois.

En multipliant chaque mise par le temps qu'elle est restée dans la société, j'ai rendu le temps des mises le même pour toutes, et j'ai ainsi ramené la question proposée à cette règle de partage :

Les mises de deux associés sont 500 fr. et 400 fr.; le gain total est 3600 fr.; quel est le gain de chaque associé ?

La réponse à cette question se trouve aux n°^{s} 329 et 330.

367. Deux marchands se sont associés pour un commerce; le premier a mis 45 francs pendant 3 ans, puis 150 francs pendant 2 ans, et enfin 65 francs pendant 1 an; le second a mis 50 francs pendant 3 ans, puis 70 francs pendant 2 ans, et enfin 110 francs pendant 1 an; le gain total est 3600 francs : quel est le gain de chaque associé ?

Solution. Le 1ᵉʳ a mis 45 × 3 ans = 135ᶠ ⎫
          plus 150 × 2 ans = 300 ⎬ le 1ᵉʳ a donc mis en tout 500ᶠ
          plus 65 × 1 an = 65 ⎭
          Le 2ᵉ a mis 50 × 3 ans = 150ᶠ ⎫
          plus 70 × 2 ans = 140 ⎬ le 2ᵉ a donc mis en tout 400ᶠ
          plus 110 × 1 an = 110 ⎭

La question proposée se réduit donc à cette règle de partage : les mises de deux associés sont 500 fr. et 400 fr. ; le gain total est 3600 fr. : quel est le gain de chaque associé ?

La réponse à cette question se trouve au n° 329.

368. Les mises de deux associés sont 500 francs et 400 francs ; le premier associé reçoit pour sa part 2000 fr. de bénéfice : quel est le bénéfice total ?

Solution. Si 500ᶠ de mise ont rapporté 2000ᶠ,

$$1^f \text{ de mise a rapporté 500 fois moins, ou } \frac{2000}{500},$$

$$900^f \text{ de mise tot. ont rapp. 900 f. pl., ou } \frac{200 \times 900}{500}, \text{ ou } 3600^f.$$

Le bénéfice total est donc 3600 fr.

369. Deux associés ont fait un bénéfice de 3600 francs ; le premier reçoit pour sa part 2000 francs de bénéfice ; la somme des mises est 900 francs : quelle est la mise de chacun ?

Le bénéfice du second associé est 3600ᶠ − 2000ᶠ = 1600ᶠ. Cela posé, je dis :

Si 3600ᶠ ont été rapportés par 900ᶠ,

$$1^f \text{ a été rapporté par 3600 fois moins, ou par } \frac{900}{3600}, \text{ ou } 0^f25 ;$$

et, puisque 1ᶠ a été rapporté par 0ᶠ25,
2000ᶠ ont été rapportés par 2000 fois plus, ou 0ᶠ25 × 2000 = 500ᶠ,
1600ᶠ ont été rapportés par 1600 fois plus, ou 0ᶠ25 × 1600 = 400ᶠ.

Problèmes sur la règle de troc ou d'échange.

370. Deux marchands se proposent de faire un échange : l'un a du drap qu'il vend 20 francs le mètre, argent comptant, mais au troc il veut en avoir 22 francs ; l'autre a du velours qu'il vend 24 francs, argent comptant : on demande combien le second marchand doit vendre son velours ?

Pour ne rien perdre au change, le second marchand doit augmenter le prix de son velours en proportion de ce que le premier marchand a augmenté le prix de son drap. Il dira donc :
Si 20ᶠ comptant valent 22ᶠ en troc,

$$1^f \text{ comptant vaut 20 fois moins, ou } \frac{22}{20},$$

$$24^f \text{ comptant valent 24 fois plus, ou } \frac{22 \times 24}{20}, \text{ ou } 26^f40.$$

Le velours en troc doit donc être estimé 26 fr. 40.

371. Deux négociants ont fait un échange ; le premier a du satin qu'il vend 10 francs comptant, et 12 francs en troc ; le second a du damas qu'il vend 36 francs comptant, et 39 francs en troc : lequel des deux gagne au troc ?

Il suffit de chercher ce que l'un des deux négociants devait vendre sa marchandise en troc.

Pour trouver ce que le second négociant, par exemple, devait vendre son damas en troc, je dis :

Si 10^f comptant valent 12^f en troc,

1^f comptant vaut 10 fois moins, ou $\frac{12}{10}$,

36^f comptant valent 36 fois plus, ou $\frac{12\times 36}{10}$, ou 43^{f}20.

Le second négociant devait vendre son damas 43 fr. 20 c. le mètre ; mais il ne le vend que 39 fr. : donc il perd 4 fr. 20 c. par mètre ; or, tout ce que l'un perd, l'autre le gagne : donc le premier gagne au troc 4 fr. 20 c. par mètre.

Problèmes sur le change.

372. Un particulier, voulant aller de Paris à Bordeaux, va trouver un banquier afin qu'il lui fasse toucher 8000 fr. dans cette dernière ville : combien doit-il donner au banquier, le change étant à 2 pour 100 ?

SOLUTION. Puisque, pour 100^f le change est 2^f,

pour 1^f le change est 100 fois plus petit, ou $\frac{2}{100}$,

pour 8000^f le change est 8000 fois plus grand, ou $\frac{2\times 8000}{100}=160^f$.

Il faut donner 160 fr. pour le change ; ces 160 fr. ajoutés aux 8000 fr. font une somme de 8160 fr. que le particulier doit remettre au banquier pour obtenir un billet de 8000 fr. sur Bordeaux.

373. On donne 8160 francs à un banquier tant pour le change que pour le billet : de combien le billet doit-il être fait, le change étant à 2 pour 100 ?

SOLUTION. Si pour 102^f on a un billet de 100^f,

pour 1^f on a un billet 102 fois plus petit, ou $\frac{100}{102}$,

pour 8160^f on a un billet 8160 fois plus grand, ou $\frac{100\times 8160}{102}=8000^f$.

Problèmes sur la règle d'une supposition.

374. Quel est le nombre dont la $\frac{1}{2}$, le $\frac{1}{3}$ et le $\frac{1}{4}$ réunis font 52 ?

Pour résoudre cette question, il faut que je suppose un nombre qui puisse être divisé exactement par les dénominateurs 2, 3 et 4 ; or 24 peut satisfaire à ces conditions, puisqu'il est le produit de ces trois dénominateurs : je suppose donc 24 ;

puis de   24

je prends la $\frac{1}{2}$ = 12)
le $\frac{1}{3}$ = 8 } mais ces trois parties réunies ne
le $\frac{1}{4}$ = 6)

font que......   26 ; d'où je conclus que la supposition que j'ai faite est fausse, puisque les trois parties doivent faire 52 ; néanmoins, avec cette supposition fausse, je trouverai la vérité en disant :

Si pour avoir 26 il faut 24 ;

pour avoir 1 il faut 26 fois moins, ou $\frac{24}{26}$;

pour avoir 52 il faut 52 fois plus, ou $\frac{24 \times 52}{26}$ = 48.

48 est vraiment le nombre dont la moitié, le tiers et le quart font 52 (340).

375. Une personne qui possède 60000 francs en a placé une partie à 4'50 pour 100, et l'autre partie à 3'50 pour 100, ce qui lui fait un revenu de 2500 fr. Quelles sont les deux sommes placées à 4'50 et à 3'50 ?

Solution. Les 60000^f placés à 3'50 donneraient un revenu de   2100^f
mais ils donnent un revenu de......   2500
il y a donc erreur de............   400^f

En remplaçant 100^f à 3'50
par 100^f à 4'50,
je diminue l'erreur de   1'00. Pour la diminuer de 400^f, je dis :

Si pour diminuer l'erreur de 1^f il faut 100^f,
pour la diminuer de 400^f, il faut 400 fois pl., ou 100 × 400 = 40.000^f ; donc, on a pl. 40.000^f à 4'50, le reste 20.000^f a été pl. à 3'50 p. 100.

Problèmes sur la règle de deux suppositions.

376. La somme de deux nombres est 40, et leur différence est 8. Quels sont ces deux nombres ?

1re Supposition		2e Supposition	
Si le premier nombre est....	30	Si le premier nombre est....	25
le second sera...........	10	le second sera...........	15
et la différence sera......	20	et la différence sera......	10
mais elle doit être de......	8	mais elle doit être de......	8
il y a donc erreur de......	12	il y a donc erreur de......	2

La première supposition donne une erreur de.... 12
La même supposition diminuée de 5, c'est-à-dire la supposition 25, donne une erreur de.............. 2
La première supposition diminuée de 5, réduit donc l'erreur primitive de...................... 10. Pour réduire l'erreur de 12, je dis :
Si pour réduire l'erreur de 10, il faut diminuer le nombre 30 de 5,

pour réd. l'erreur de 1, il faut le diminuer 10 fois moins, ou de $\frac{5}{10}$,

pour réd. l'erreur de 12, il faut le dimin. 12 fois pl., ou $\frac{5 \times 12}{10} = 6$.

30 moins 6, ou 24, est donc un des deux nombres demandés, et l'autre est 16.

377. Un père a 40 ans, et son fils en a 8. Dans combien d'années l'âge du père sera-t-il double de celui de son fils ?

1re *Supposition.*	2e *Supposition.*
Dans 40 ans,	Dans 38 ans,
le père aura 40+40=80^{ans}	le père aura 38+40=78^{ans}
Le fils aura	Le fils aura
40+8=48, dont le doub. est 96	38+8=46, dont le doubl. est 92
L'âge du père n'est donc pas	L'âge du père n'est donc pas
le double de celui du fils,	le double de celui du fils,
il s'en faut............ 16^{ans}	il s'en faut............ 14^{ans}

La première supposition donne une erreur de.... 16
La même supposition diminuée de 2, c'est-à-dire 38, donne une erreur de....................... 14
La première supposition diminuée de 2, réduit donc l'erreur de............................. 2. Pour la réduire de 16, je dis :
Si pour réduire l'erreur de 2, il faut diminuer le nombre 40 de 2,

pour réduire l'erreur de 1, il faut le diminuer 2 fois moins, ou $\frac{2}{2}$,

pour réduire l'erreur de 16, il faut le dimin. 16 f. pl., ou $\frac{2 \times 16}{2} = 16$.

Si pour la première supposition j'avais pris 40 moins 16, c'est-à-dire 24, je n'aurais point trouvé d'erreur : donc 24 est le nombre d'années demandé.

Problèmes sur la règle de mélange.

378. On a fait un mélange dans lequel il entre 1 litre de vin à 0^f75, et 5 litres de vin à 0^f45. Combien vaut le litre du mélange ?

Pour résoudre cette question, je dis :
1 litre à 0^f75 vaut................. 0^f75
5 litres à 0^f45 valent 5 fois 0^f45, ou   2^f25
donc les 6 litres mêlés ensemble valent...... 3^f00
donc 1 litre vaut 6 fois moins, ou $\frac{3}{6} =$ 0^f50

379. On a fait un mélange dans lequel il entre 1 litre de vin à 0ᶠ75, 5 litres à 0ᶠ45, 1 litre à 0ᶠ20, et 2 litres à 0ᶠ65. Combien vaut le litre de ce mélange?

Pour résoudre cette question, je dis :

1 litre à 0ᶠ75 vaut....................	0ᶠ75
5 litres à 0ᶠ45 valent 5 fois 0ᶠ45, ou...	2ᶠ25
1 litre à 0ᶠ20 vaut....................	0ᶠ20
2 litres à 0ᶠ65 valent 2 fois 0ᶠ65, ou..	1ᶠ30
donc les 9 litres mêlés ensemble valent......	4ᶠ50

donc 1 litre vaut 9 fois moins, ou $\dfrac{4,50}{9} = 0^f50$.

380. J'ai du vin à 0ᶠ75 et à 0ᶠ45 le litre. Combien dois-je en prendre de chaque sorte pour faire un mélange sur lequel je ne perde ni ne gagne en le vendant 0ᶠ50 le litre?

SOLUTION. En vendant 0ᶠ50 un litre de vin à 0ᶠ75, je perds 0ᶠ25,
En vendant 0ᶠ50 un litre de vin à 0ᶠ45, je gagne 0ᶠ05.
En prenant un litre de chaque sorte, je perds donc, c'est évident.

Pour ne rien perdre, il faut que je gagne, sur le vin à 0ᶠ45, tout ce que je perds sur le vin à 0ᶠ75; je dois donc prendre autant de vin à 0ᶠ45 qu'il en faut pour gagner 0ᶠ25. Pour trouver le nombre de litres à prendre, je dis : Si pour gagner 0ᶠ05 il faut prendre 1 litre; combien faut-il prendre de litres pour gagner 0ᶠ25?

SOLUTION. Si pour gagner 0ᶠ05, il faut................. 1 litre,

pour gagner 0ᶠ01, il faut 0,05 fois moins, ou $\dfrac{1}{0,05}$,

pour gagner 0ᶠ25, il faut 0,25 fois plus, ou $\dfrac{1 \times 0,25}{0,05} = 5^l$.

Pour avoir du vin à 0ᶠ50, il faut donc prendre, pour 1 litre à 75 centimes, 5 litres de vin à 45 centimes.
La preuve se trouve au n° 378.

381. J'ai du vin à 0ᶠ75, à 0ᶠ65, à 0ᶠ45 et à 0ᶠ20 le litre; je veux en faire un mélange qui me revienne à 0ᶠ50 le litre. Combien dois-je en prendre de chaque espèce?

Pour résoudre cette question, je cherche d'abord combien je dois prendre de vin à 0ᶠ75, et de vin à 0ᶠ45 pour avoir du vin à 0ᶠ50. Je trouve (380) qu'il faut prendre, pour 1 litre de vin à 75 centimes, 5 litres de vin à 45 centimes.

Il reste maintenant à chercher combien je dois prendre de vin à 0ᶠ65, et de vin à 0ᶠ20 le litre, pour avoir du vin à 0ᶠ50 : pour le trouver, je dis :

En vendant 0ᶠ50 un litre de vin à 0ᶠ65, je perds 0ᶠ15,
en vendant 0ᶠ50 un litre de vin à 0ᶠ20, je gagne 0ᶠ30 :

en prenant un litre de chaque espèce, je gagne donc, c'est évident.
Pour ne rien gagner, je dois prendre autant de vin à 0ᶠ65 qu'il en faut pour perdre 0ᶠ30. Pour trouver le nombre de litres à prendre, je dis :

Si pour perdre 0f15, il faut 1 litre,

pour perdre 0f01, il faut 0f15 fois moins, ou $\dfrac{1}{0,15}$,

pour perdre 0f30, il faut 0,30 fois plus, ou $\dfrac{1 \times 0,30}{0,15} = 2$ litres.

Donc, en prenant

    pour 1 litre à 0f75
    5 litres à 0f45
  et pour 1 litre à 0f20
    2 litres à 0f65

J'aurai du vin à 0f50. La preuve se trouve au n° 379.

REMARQUE. Pour résoudre ce problème, on aurait pu perdre sur le vin à 0f75 ce qu'on gagne sur le vin à 0f20, et gagner sur le vin à 0f45 ce qu'on perd sur le vin à 0f65; mais alors on aurait obtenu les résultats suivants :

    pour 1 litre à 0f20
    1 litre à 0f75
  et pour 1 litre à 0f65
    3 litres à 0f45

382. J'ai du vin à 0f75, à 0f65, et à 0f45; je veux en faire un mélange qui me revienne à 0f50 le litre. Combien dois-je en prendre de chaque espèce?

Pour résoudre cette question, je cherche d'abord combien je dois prendre de vin à 0f75 et de vin à 0f45, pour avoir du vin à 0f50 le litre. Je trouve (380) qu'il faut prendre, pour 1 litre à 0f75, 5 litres à 0f45.

Il reste à chercher combien je dois prendre de vin à 0f65 et à 0f45, pour avoir du vin à 0f50 le litre. Pour le trouver, je dis :

  En vendant 0f50 un litre de vin à 0f65, je perds 0f15,
  en vendant 0f50 un litre de vin à 0f45, je gagne 0f05 ;
en prenant un litre de chaque espèce, je perds donc, c'est évident.

Pour ne rien perdre, je dois donc prendre autant de vin à 0f45 qu'il en faut pour gagner 0f15. Pour trouver le nombre de litres à prendre, je dis :

Si pour gagner 0f05, il faut 1 litre,

 pour gagner 0f01, il faut 0,05 fois moins, ou $\dfrac{1}{0,05}$,

 pour gagner 0f15, il faut 0,15 fois plus, ou $\dfrac{1 \times 0,15}{0,05} = 3$ litres.

Donc, en prenant

    pour 1 litre à 0f75
    5 litres à 0f45
  et pour 1 litre à 0f65
    3 litres à 0f45

J'aurai du vin à 0f50.

383. Combien faut-il mettre d'eau dans 100 litres de vin à 1f50 pour avoir un mélange qui revienne à 1f25 le litre?

Je cherche d'abord combien je dois prendre d'eau et de vin à 1f50, pour avoir un mélange à 1f25 le litre. Pour le trouver, je dis :

En vendant 1f25 un litre de vin à 1f50, je perds 0f25,
en vendant 1f25 un litre d'eau, je gagne . . . . 1f50 ;

en prenant un litre de chaque espèce, je gagne donc, c'est évident.
Pour ne rien gagner, je dois donc prendre autant de vin qu'il en faut pour perdre 1f25. Pour trouver le nombre de litres à prendre, je dis :

Si pour perdre 0f25, il faut 1 litre,

pour perdre 0f01, il faut 0,25 fois moins, ou $\frac{1}{0,25}$;

pour perdre 1f25, il faut 1,25 fois plus, ou $\frac{1 \times 1,25}{0,25} = 5$ litres.

Pour avoir un mélange qui revienne à 1f25 le litre, il faut donc 5 litres de vin pour 1 litre d'eau, ou, ce qui est la même chose, un litre d'eau pour 5 litres de vin.
Il reste maintenant à chercher combien il faut prendre d'eau pour 100 litres de vin. Pour le trouver, je dis :
Si pour 5 litres de vin, il faut 1 litre d'eau,

pour 1 litre de vin, il faut 5 fois moins, ou $\frac{1}{5}$;

pour 100 litres de vin, il faut 100 fois plus, ou $\frac{1 \times 100}{5} = 20$ lit. d'eau.

384. J'ai du vin à 0f75 et à 0f45 le litre ; je veux en faire un mélange de 48 litres qui me revienne à 0f50 le litre. Combien en dois-je prendre de chaque espèce ?

En opérant comme au n° 380, je trouve que pour un mélange de 6 litres, il faut 1 litre à 0f75, et 5 litres à 0f45.
Maintenant pour savoir combien il faut prendre de vin à 0f75 pour un mélange de 48 litres, je dis :
Si pour faire un mélange de 6 litres, il faut 1 litre ;

pour faire un mélange de 1 litre, il faut 6 fois moins, ou $\frac{1}{6}$;

pour faire 1 mél. de 48 lit., il faut 48 fois plus, ou $\frac{1 \times 48}{6} = 8$ litres.

Pour savoir enfin ce qu'il faut prendre de vin à 0f45 pour un mélange de 48 litres, je dis :
Si pour 6 litres de mélange, il faut 5 litres,

pour 1 litre de mélange, il faut 6 fois moins, ou $\frac{5}{6}$;

pour 48 litres de mélange, il faut 48 fois plus, ou $\frac{5 \times 48}{6} = 40$ lit.

Pour obtenir le mélange demandé, il faut donc prendre 8 litres à 0f75, et 40 litres à 0f45.

385. J'ai du vin à 0f75 et du vin à 0f45 ; je veux en faire un mélange qui me revienne à 0f50 le litre, et dans lequel il entre 8 litres à 0f75.

En opérant comme au n° 380, je trouve que dans un mélange de 6 litres il entre 1 litre à 0ᶠ75 et 5 litres à 0ᶠ45; mais comme je veux qu'il y ait 8 litres à 0ᶠ75, et que je n'en ai qu'un, je remplace 1 par 8 ; puis, pour trouver par combien je dois ensuite remplacer les 5 litres à 0ᶠ45, je dis :

Si pour 1 j'ai 8,
pour 5 j'aurai 5 fois plus ; ou 8×5=40 litres.

Pour obtenir le mélange demandé, il faut donc 8 litres à 0ᶠ75 et 40 litres à 0ᶠ45 (384).

386. 48 litres d'un mélange de vin à 0ᶠ75 et à 0ᶠ45 le litre, coûtent 24 fr. Combien ce mélange contient-il de litres de vin de chaque espèce ?

SOLUTION. 48 litres coûtant 24 fr., 1 litre coûte 48 fois moins de 24, ou 0ᶠ50. Le problème est donc ramené à celui-ci : J'ai du vin à 75 centimes et à 45 centimes; je veux en faire un mélange de 48 lit., qui me revienne à 50 centimes le litre; combien dois-je en prendre de chaque espèce ?

La réponse se trouve au n° 384.

PROBLÈMES DIVERS.

387. Deux fontaines coulent ensemble dans un bassin. La première le remplirait seule en 3 heures, et la seconde en 4 heures ; combien seront-elles d'heures pour le remplir ?

En coulant pendant 1 heure, la première fontaine remplirait le $\frac{1}{3}$ du bassin, et la seconde le $\frac{1}{4}$; les deux fontaines coulant ensemble seront donc 1 heure pour remplir le $\frac{1}{3}$ et le $\frac{1}{4}$, ou les $\frac{7}{12}$ du bassin. Pour trouver combien elles seront de temps pour le remplir tout entier, je dis :

Si les deux fontaines coulant ensemble sont 1 heure pour remplir les $\frac{7}{12}$ du bassin; combien seront-elles d'heures pour en remplir les $\frac{12}{12}$, c'est-à-dire pour le remplir tout entier ? Plus de 1 heure ; j'ai donc pour proportion

$$\frac{12}{12} : \frac{7}{12} :: R : 1,$$ laquelle revient à celle-ci (296) :

$$12 : 7 :: R : 1,$$ et pour rép. $\frac{1 \times 12}{7}$ heures.

388. Deux courriers vont dans le même sens ; le premier a une avance de 120 kilomètres sur le second. Le premier fait 10 kilomètres à l'heure, et le second en fait 15. Combien le second courrier sera-t-il d'heures pour rattraper le premier, c'est-à-dire pour parcourir 120 kilomètres de plus que lui ?

En 1 heure, le second courrier fait...... 15 kilomètres,
et le premier courrier en fait............ 10

En 1 heure, le second courrier parcourt donc 5 kilomètres de plus que le premier. Cela posé, je dis :

S'il faut 1 heure pour gagner 5 kilomètres, combien en faudra-t-il pour gagner 120 kilom. ? Plus de 1 ; j'ai donc, pour proportion

$$120 : 5 :: R : 1, \text{ et pour rép. } \frac{1 \times 120}{5} = 24 \text{ heures.}$$

389. Les deux aiguilles d'une montre sont sur midi. Au moment du départ, la petite a une avance de 60 divisions sur la grande (a). La petite parcourt 5 divisions à l'heure, et la grande 60. Combien la grande sera-t-elle d'heures pour rattraper la petite, c'est-à-dire pour parcourir 60 divisions de plus qu'elle ?

La grande aiguille parcourt 60 divisions en 1 heure,
et la petite aiguille en parcourt 5

La grande aiguille gagne donc 55 divisions en 1 heure,
1 div. en 55 fois m. de temps, ou en $\frac{1}{55}$;
et 60 divisions en 60 fois plus de temps,

ou en $\frac{1 \times 60}{55} = 1$ heure 5 minutes 27 secondes $\frac{3}{11}$.

RACINE CARRÉE.

390. On appelle CARRÉ *d'un nombre, le produit qu'on obtient en multipliant ce nombre par lui-même.* Ainsi, le carré de 4 est 16, parce que 16 est le produit qu'on obtient en multipliant 4 par lui-même, c'est-à-dire par 4.

391. On appelle RACINE CARRÉE *d'un nombre, le nombre qui, multiplié par lui-même, reproduit le nombre proposé.* Ainsi, la racine carrée de 16 est 4, parce que 4 est le nombre qui, multiplié par lui-même, reproduit 16.

FORMATION DU CARRÉ D'UN NOMBRE.

392. Pour former le carré d'un nombre, *on multiplie ce nombre par lui-même.*

Ainsi, si je multiplie 10 par 10, le produit 100 sera le carré de 10.

Après avoir vu comment on forme le carré, c'est-à-dire comment on va de la racine au carré, voyons comment on extrait la racine carrée, c'est-à-dire comment on revient du carré à la racine.

EXTRACTION DE LA RACINE CARRÉE DES NOMBRES ENTIERS.

393. La racine carrée de 100 étant 10, la racine carrée de tout nombre plus petit que 100 est plus petite que 10, et par conséquent ne peut être que d'un seul chiffre. Au contraire la racine carrée de tout nombre plus grand que 100

(a) Au moment du départ des aiguilles, la grande dépasse la petite, et, pour revenir au point d'où elle est partie, elle devrait parcourir 60 divisions ; donc la petite aiguille a 60 divisions d'avance.

7.

est plus grande que 10, et par conséquent est composée de dizaines et d'unités.

394. On distingue donc deux cas dans l'extraction de la racine carrée des nombres entiers selon que le nombre proposé est plus petit ou plus grand que 100.

1er CAS. *Extraction de la racine d'un nombre plus petit que 100.*

395. Pour extraire la racine carrée d'un nombre plus petit que 100, il n'y a pas de règle, on se sert de la table suivante :

RACINES 1, 2, 3, 4, 5, 6, 7, 8, 9.
CARRÉS 1, 4, 9, 16, 25, 36, 49, 64, 81.

Voici la manière de s'en servir : On cherche le nombre proposé dans la ligne des carrés de cette table. Si on l'y trouve, le nombre qu'on voit au-dessus, dans la ligne des racines, est exactement la racine demandée; si on ne l'y trouve pas, on cherche dans la ligne des carrés, le plus grand carré contenu dans le nombre proposé, et le nombre qu'on voit au-dessus de ce carré est la racine demandée, à moins d'une unité.

Ainsi, la racine carrée de 1 est 1; celle de 4 est 2; celle de 9 est 3, etc.

Ainsi, la racine carrée de 29, est 5, parce que le plus grand carré contenu dans 29 est 25 dont la racine est 5. Cette racine est exacte à moins d'une unité; car 29 étant compris entre 25 et 36, sa racine tombe entre 5 et 6, et diffère, par conséquent, de chacun de ces nombres de moins qu'ils ne diffèrent entre eux, c'est-à-dire de moins d'une unité.

IIᵉ CAS. *Extraction de la racine d'un nombre entier plus grand que 100.*

396. Pour extraire la racine carrée d'un nombre plus grand que 100, il y a une règle que nous allons exposer d'abord, puis appliquer et enfin démontrer; c'est le moyen de la faire mieux comprendre.

RÈGLE. Pour extraire la racine carrée d'un nombre plus grand que 100, *on le partage en tranches de deux chiffres chacune, à partir de la droite* (la dernière tranche, à gauche, peut n'avoir qu'un seul chiffre).

On prend la racine du plus grand carré contenu dans la première tranche à gauche, on l'écrit à la droite du nombre proposé au-dessus du trait horizontal; on forme le carré de cette racine, et on le soustrait de la première tranche à gauche.

A côté du reste, on abaisse la tranche suivante, ce qui donne un nombre dont on sépare par un point le dernier chiffre à droite; on divise la partie à gauche du point, par le double de la racine déjà connue, et le quotient est le second chiffre de la racine ou un chiffre trop fort.

Pour le vérifier on forme le carré des chiffres de la racine déjà connue, et on le soustrait de l'ensemble des tranches employées. Si la soustraction est impossible, le quotient est trop grand, il faut le diminuer successivement d'une unité, jusqu'à ce que la soustraction soit possible.

A droite du reste, on abaisse la tranche suivante, ce qui donne un nombre sur lequel on opère comme sur le précédent.

On continue d'opérer ainsi jusqu'à ce qu'il n'y ait plus de tranches à abaisser, et les chiffres qu'on a à la racine sont la racine du nombre proposé.

397. REMARQUES. 1° Si la partie à gauche du point ne contient pas le nombre par lequel il faut la diviser, on met zéro à la racine ; si elle le contient plus de 9 fois, on ne met que 9 à la racine.

2° Si une soustraction donne un reste qui surpasse le double de la racine trouvée, le dernier chiffre qu'on a mis à la racine est trop faible.

3° Si la dernière soustraction donne zéro pour reste, le nombre proposé est un *carré parfait* et la racine *exacte*.

4° Si la dernière soustraction ne donne pas zéro pour reste, le nombre proposé n'est pas un *carré parfait*, et la racine trouvée est exacte *à moins d'une unité*.

APPLICATION de la règle précédente.

398. 1ᵉʳ EXEMPLE. On demande quelle est la racine carrée de 2916.

Opération.

	29.16	54 racine.	
	25	10 double de la racine 5.	
Reste et tranche suivante.	41.6		
Tranches employées....	2916	*Vérification de 4.*	
Carré..............	2916	Racine... 54	
Reste...........	0	Racine... 54	
		216	
		270	
		Carré... 2916	

Après avoir partagé le nombre proposé en tranches de deux chiffres chacune, à partir de la droite, je cherche le plus grand carré contenu dans la première tranche à gauche, c'est-à-dire dans 29 ; je trouve que c'est 25 dont la racine est 5 ; j'écris 5 à la droite du nombre proposé, je forme le carré de 5 et j'obtiens 25 que je soustrais de 29, et il reste 4.

A côté de 4, j'abaisse 16 et j'ai 416 dont je sépare le dernier chiffre 6 ; puis je prends le double de la racine déjà connue, c'est-à-dire de 5, ce qui donne 10 ; je cherche combien 10 est contenu de

— 156 —

fois dans 41 ; je trouve qu'il y est 4 fois ; j'écris ce quotient 4 à la droite de 5, ce qui fait 54.

Pour savoir si 4 n'est pas trop fort (a), je forme le carré de 54, et j'obtiens 2916 ; et comme 2916 peut être soustrait des deux tranches employées, c'est-à-dire de 2916, j'en conclus que 4 n'est pas trop fort.

Donc 54 est la racine carrée de 2916, et sa racine *exacte*, puisque la dernière soustraction donne zéro pour reste.

2ᵉ EXEMPLE. Soit à extraire la racine carrée de 16257025.

```
              16.25.70.25  | 4032 racine.
              16           |
                           | 8    double de 4.
              02.57.0      |
                           | 80   double de 40.
Tranches employées...  162570
Carré...............   162409  | 806  double de 403.

                        1612.5

Tranches employées...  16257025
Carré...............   16257024
Reste...............          1
```

Vérification de 3.   *Vérification de 2.*

Racine......   403   Racine.....   4032
            ×   403   ×   4032
               1209   8064
              16120   12096
Carré....... 162409   161280
                              Carré..... 16257024

Je partage le nombre proposé en tranches de deux chiffres chacune, à partir de la droite ; je cherche le plus grand carré contenu dans la première tranche à gauche, c'est-à-dire dans 16 ; je trouve que c'est 16 dont la racine est 4 ; j'écris 4 à la droite du nombre proposé ; je forme le carré de 4 et j'obtiens 16, que je soustrais de 16, et il ne reste rien.

J'abaisse la tranche 25 dont je sépare 5 ; puis je prends le double

---

(a) *Autre manière de vérifier un quotient.* Pour savoir si un chiffre mis au quotient n'est point trop fort, on l'écrit à la droite du double de la racine et au-dessous du double de la racine ; le double de la racine ainsi augmenté se multiplie par le chiffre qu'on vient d'écrire au-dessous, et le produit se soustrait du nombre formé du reste et de la tranche abaissée. Si la soustraction ne peut se faire, le chiffre est trop grand, il faut le diminuer.
EXEMPLE. Quelle est la racine carrée de 2916 ?

Opération.

```
29.16  |  54
25     |_____
       | 104
41.6   | ×  4
41.6   |=416
   0
```

de la racine déjà connue, c'est-à-dire de 4, ce qui donne 8 ; je cherche combien 8 est contenu de fois dans 2 ; comme il n'y est pas contenu, j'écris zéro à la droite de 4, ce qui fait 40 à la racine.

A côté de 25, j'abaisse 70 et j'ai 2570 dont je sépare 0 ; puis je prends le double de la racine déjà connue, c'est-à-dire de 40, ce qui donne 80 ; je cherche combien 80 est contenu de fois dans 257, je trouve qu'il y est 3 fois ; j'écris 3 à la droite de 40, ce qui fait 403 à la racine.

Pour savoir si 3 n'est pas trop fort, je forme le carré de 403 et j'obtiens 162409 ; et comme 162409 peut être soustrait des trois tranches employées, c'est-à-dire de 16 25 70, il est certain que 3 n'est pas trop fort. Après cette soustraction, il reste 161.

A côté de 161, j'abaisse la tranche 25 et j'ai 16125 dont je sépare 5 ; puis je prends le double de la racine déjà connue, c'est-à-dire de 403, ce qui donne 806 ; je cherche combien 806 est contenu de fois dans 1612, je trouve qu'il y est 2 fois ; j'écris 2 à la droite de 403, ce qui fait 4032 à la racine.

Pour savoir si 2 n'est pas trop fort, je forme le carré de 4032, et j'obtiens 16257024 ; et comme ce carré peut être soustrait des tranches déjà employées, il est certain que 2 n'est pas trop fort.

Donc 4032 est la racine carrée de 16257025, et sa racine exacte *à moins d'une unité*, puisqu'on ne pourrait mettre une unité de plus à la racine sans la rendre trop grande.

Ces exemples suffisent pour faire comprendre comment on peut revenir du carré d'un nombre à sa racine. Passons à la démonstration de cette règle.

DÉMONSTRATION *de la règle précédente*

399. Tout carré dont la racine est composée de dizaines et d'unités contient trois parties, savoir : 1° *Le carré des dizaines* ; 2° *le produit du double des dizaines par les unités* ; 3° *le carré des unités*.

Pour mettre en évidence ces diverses parties, je forme le carré de 54, en multipliant 50+4 par 50+4, et en séparant chacun des produits partiels.

```
           50+4
           50+4
   4 ×  4 =   16  carré des unités.
  50 ×  4 =  200  prod. de 1 fois les dizaines par les unités.
   4 × 50 =  200  prod. de 1 fois les dizaines par les unités.
  50 × 50 = 2500  carré des dizaines.
donc 50×50+4×50+50×4+4×4 = 2916 qui est le carré de 54.
```

On voit (en réunissant les produits semblables) que le carré dont la racine est composée de dizaines et d'unités, contient trois parties, savoir :

1° Le carré des dizaines (2500) ;
2° Le produit du double des dizaines par les unités (200+200) ;
3° Le carré des unités (16).

400. Ces trois parties donnent respectivement des centaines, des dizaines et des unités, c'est-à-dire que la première de ces trois parties n'a point d'unités au-dessous de *cent*; que la deuxième n'en a point au-dessous de *dix*, etc.

401. Cela posé, pour revenir du carré 2916, à la racine, je raisonne comme il suit :

Le nombre 2916 étant plus grand que 100, sa racine est composée de dizaines et d'unités (399). Il résulte de là que ce nombre contient les trois parties que nous avons reconnues dans un carré dont la racine a des dizaines et des unités.

Pour trouver les *dizaines* de cette racine, je dis : si du nombre proposé je sépare le carré des dizaines et que j'en prenne la racine, j'aurai les dizaines cherchées ; mais où est le carré des dizaines dans 2916 ? Le carré des dizaines, n'ayant point d'unités au-dessous de cent, ne peut être que dans les 29 centaines, c'est pourquoi je sépare 29 de 16. Je prends la racine carrée de 29, et comme cette racine est 5, j'en conclus que le nombre des dizaines de la racine est 5 ; je forme le carré des 5 dizaines, et j'obtiens 25 centaines que je soustrais de 2916, ce qui revient à retrancher 25 centaines de 29 centaines. Après avoir retranché du nombre proposé le carré des dizaines, le reste 416 ne contient plus que les deux autres parties du carré, savoir : *le produit du double des dizaines par les unités et le carré des unités*.

Maintenant pour trouver les *unités* de la racine, je dis : Si du restant je sépare le produit du double des dizaines par les unités, et que je divise ce produit par le double des dizaines connues, c'est-à-dire par 10 (*a*), j'aurai pour quotient les unités (*b*) ; car en divisant un produit par un de ses facteurs, on a l'autre facteur au quotient (88). Mais où est le produit du double des dizaines par les unités dans 416 ? Ce produit, n'ayant point d'unités au-dessous de dix, ne peut être que dans les 41 dizaines, c'est pourquoi je sépare 41 de 6.

Je divise 41 par 10, et comme le quotient de cette division est 4, j'en conclus que 4 est le nombre des unités de la racine carrée ou un chiffre trop fort.

Pour savoir si 4 n'est pas trop fort, je forme le carré des chiffres de la racine, c'est-à-dire de 54, et j'obtiens 2916 ; et comme 2916 peut être soustrait des tranches employées, il est certain que 4 n'est pas trop fort.

Donc 54 est la racine carrée de 2916, et sa racine *exacte*, puisque la dernière division donne 0 pour reste.

402. Appliquons la règle que nous venons de développer à la recherche de la racine carrée du nombre 8433215.

(*a*) Qui est un des facteurs de ce produit.
(*b*) Qui sont l'autre facteur de ce produit.

Opération

	8.43.32.15	2903 racine.
	4	4 double de la racine 2.
	44.3	58 double de la racine 29.
Tranches employées..	843	580 double de la racine 290.
Carré............	841	
	23.21.5	
Tranches employées..	8433215	
Carré............	8427409	
Reste......	5806	

Vérification de 9.		*Vérification de 3.*
Racine........	29	Racine...... 2903
	× 29	× 2903
	261	8709
	58	261270
Carré.........	841	5806
		Carré...... 8427409

Le nombre proposé étant plus grand que 100, sa racine est composée de dizaines et d'unités.

Pour trouver les dizaines, il faut que je sépare par un point les deux derniers chiffres à droite (parce qu'ils ne peuvent faire partie du carré des dizaines) et que je prenne la racine de 84332.

Mais ce nombre 84332 est aussi plus grand que 100, sa racine est donc elle-même composée de dizaines et d'unités.

Pour trouver ces nouvelles dizaines, il faut que je sépare encore par un point les deux derniers chiffres à droite, et que je prenne la racine 843.

Mais ce nombre 843 est aussi plus grand que 100, sa racine est donc elle-même composée de dizaines et d'unités.

Pour trouver ces nouvelles dizaines, il faut que je sépare par un point les deux derniers chiffres à droite, et que je prenne la racine de 8.

Pour avoir cette racine de 8, je cherche le plus grand carré contenu dans 8, je trouve que c'est 4 dont la racine est 2 ; j'écris 2 à la droite du nombre proposé ; je forme le carré de 2 et j'obtiens 4 que je soustrais de 8. Il reste 4.

A côté de 4, j'abaisse la tranche 43, et j'ai 443 dont je sépare 3 ; puis je prends le double de la racine déjà connue, c'est-à-dire de 2, ce qui donne 4 ; je cherche combien 4 est contenu de fois dans 44, je trouve qu'il y est 11 fois ; mais parce qu'on ne doit jamais écrire à la racine plus de 9 à la fois, j'écris 9 à la droite de 2, ce qui fait 29.

Pour savoir si 9 n'est pas trop fort, je forme le carré de 29 et j'obtiens 841 ; et comme 841 peut être soustrait des deux tranches employées, c'est-à-dire de 843, il est certain que 9 n'est pas trop fort. Après cette soustraction, il reste 2.

A côté de 2, j'abaisse la tranche 32, et j'ai 232, dont je sépare le dernier chiffre à droite; puis je prends le double de la racine déjà connue, c'est-à-dire de 29, ce qui donne 58; je cherche combien 58 est contenu de fois dans 32; comme il n'y est pas contenu, j'écris 0 à la droite de la racine; à côté de 232, j'abaisse la tranche 15, et j'ai 23215 dont je sépare 5; puis je prends le double de la racine déjà connue, c'est-à-dire de 290, ce qui donne 580; je cherche combien 580 est contenu de fois dans 2321; je trouve qu'il y est 4 fois; j'écris 4 à la droite de 290, ce qui fait 2904 à la racine.

Pour savoir si 4 n'est pas trop fort, je forme le carré de 2904, et j'obtiens 8433216; et, parce que 8433216 ne peut être soustrait des quatre tranches employées, il est certain que le quotient est trop grand. Il faut donc le diminuer d'une unité; c'est pourquoi, au lieu de 4, je mets 3, ce qui fait 2903 à la racine.

Pour savoir si 3 n'est pas trop fort, je forme le carré de 2903, et j'obtiens 8427409, et, parce que 8427409 peut être soustrait des tranches employées, il est certain que 3 n'est pas trop fort.

Donc 2903 est la racine carrée de 8433215, mais la racine exacte *à moins d'une unité*, puisqu'on ne peut mettre une unité de plus à la racine sans la rendre trop grande.

Racine carrée des nombres décimaux.

403. Pour former le carré d'un nombre décimal, *on supprime la virgule; puis on multiplie ce nombre par lui-même, et on sépare sur la droite du carré deux fois autant de décimales qu'il y en a dans le nombre proposé.*

Ainsi, le carré de 5,4 est 29,16.

404. On distingue deux cas dans l'extraction de la racine carrée d'un nombre décimal, selon que le nombre des chiffres décimaux est *pair* ou *impair*.

405. Ier CAS. Si le nombre des chiffres décimaux est PAIR, *on supprime la virgule; puis on opère comme sur les nombres entiers* (396), *et l'on sépare, sur la droite de la racine, autant de chiffres qu'il y a de tranches de décimales dans le nombre proposé.*

406. IIe CAS. Si le nombre des chiffres décimaux est IMPAIR, *on met un zéro à la droite du nombre proposé, et l'on retombe ainsi dans le cas précédent.*

EXEMPLE. Soit à extraire la racine carrée de 5,876.

Opération.

	5.87.60	242 racine.
	4	4 double de 2.
	18.7	48 double de 24.
Tranches employées....	587	
Carré..................	576	
	116.0	
Tranches employées....	58760	
Carré..................	58564	
Reste....	196	

Vérification de 4.   *Vérification de 2.*

Racine..... 24   Racine..... 242
           × 24   × 242
           ———   ———
            96   484
            48   968
Carré...... 576   484
                                            ———
                                  Carré..... 58564

Je mets un zéro à la droite du nombre 5,876 afin qu'il ait un nombre pair de décimales ; je supprime la virgule ; j'extrais la racine de 58760, suivant la règle n° 396 ; je trouve 242 pour résultat ; je sépare 2 décimales sur la droite, et j'ai pour la racine cherchée 2,42 avec 196 de reste.

407. Quand le nombre proposé n'est point un carré parfait (397), il est *impossible* d'en avoir la racine exacte ; mais on peut l'avoir exacte à moins de telle unité décimale qu'on veut.

408. Pour l'avoir exacte à moins d'un dixième, d'un centième,... *on met à la droite du nombre assez de zéros pour qu'il ait deux fois autant de décimales qu'on veut en avoir à la racine ; puis on extrait la racine du nombre ainsi préparé, et l'on sépare, sur la droite de la racine, autant de chiffres qu'il y a de tranches de décimales dans le carré.*

EXEMPLE. Soit à extraire la racine carrée de 3,2 à moins d'un centième d'unité.

Opération.

                        3.20.00 | 178 racine.
                           1 | 2 double de 1.
                        ——— | 34 double de 17.
                         22.0 |
Tranches employées..   320 |
Carré.............   289 |
                        ——— |
                         310.0 |
Tranches employées...   32000 |
Carré.............   31684 |
                        ——— |
             Reste....   316 |

Vérification de 7.   *Vérification de 8.*

Racine..... 17   Racine..... 178
         × 17   × 178
         ———   ———
          119   1424
           17   1246
         ———   178
Carré..... 289   ———
                                  Carré..... 31684

Pour faire des *centièmes*, il faut 2 décimales; puisque je veux avoir deux décimales à la racine, il faut que le carré en ait quatre, et il n'en a qu'une; alors, pour les trois qui lui manquent, j'écris trois zéros à la droite de 3,2, ce qui donne 3,2000; je supprime la virgule, j'extrais la racine de 32000 suivant la règle ordinaire (396); je trouve 178 pour résultat; je sépare deux décimales sur la droite, et j'ai 1,78 pour la racine exacte *à moins d'un centième*.

Racine carrée des fractions ordinaires.

409. Pour avoir le carré d'une fraction, on forme séparément le carré du numérateur et celui du dénominateur.

410. Réciproquement, pour avoir la racine carrée d'une fraction dont les deux termes sont des carrés parfaits (a), *on extrait séparément celle du numérateur et celle du dénominateur.*

Ainsi, le carré de $\frac{3}{4}$ est $\frac{9}{16}$.
Ainsi, la racine carrée de $\frac{9}{16}$ est $\frac{3}{4}$.

411. Si les deux termes de la fraction ne sont pas des carrés parfaits, *on réduit la fraction en décimales en poussant la division jusqu'à ce qu'on ait au quotient deux fois autant de décimales qu'on veut en avoir à la racine, puis on opère comme sur les nombres décimaux.*

Ainsi, pour avoir la racine carrée de $\frac{5}{7}$ à moins d'un millième, je réduis $\frac{5}{7}$ en décimales; et puisque je veux avoir trois décimales à la racine, il faut que je pousse l'opération jusqu'à ce que j'en aie six au quotient. Les six premières sont 0,714285; j'extrais la racine de 714285, je trouve 845 pour résultat; je sépare trois décimales sur la droite, et j'ai 0,845 pour la racine demandée.

412. S'il y avait un nombre entier joint à la fraction, il faudrait le réduire en fraction de même espèce que celle qui l'accompagne (114), et opérer comme il vient d'être dit pour une fraction.

RACINE CUBIQUE.

413. On appelle cube *d'un nombre, le produit qu'on obtient en multipliant ce nombre par son carré.*

Ainsi, le cube de 4 est 64, parce que 64 est le produit qu'on obtient en multipliant 4 par son carré 16.

414. On appelle racine cubique *d'un nombre, le nombre qui, multiplié par son carré, reproduit le nombre proposé.*

(a) Tout nombre terminé par un des chiffres 2, 3, 7, 8, n'est jamais un carré parfait.

Tout nombre terminé par 5, n'est jamais un carré parfait si le chiffre des dizaines n'est pas 2.

Tout nombre terminé par un nombre impair de zéros, n'est jamais un carré parfait.

Tout nombre pair qui n'est pas divisible par 4, n'est jamais un carré parfait.

Ainsi, la racine cubique de 64 est 4, parce que 4 est le nombre qui, multiplié par son carré 16, reproduit 64.

FORMATION DU CUBE D'UN NOMBRE.

415. Pour former le cube d'un nombre, *on multiplie ce nombre par son carré.*

Ainsi, si je multiplie 10 par son carré 100, le produit 1000 sera le cube de 10.

Après avoir vu comment on forme le cube, c'est-à-dire comment on va de la racine au cube, voyons comment on extrait la racine cubique, c'est-à-dire comment on revient du cube à la racine.

EXTRACTION DE LA RACINE CUBIQUE DES NOMBRES ENTIERS.

416. La racine cubique de 1000 étant 10, la racine cubique de tout nombre plus petit que 1000 est plus petite que 10, et par conséquent ne peut être que d'un seul chiffre ; au contraire, la racine cubique de tout nombre plus grand que 1000, est plus grande que 10, et par conséquent est composée de dizaines et d'unités.

417. On distingue donc deux cas dans l'extraction de la racine cubique des nombres entiers, selon que le nombre proposé est plus petit ou plus grand que 1000.

Ier CAS. *Extraction de la racine d'un nombre plus petit que 1000.*

418. Pour extraire la racine cubique d'un nombre plus petit que 1000, il n'y a pas de règle, on se sert de la table suivante :

RACINES CUBIQUES.	1,	2,	3,	4,	5,	6,	7,	8,	9.
CUBES.	1,	8,	27,	64,	125,	216,	343,	512,	729.

Voici la manière de s'en servir : on cherche le nombre proposé dans la ligne des cubes de cette table. Si on l'y trouve, le nombre qu'on voit au-dessus, dans la ligne des racines, est exactement la racine demandée ; si on ne l'y trouve pas, on cherche dans la ligne des cubes, le plus grand cube contenu dans le nombre proposé, et le nombre qu'on voit au-dessus de ce cube est la racine cubique demandée, à moins d'une unité.

Ainsi, la racine cubique de 1 est 1 ; celle de 8 est 2 ; celle de 27 est 3, etc.

Ainsi, la racine cubique de 157 est 5, parce que le plus grand cube contenu dans 157 est 125 dont la racine est 5. Cette racine est exacte à moins d'une unité, car 157 étant compris entre 125 et 216, sa racine tombe entre 5 et 6, et diffère par conséquent de chacun de ces nombres de moins qu'ils ne diffèrent entre eux, c'est-à-dire de moins d'une unité.

IIᵉ CAS. *Extraction de la racine d'un nombre entier plus grand que 1000.*

419. Pour extraire la racine cubique d'un nombre plus grand que 1000, il y a une règle que nous allons exposer d'abord, puis appliquer, et enfin démontrer; c'est le moyen de la faire mieux comprendre.

RÈGLE. Pour extraire la racine cubique d'un nombre plus grand que 1000, *on le partage en tranches de trois chiffres chacune, à partir de la droite.* (La dernière tranche à gauche peut n'avoir qu'un ou deux chiffres.)

On prend la racine du plus grand cube contenu dans la première tranche à gauche, on l'écrit à la droite du nombre proposé, au-dessus du trait horizontal; on forme le cube de cette racine et on le soustrait de la première tranche à gauche.

A côté du reste, on abaisse la tranche suivante, ce qui donne un nombre dont on sépare par un point les deux chiffres à droite; on divise la partie à gauche du point par le triple carré de la racine déjà connue, et le quotient est le second chiffre de la racine, ou un chiffre trop fort.

Pour le vérifier, on forme le cube des chiffres de la racine déjà connue, et on le soustrait de l'ensemble des tranches employées. Si la soustraction est impossible, le quotient est trop grand, il faut le diminuer successivement d'une unité, jusqu'à ce que la soustraction soit possible.

A droite du reste, on abaisse la tranche suivante, ce qui donne un nombre sur lequel on opère comme sur le précédent.

On continue d'opérer ainsi jusqu'à ce qu'il n'y ait plus de tranches à abaisser, et les chiffres qu'on a à la racine sont la racine du nombre proposé.

420. REMARQUES. 1° Si la partie à gauche du point ne contient pas le nombre par lequel il faut la diviser, on met zéro à la racine. Si elle le contient plus de 9 fois, on ne met que 9 à la racine.

2° Si une soustraction donne un reste qui SURPASSE *trois fois le carré de la racine déjà connue, plus trois fois cette racine,* le dernier chiffre qu'on a mis à la racine est trop faible.

3° Si la dernière soustraction donne zéro pour reste, le nombre proposé est un *carré parfait,* et la racine est *exacte.*

4° Si la dernière soustraction ne donne pas zéro pour reste, le nombre proposé n'est pas un *carré parfait,* et la racine trouvée est exacte *à moins d'une unité.*

APPLICATION *de la règle précédente.*

421. 1ᵉʳ EXEMPLE. On demande quelle est la racine cubique de 157464.

— 165 —

Opération.

	157. 464	54 racine.
	125	25 carré de 5.
Reste et tranche suivante...	324.64	× 3
Tranches employées......	157464	75 triple car. de la racine
Cube............	157464	
	0	

Vérification de 4.

Racine.....	54
Racine.....	54
	216
	270
Carré.....	2916
	× 54
	11664
	14580
Cube.......	157464

Je partage le nombre proposé en tranches de trois chiffres chacune, à partir de la droite, puis je cherche le plus grand cube contenu dans la première tranche à gauche, c'est-à-dire dans 157 ; je trouve que c'est 125 dont la racine est 5 ; j'écris 5 à la droite du nombre proposé ; je forme le cube de 5 et j'obtiens 125 que je soustrais de 157, et il reste 32.

A côté de 32, j'abaisse la tranche 464, et j'ai 32464 dont je sépare 64 ; puis je forme le carré de la racine 5, ce qui donne 25 que je multiplie par 3, et j'ai 75 ; je cherche combien 75 est contenu de fois dans 324 ; je trouve qu'il y est 4 fois ; j'écris 4 à la droite de 5, ce qui fait 54 à la racine.

Pour savoir si 4 n'est pas trop fort, je forme le cube de 54 et j'obtiens 157464, et comme 157464 peut être soustrait des tranches employées, c'est-à-dire de 157464, il est certain que 4 n'est pas trop fort.

Donc 54 est la racine cubique de 157464 et sa racine *exacte*, puisque la dernière soustraction donne zéro pour reste.

2ᵉ EXEMPLE. Soit à extraire la racine cubique de 65548320769.

Opération.

	65.548.320.769	4032 racine.
	64	16 carré de 4.
	15483.20	× 3
Tranches empl.	65548320	48 triple carré de 4.
Cube........	65450827	1600 carré de 40.
	974937.69	× 3
Tranches empl.	65548320769	4800 triple carré de 40.
Cube........	65548320768	162409 carré de 403.
Reste.....	1	× 3
		487227 triple carré de 403.

Vérification de 2.		Vérification de 3.
Racine...... 4032		Racine..... 403
× 4032		× 403
8064		1209
12096		16120
161280		Carré....... 162409
Carré....... 16257024		× 403
× 4032		487227
32514048		6496360
48771072		Cube........ 65450827
650280960		
Cube....... 65548320768		

Je partage le nombre proposé en tranches de trois chiffres chacune, à partir de la droite, puis je cherche le plus grand cube contenu dans la première tranche à gauche, c'est-à-dire dans 65 ; je trouve que c'est 64 dont la racine est 4 ; j'écris 4 à la droite du nombre proposé ; je forme le cube de 4 et j'obtiens 64 que je soustrais de 65, et il reste 1.

A côté de 1, j'abaisse la tranche 548, et j'ai 1548 dont je sépare 48 ; puis je forme le carré de la racine 4, ce qui donne 16 que je multiplie par 3, et j'ai 48 ; je cherche combien 48 est contenu de fois dans 15 ; comme il n'y est pas contenu, j'écris 0 à la droite de 4, ce qui fait 40 à la racine.

A côté de 1548, j'abaisse la tranche 320 et j'ai 1548320, dont je sépare 20 ; puis je forme le carré de la racine 40, ce qui donne 1600 que je multiplie par 3, et j'ai 4800 ; je cherche combien 4800 est contenu de fois dans 15483, je trouve qu'il y est 3 fois ; j'écris 3 à la droite de 40, ce qui fait 403 à la racine.

Pour savoir si 3 n'est pas trop fort, je forme le cube de 403 et j'obtiens 65450827, et comme 65450827 peut être soustrait des tranches employées, c'est-à-dire de 65548320, il est certain que 3 n'est pas trop fort. Après cette soustraction, il reste 97493.

A côté de 97493, j'abaisse 769, et j'ai 97493769, dont je sépare 69 ; puis je forme le carré de la racine 403, ce qui donne 162409 que je multiplie par 3, et j'ai 487227 ; je cherche combien 487227 est contenu de fois dans 974937 ; je trouve qu'il y est 2 fois ; j'écris 2 à la droite de 403, ce qui fait 4032.

Pour savoir si 2 n'est pas trop fort, je forme le cube de 4032, et j'obtiens 65548320768, et comme ce cube peut être soustrait des quatre tranches employées, il est certain que 2 n'est pas trop fort.

Donc 4032 est la racine cubique de 65548320769, mais sa racine exacte à moins d'une unité, puisque la dernière soustraction donne un reste qui n'est pas assez fort pour qu'on puisse mettre une unité de plus à la racine sans la rendre trop grande.

Ces exemples suffisent pour faire *voir* comment on peut revenir du cube d'un nombre à sa racine ; il reste maintenant à faire *comprendre* la règle qu'on a suivie.

DÉMONSTRATION de la règle précédente.

422. Tout cube dont la racine est composée de dizaines et d'unités contient quatre parties, savoir : 1° le cube des dizaines; 2° le produit de trois fois le carré des dizaines par les unités; 3° le produit de trois fois le carré des unités par les dizaines; 4° le cube des unités.

Le carré de 54 est $50 \times 50 + 4 \times 50 + 50 \times 4 + 4 \times 4$ (399). En multipliant ce carré par $50 + 4$, et en séparant chacun des produits partiels, on verra clairement les quatre parties dont nous venons de parler.

$$50 \times 50 + 4 \times 50 + 50 \times 4 + 4 \times 4$$
$$\times 50 + 4$$

$$
\begin{cases}
4 \times 4 \times 4 & = 64 \text{ cube des unités.} \\
50 \times 4 \times 4, \text{ ou } 4 \times 4 \times 50 \ (72) & = 800 \text{ car. des un. par les diz.} \\
4 \times 50 \times 4, \text{ ou } 4 \times 4 \times 50 & = 800 \text{ car. des un. par les diz.} \\
50 \times 50 \times 4 & = 10000 \text{ car. des diz. par les un.}
\end{cases}
$$

$$
\begin{cases}
4 \times 4 \times 50 & = 800 \text{ car. des un. par les diz.} \\
50 \times 4 \times 50, \text{ ou } 50 \times 50 \times 4 \ (72) & = 10000 \text{ car. des diz. par les un.} \\
4 \times 50 \times 50, \text{ ou } 50 \times 50 \times 4 & = 10000 \text{ car. des diz. par les un.} \\
50 \times 50 \times 50 & = 125000 \text{ cube des diz.}
\end{cases}
$$

Cube............ 157464

On voit (en réunissant les produits partiels semblables) que le cube dont la racine est composée de dizaines et d'unités contient quatre parties, savoir :

1° Le cube des dizaines (125000);

2° Le produit de trois fois le carré des dizaines par les unités ($10000 + 10000 + 10000$);

3° Le produit de trois fois le carré des unités par les dizaines ($800 + 800 + 800$);

4° Le cube des unités (64).

423. Ces quatre parties donnent respectivement des mille, des centaines, des dizaines et des unités, c'est-à-dire que la première de ces quatre parties n'a point d'unités au-dessous de mille; que la seconde n'en a point au-dessous de cent, etc.

424. Cela posé, pour revenir du cube 157464, à la racine, je raisonne comme il suit :

Le nombre 157464 étant plus grand que 1000, sa racine est composée de dizaines et d'unités; il résulte de là que ce nombre contient les quatre parties que nous avons reconnues dans un cube dont la racine a des dizaines et des unités.

Pour trouver les dizaines de cette racine, je dis : Si du nombre proposé je sépare le cube des dizaines, et que j'en prenne la racine, j'aurai les dizaines cherchées; mais où est le cube des dizaines dans 157464? Le cube des dizaines, n'ayant point d'unités au-dessous de mille, ne peut être que dans les 157 mille ; c'est pourquoi je sépare 157 de 464.

Je prends la racine cubique de 157 ; et comme cette racine est 5, j'en conclus que le nombre des dizaines de la racine est 5 ; je forme le cube de 5, et j'obtiens 125 mille que je soustrais de 157464, ce qui revient à retrancher 125 mille de 157 mille.

Après avoir retranché du nombre proposé le cube des dizaines, le reste 32464 ne contient plus que les trois autres parties du cube, savoir : *le produit de 3 fois le carré des dizaines par les unités ; le produit de 3 fois le carré des unités par les dizaines et le cube des unités.*

Maintenant pour trouver les unités de la racine, je dis : Si de ce qui reste je sépare le produit de trois fois le carré des dizaines par les unités, et que je divise ce produit par trois fois le carré des 5 dizaines connues, c'est-à-dire par 75 (*a*), j'aurai pour quotient les unités (*b*) ; car en divisant un produit par un de ses facteurs, on a l'autre facteur au quotient (88). Mais où est le produit de trois fois le carré des dizaines par les unités dans 32464 ? Ce produit, n'ayant point d'unités au-dessous de 100, ne peut être que dans les 324 centaines ; c'est pourquoi je sépare 324 de 64.

Je divise 324 par 75 ; et comme le quotient de cette division est 4, j'en conclus que 4 est le nombre des unités de la racine cubique ou un chiffre trop fort.

Pour savoir si 4 n'est pas trop fort, je forme le cube des chiffres de la racine, c'est-à-dire de 54, et j'obtiens 157464 ; et comme 157464 peut être retranché des tranches employées, il est certain que 4 n'est pas trop fort.

Donc 54 est la racine cubique de 157464, et sa racine *exacte*, puisque la dernière soustraction donne 0 pour reste.

425. Appliquons la règle que nous venons de développer à la recherche de la racine cubique de 24490059263.

Opération.

	24.490.059.263	2903 racine.
	8	4 carré de 2.
	164.90	×3
Tranch. empl.	24490	12 trip. carré de la rac. connue.
Cube........	24381	841 carré de 29.
	1090 592.63	× 3
Tranch. empl.	24490059263	2523 trip. carré de la rac. connue.
Cube........	24464768327	84100 carré de 290.
Reste...	25290936	× 3
		252300 triple carré de la racine.

(*a*) Qui est un des facteurs de ce produit.
(*b*) Qui sont l'autre facteur de ce produit.

Le nombre proposé étant plus grand que 1000, sa racine est composée de dizaines et d'unités.

Pour trouver les dizaines, il faut que je sépare par un point les trois derniers chiffres à droite (parce qu'ils ne font point partie du cube des dizaines) et que je prenne la racine de 24490059.

Mais ce nombre 24490059 est aussi plus grand que 1000, sa racine est donc elle-même composée de dizaines et d'unités.

Pour trouver ces nouvelles dizaines, il faut que je sépare encore par un point les trois derniers chiffres à droite, et que je prenne la racine de 24490.

Mais ce nombre 24490 est aussi plus grand que 1000, sa racine est donc elle-même composée de dizaines et d'unités.

Pour trouver ces nouvelles dizaines, il faut que je sépare par un point les trois derniers chiffres à droite, et que je prenne la racine de 24.

Pour avoir cette racine de 24, je cherche le plus grand cube contenu dans 24; je trouve que c'est 8 dont la racine est 2; j'écris 2 à la droite du nombre proposé; je forme le cube de 2, et j'obtiens 8 que je soustrais de 24. Il reste 16.

A côté de 16, j'abaisse la tranche 490, et j'ai 16490 dont je sépare 90 ; puis je forme le carré de la racine déjà connue, c'est-à-dire de 2, ce qui donne 4 que je multiplie par 3, et j'ai 12; je cherche combien 12 est contenu de fois dans 164; je trouve qu'il y est 12 fois; mais, parce qu'on ne doit jamais écrire à la racine plus de 9 à la fois, j'écris 9 à la droite de 2, ce qui fait 29.

Pour savoir si 9 n'est pas trop fort, je forme le cube de 29, et j'obtiens 24381 ; et comme 24381 peut être soustrait des tranches employées, c'est-à-dire de 24490, il est certain que 9 n'est pas trop fort. Après cette soustraction, il reste 109.

A côté de 109, j'abaisse la tranche 059, et j'ai 109059 dont je sépare 59; puis je forme le carré de 29, ce qui donne 841 que je multiplie par 3, et j'ai 2523; je cherche combien 2523 est contenu de fois dans 1090; comme il n'y est pas contenu, j'écris 0 à la droite de 29, ce qui fait 290 à la racine.

A côté de 109059, j'abaisse la tranche 263, et j'ai 109059263 dont je sépare 63 ; puis je forme le carré de 290, ce qui donne 84100 que je multiplie par 3, et j'ai 252300; je cherche combien 252300 est contenu de fois dans 1090592; je trouve qu'il y est 4 fois : j'écris 4 à la droite de 290, ce qui fait 2904 à la racine.

Pour savoir si 4 n'est point trop fort, je forme le cube de 2904, et j'obtiens 24490059264; et comme ce cube ne peut se soustraire des quatre tranches employées il est certain que le quotient 4 est trop fort. Il faut donc le diminuer d'une unité; c'est pourquoi, au lieu de 4, je mets 3, ce qui fait 2903 à la racine.

Pour savoir si 3 n'est pas trop fort, je forme le cube de 2903, et j'obtiens 24464768327, et comme ce cube peut être soustrait des quatre tranches employées, il est certain que 3 n'est pas trop fort.

Donc 2903 est la racine cubique de 24490059263 ; mais sa racine exacte *à moins d'une unité,* puisque la dernière soustraction donne un reste qui n'est pas assez fort pour qu'on puisse mettre une unité de plus à la racine sans la rendre trop grande (420).

Racine cubique des nombres décimaux.

426. Pour former le cube d'un nombre décimal, *on sup-*

— 470 —

prime la virgule; puis on multiplie ce nombre par son carré, et l'on sépare sur la droite du cube trois fois autant de décimales qu'il y en a dans le nombre proposé.

Ainsi, le cube de 5,4 est 157,464.

427. On distingue deux cas dans l'extraction de la racine cubique d'un nombre décimal, selon que le nombre des chiffres décimaux est ou n'est pas divisible par 3.

428. 1ᵉʳ cas. Si le nombre des chiffres décimaux est divisible par 3, *on supprime la virgule, puis on opère comme sur les nombres entiers (419), et l'on sépare sur la droite de la racine autant de chiffres qu'il y a de tranches de décimales dans le nombre proposé.*

Ainsi la racine cubique de 157,464 est 5,4.

429. IIᵉ cas. Si le nombre des chiffres décimaux n'est pas divisible par 3, *on met à la droite du nombre proposé un ou deux zéros*, selon qu'il sera nécessaire pour rendre le nombre des décimales divisible par 3, et on retombe ainsi dans le cas précédent.

430. Quand le nombre proposé n'est pas un cube parfait, il est *impossible* d'en avoir la racine exacte; mais on peut l'avoir exacte à telle unité décimale qu'on veut.

431. Pour l'avoir exacte à moins d'un dixième, d'un centième,... *on met à la droite du nombre assez de zéros pour qu'il ait trois fois autant de décimales qu'on veut en avoir à la racine; puis on extrait la racine du nombre ainsi préparé, et l'on sépare, sur la droite de la racine, autant de chiffres qu'il y a de tranches de décimales dans le cube.*

Soit à extraire la racine cubique de 6,54 à moins d'un centième d'unité.

Opération.

	6.540.000	187 racine.
	1	1 carré de 1.
	5.540	×3
Tranches employées.	6.540	3 triple carré de la racine.
Cube de 18.	5.832	324 carré de 18.
	7080.00	×3
Tranches employées.	6.540.000	972 triple carré de la rac. 18
Cube de 187.	6.539.203	
Reste.	797	

Pour exprimer des *centièmes*, il faut deux décimales; puisque je veux avoir deux décimales à la racine, il faut que le cube en ait six, et il n'en a que deux; alors pour les quatre qui lui manquent, j'écris quatre zéros à la droite de 6,54 ce qui donne 6,540000, je supprime la virgule; j'extrais la racine de 6540000 suivant la règle ordinaire (419); je trouve 187 pour résultat; je sépare deux décimales sur la droite, et j'ai 1,87 pour la racine exacte à moins d'un centième.

Racine cubique des fractions ordinaires.

432. Pour avoir le cube d'une fraction, on forme séparément le cube du numérateur et celui du dénominateur.

433. Réciproquement, pour avoir la racine cubique d'une fraction dont les deux termes sont des cubes parfaits (a), on extrait séparément celle du numérateur et celle du dénominateur.

Ainsi, le cube de $\frac{3}{4}$ est $\frac{27}{64}$.

Ainsi, la racine cubique de $\frac{27}{64}$ est $\frac{3}{4}$.

434. Si les deux termes de la fraction ne sont pas des cubes parfaits, on réduit la fraction en décimales en poussant la division jusqu'à ce qu'on ait au quotient trois fois autant de décimales qu'on veut en avoir à la racine; puis on opère comme sur les nombres décimaux.

Ainsi, pour avoir la racine cubique de $\frac{5}{12}$ à moins d'un millième, je réduis $\frac{5}{12}$ en décimales; et puisque je veux avoir trois décimales à la racine, il faut que je pousse l'opération jusqu'à ce que j'en aie neuf au quotient. Les neuf premières sont 0,416666666; j'extrais la racine de 416666666, je trouve 746 pour résultat; je sépare trois décimales sur la droite, et j'ai 0,746 pour la racine demandée.

435. S'il y avait un nombre entier joint à la fraction, il faudrait le réduire en fraction de même espèce que celle qui l'accompagne (114); et opérer comme il vient d'être dit pour une fraction.

MESURE DES SURFACES ET DES VOLUMES.

Notions préliminaires.

436. Il y a trois sortes d'*étendues* :
1° L'étendue en longueur seulement;
2° L'étendue en longueur et largeur;
3° L'étendue en longueur, largeur et épaisseur.

437. L'étendue en longueur se nomme *ligne*.

438. L'étendue en longueur et largeur se nomme *surface*, ou *superficie*.

439. L'étendue en longueur, largeur et épaisseur se nomme *volume, corps* ou *solide*.

440. Mesurer une longueur, c'est chercher combien de fois elle contient une longueur connue.

441. Mesurer une surface, c'est chercher combien de fois elle contient une surface connue.

442. Mesurer un volume, c'est chercher combien de fois il contient un volume connu.

(a) Tout nombre pair qui n'est pas divisible par 8, n'est jamais un cube parfait.
Tout nombre terminé par un nombre de zéros qui n'est pas divisible par 3, n'est jamais un cube parfait.

— 172 —

443. Pour mesurer une longueur, on se sert souvent du mètre *linéaire* (201).

444. Pour mesurer une surface, on se sert souvent du mètre *carré* (209).

445. Pour mesurer un volume, on se sert souvent du mètre *cube* (223).

§ I. DES SURFACES.

1° *Définitions*.

446. Quand on sait mesurer un triangle, on peut mesurer une surface quelconque, parce que toutes les autres figures peuvent se décomposer en triangles : il suffirait donc de savoir trouver la superficie d'un triangle ; mais comme il y a des figures qu'on peut mesurer, et qu'on mesure ordinairement, sans les partager, nous allons d'abord les indiquer, puis les définir, et enfin donner la manière d'opérer pour en obtenir la surface.

447. Les figures qu'on peut mesurer sans les partager en triangles, sont le *carré*, le *carré long*, le *rhombe* ou *losange*, le *rhomboïde*, le *trapèze* et le *cercle*. Définissons chacune de ces figures, ainsi que le *triangle*.

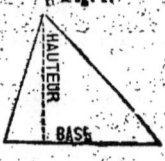

448. Le TRIANGLE est une figure à trois côtés. Fig. 1.

449. Le CARRÉ est un quadrilatère (*a*), qui a tous les côtés égaux et les angles droits. Fig. 2.

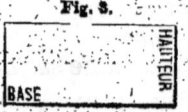

450. Le CARRÉ LONG est un quadrilatère qui a les seuls côtés opposés égaux et les angles droits. Fig. 3.

N. B. Le carré et le carré long sont des rectangles.

451. Le RHOMBE est un quadrilatère qui a tous les côtés égaux sans avoir les angles droits. Fig. 4.

(*a*) On appelle *quadrilatère* une figure à quatre côtés.

— 173 —

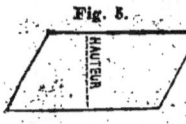

452. Le RHOMBOÏDE est un quadrilatère qui a les seuls côtés opposés égaux sans avoir les angles droits. Fig. 5.

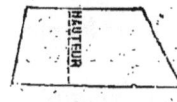

453. Le TRAPÈZE est un quadrilatère qui n'a que deux côtés parallèles. Fig. 6.

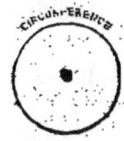

454. La *circonférence* est une ligne courbe dont tous les points sont également éloignés d'un point intérieur qu'on appelle *centre*. Fig. 7.

455. Le CERCLE est la surface comprise dans la circonférence. Fig. 8.

456. Le *rayon* est une ligne droite qui va du centre à la circonférence. Le rayon vaut la moitié du diamètre. Fig. 9.

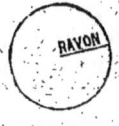

457. Le *diamètre* est une ligne droite qui joint deux points de la circonférence en passant par le centre. Fig. 10.

2° *Mesures des surfaces.*

458. Pour obtenir la surface d'un TRIANGLE, *on multiplie sa base par la moitié de sa hauteur.*

EXEMPLE. Un pré a la forme d'un triangle : sa base vaut 60 mètres et sa hauteur 40 mètres : quelle est la surface de ce pré ?

SOLUTION. La hauteur est de 40ᵐ : la moitié de la hauteur vaut donc 20ᵐ.
La surface de ce pré est le produit de 60 par 20 : elle vaut donc 1200 mètres carrés, qui font 1200 centiares ou 12 ares (208).

459. Pour obtenir la surface d'un CARRÉ, *on multiplie sa base par sa hauteur.*

EXEMPLE. Quelle est la surface d'un mur dont la base vaut 3 mètres et la hauteur 3 mètres ?

— 174 —

Solution. La surface de ce mur est le produit de 3 par 3 ; elle vaut donc 9 mètres carrés.

460. Pour obtenir la surface d'un carré long, *on multiplie sa base par sa hauteur.*

Exemple. Quelle est la surface d'un plancher dont la base vaut 5 mètres et la hauteur 3 mètres?

Solution. La surface du plancher est le produit de 5 par 3 ; elle vaut donc 15 mètres carrés.

461. Pour obtenir la surface d'un rhombe, *on multiplie une de ses diagonales (a) par la moitié de l'autre.*

Exemple. Quelle est la surface d'un losange dont une des diagonales vaut 30 mètres et l'autre 80 mètres?

Solution. La grande diagonale vaut 80 mètres : sa moitié vaut donc 40 mètres.

La surface de ce losange est le produit de 30 par 40 : elle vaut donc 1200 mètres carrés, qui font 1200 centiares ou 12 ares (208).

462. Pour obtenir la surface d'un rhomboïde, *on multiplie sa base par sa hauteur.*

Exemple. Une vigne a la forme d'un rhomboïde ; sa base vaut 80 mètres et sa hauteur 10 mètres : quelle est la surface de cette vigne?

Solution. La surface de cette vigne est le produit de 80 par 10 : elle vaut donc 800 mètres carrés, qui font 800 centiares ou 8 ares (208).

463. Pour obtenir la surface d'un trapèze, *on multiplie la demi-somme de ses deux bases par sa hauteur.*

Exemple. Un champ a la forme d'un trapèze ; les deux bases valent 450^{m}10, et 400 mètres, et sa hauteur 43 mètres : quelle est la surface de ce champ?

Solution. La somme des deux bases vaut 850^{m}10 : la demi-somme vaut donc 425,05.

La surface de ce champ est le produit de 425,05 par 43 : elle vaut donc 18277^m,15, c'est-à-dire 18277 mètres carrés 15 décimètres carrés (208).

464. Pour trouver la *circonférence* d'un cercle, *on multiplie le diamètre par 3,1416.*

Ainsi, pour avoir la circonférence d'un cercle dont le diamètre vaut 0^{m}20, on multiplie 0,20 par 3,1416 ; le produit est 0,62832 ; donc la circonférence du cercle proposé vaut 0^{m}62832.

465. Pour trouver le *diamètre* d'un cercle, *on divise la circonférence par 3,1416.*

(a) On appelle *diagonale* une ligne qui traverse un polygone en allant d'un angle à un autre.

Ainsi, pour avoir le diamètre d'un cercle dont la circonférence vaut 0^m,62832, on divise 0,62832 par 3,1416; le quotient est 0,20 : donc le diamètre du cercle proposé vaut 0^{m}20.

466. Pour trouver le *rayon* d'un cercle, *on divise la circonférence par* 6,2832 *ou 2 fois* 3,1416.

467. Pour trouver la surface d'un CERCLE, *on multiplie le carré du rayon par* 3,1416.

EXEMPLE. Quelle est la surface d'un cercle dont le rayon vaut 5 mètres ?

SOLUTION. Le carré du rayon vaut 5×5 ou 25^m. La surface du cercle proposé est le produit de 25 par 3,1416 : elle vaut donc 78$^{m.c.}$54$^{décim.c.}$

Fig. 11

468. Pour obtenir la surface d'une COURONNE CIRCULAIRE (fig. 11), *on mesure la surface du grand cercle et celle du petit; on retranche la surface du petit cercle de celle du grand, et la différence est la surface de la couronne.*

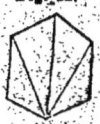
Fig. 12.

469. Pour obtenir la surface d'une FIGURE RECTILIGNE (a) qui n'est ni un carré, ni un carré long, ni un losange, ni un rhomboïde, ni un trapèze, *on le partage en triangles, on mesure séparément chaque triangle, et l'on fait la somme des résultats.* Fig. 12.

Fig. 13.

470. Pour obtenir la surface d'une FIGURE CURVILIGNE (b), *on partage les lignes courbes en parties assez petites pour qu'elles puissent être considérées comme des lignes droites, on mesure séparément chaque division, et on fait la somme des résultats.* Fig.13.

§ II. DES VOLUMES.

1° *Définitions.*

471. Les volumes qu'on a le plus souvent à mesurer sont le *cube*, le *cône*, le *cylindre*, la *pyramide*, le *prisme* et la *sphère*.

(a) On appelle figure *rectiligne*, ou *polygone*, une figure terminée de tous côtés par des *lignes droites*.
(a) On appelle *curviligne* une figure terminée par des *lignes courbes*.

— 176 —

Fig. 14.

472. Le CUBE est un corps dont les six faces sont des carrés égaux. Le *dé à jouer* est un cube. Fig. 14.

Fig. 15.

473. Le CÔNE est un corps dont la base est un cercle et les côtés des lignes qui partent toutes de la base pour se réunir au sommet du cône. Les pains de sucre sont des cônes. Fig. 15.

Fig. 16

474. Le CYLINDRE est un corps dont les bases sont des cercles égaux et parallèles. Un rouleau, un tuyau de poêle sont des cylindres. Fig. 16.

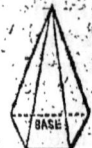
Fig. 17.

475. La PYRAMIDE est un corps dont la base est un polygone et les côtés des triangles qui partent tous de la base pour se réunir au sommet de la pyramide. Fig. 17.

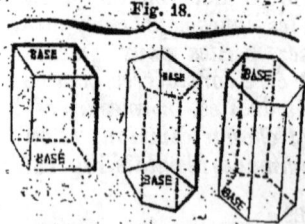
Fig. 18.

476. Le PRISME est un corps dont les bases sont des polygones et les côtés des parallélogrammes. Fig. 18.

N. B. Le carré, le carré long, le rhombe et le rhomboïde sont des parallélogrammes.

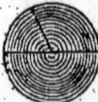
Fig. 19.

477. La SPHÈRE est un corps terminé par une surface courbe dont tous les points sont également éloignés d'un point intérieur qu'on appelle *centre*. Une boule est une sphère. Fig. 19.

478. Le *rayon* de la sphère est une ligne droite qui va du centre à la surface. Le rayon vaut la moitié du diamètre.

— 177 —

479. Le *diamètre* est une ligne droite qui joint deux points de la surface en passant par le centre.

2° Surface des volumes.

480. Pour obtenir la surface d'un CÔNE, *on multiplie la circonférence de sa base par la moitié de son côté.*

EXEMPLE. Quelle est la surface d'un cône dont le côté vaut 10 mètres et la circonférence de la base 4 mètres?

SOLUTION. Le côté vaut 10 mètres; la moitié du côté vaut donc 5 mètres.

La surface du cône proposé est le produit de 4 par 5 : elle vaut donc 20 mètres carrés.

481. Pour obtenir la surface d'un CYLINDRE, *on multiplie la circonférence de sa base par sa hauteur.*

EXEMPLE. Quelle est la surface d'une colonne de forme cylindrique dont la hauteur vaut 5 mètres et la circonférence de la base 9 décimètres?

SOLUTION. La surface de la colonne proposée est le produit de 0,9 par 5 : elle vaut donc 4,5, c'est-à-dire $4^{m.q.}50^{déci.q.}$ (213).

482. Pour obtenir la surface d'une SPHÈRE, *on multiplie le carré de son rayon par 12,5664* (a).

EXEMPLE. Quelle est la surface d'une boule dont le rayon vaut 50 mètres?

SOLUTION. Le carré du rayon est le produit de 50 par 50; il vaut donc 2500 mètres.

La surface de la boule proposée est le produit de 2500 par 12,5664 : elle vaut donc $31416^{m.q.}$.

483. Pour obtenir la surface d'un CUBE, ou d'une PYRAMIDE, ou d'un PRISME, on mesure séparément chaque face, et l'on fait la somme des résultats.

3° Mesure des volumes.

484. Pour obtenir le volume d'un CUBE, *on multiplie la surface de sa base par sa hauteur.*

1er EXEMPLE. Quel est le volume d'un cube dont les six côtés ont chacun 2 mètres de long?

SOLUTION. La surface de la base est le produit de 2 par 2 : elle vaut donc 4 mètres carrés.

Le volume du cube proposé est le produit de 4 par 2 : il vaut donc 8 mètres cubes.

2e EXEMPLE. Le bassin d'une fontaine a 1m20 de profon-

(a) Ce nombre vaut quatre fois 3,1416.

deur, 1"20 de côté dans le fond et autant dans le haut; il est plein d'eau : combien en contient-il de litres?

Solution. La surface de la base est le produit de 1,20 par 1,20 ; elle vaut donc 1$^{m.q.}$4400.

Le volume d'eau demandé est le produit de 1,4400 par 1,20 ; il vaut donc 1$^{m.c.}$728$^{déc.c.}$, ce qui fait 1728 litres ou décimètres cubes (239).

485. Pour obtenir le volume d'un PRISME, *on multiplie la surface de sa base par sa hauteur.*

1er Exemple. Quel est le volume d'un bloc de pierre de 3 mètres de longueur, 1"50 de largeur et 1"20 d'épaisseur?

Solution. La surface de sa base est le produit de 1,50 par 1,20 ; elle vaut donc 1$^{m.q.}$80.

Le volume de cette pierre est le produit de 1,80 par 3 ; il vaut donc 5$^{m.c.}$400, c'est-à-dire 5 mètres cubes 400 décimètres cubes (227).

2e Exemple. Quel est le volume d'une pièce de bois de 6 mètres de longueur sur 18 centimètres de largeur et 12 centimètres d'épaisseur?

Solution. La surface de la base est le produit de 0,18 par 0,12 ; elle vaut donc 0$^{m.q.}$0216.

Le volume de cet arbre est le produit de 0,0216 par 6 ; il vaut donc 0$^{m.cube}$129$^{décim.cubes}$, c'est-à-dire 129 décimètres cubes, ce qui fait 1 décistère 29 centièmes.

Remarque. Il faut 100 décimètres cubes pour faire un décistère (225, v. R.)

3e Exemple. On veut creuser un fossé qui ait 12"50 de longueur, 40 centimètres de largeur au fond, 1"20 de largeur en haut, et 70 centimètres de profondeur ? Quel volume de terre aura-t-on à enlever pour le creuser ?

Solution. Les deux largeurs réunies valent 1"60 ; la moitié vaut donc 0^{m}80.

La surface de la base est le produit de 0,80 par 0,70 ; elle vaut donc 0$^{m.q.}$5600.

Le volume de la terre à enlever est le produit de 0,5600 par 12,50 ; il vaut donc 7 mètres cubes.

486. Pour obtenir le volume d'une PYRAMIDE, *on multiplie la surface de sa base par le tiers de sa hauteur.*

Exemple. Quel est le volume d'une pyramide dont la base vaut 10 mètres carrés et la hauteur 15 mètres ?

Solution. Le volume de cette pyramide est le produit de 10 par 5 ; il vaut donc 50 mètres cubes.

487. Pour obtenir le volume d'un CYLINDRE, *on multiplie la surface de sa base par sa hauteur.*

1er Exemple. Quel est le volume d'une colonne de forme cylindrique dont la hauteur vaut 5 mètres et le rayon 2 décimètres?

— 179 —

Solution. La surface de la base est le produit de 3,1416 par le carré du rayon : elle vaut donc 3,1416 × 0,04, ou 0$^{m.q}$125664.

Le volume de cette colonne est le produit de 0,125664 par 5 : il vaut donc 0$^{m.c}$628320.

2° Exemple. Quel volume de terre a-t-il fallu enlever pour creuser un puits circulaire dont le rayon vaut 1 mètre et la profondeur 20 mètres ?

Solution. La surface de la base est le produit de 3,1416 par e carré du rayon : elle vaut donc 3,1416 × 1, ou 3$^{m.q}$1416.

Le volume de la terre enlevée est le produit de 3,1416 par 20 : il vaut donc 62$^{m.c}$832$^{décim.c}$.

488. Pour obtenir le volume d'un CÔNE, on *multiplie la surface de sa base* (467) *par le tiers de sa hauteur*.

Exemple. Quel est le volume d'un cône dont le rayon de la base a 2 mètres et la hauteur 15 mètres ?

Solution. La surface de la base est le produit de 3,1416 par le carré du rayon : elle vaut donc 3,1416 × 4, ou 12$^{m.q}$5664.

Le volume de ce cône est le produit de 12,5664 par le tiers de 15 : il vaut donc 12,5664 × 5, ou 62$^{m.c}$832$^{décim.c}$.

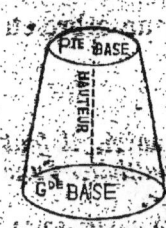

489. Pour obtenir le volume d'un cône tronqué parallèlement à sa base, il faut chercher la surface de la grande base et celle de la petite ; les multiplier l'une par l'autre ; extraire la racine carrée du produit ; additionner la racine avec les deux surfaces des bases, et multiplier la somme par le tiers de la hauteur. On opère de même pour trouver le volume d'une pyramide tronquée parallèlement à sa base.

Exemple. Un cuvier est plein d'eau ; sa profondeur est de 72 centimètres, le rayon du fond est de 40 centimètres, et le rayon d'en haut de 50 centimètres : combien ce cuvier contient-il d'eau ?

Solution. La surface de la grande base est le produit de 3,1416 par le carré du rayon : elle vaut donc 3,1416 × 0,2500, ou 0$^{m.q}$785400.

La surface de la petite base est le produit de 3,1416 par le carré du rayon : elle vaut donc 3,1416 × 0,1600, ou 0$^{m.q}$502656.

Multipliant les deux bases, on a 0,3947860224 dont la racine carrée vaut 0$^{m.q}$628320.

Additionnant la racine avec ces deux surfaces, on a 1$^{m.q}$916376.

Multipliant la somme par le tiers de la hauteur, c'est-à-dire par 0,24, on trouve 0$^{m.c}$459930240.

Le volume du cuvier est donc de 0$^{m.c}$459$^{déc.c}$930$^{cent.c}$, ce qui vaut 459 litres 93 centilitres (230).

490. Pour obtenir le volume d'une SPHÈRE, *on multiplie le cube du rayon par* 4,1888 (a).

_____

(a) Ce nombre est le produit de quatre fois le tiers de 3,1416.

EXEMPLE. Quel est le volume d'une boule dont le rayon vaut 5 décimètres ?

SOLUTION. Le cube du rayon vaut 0,5 × 0,5 × 0,5, ou 0$^{m.c}$,125.
Le volume de la boule proposée est le produit de 4,1888 par 0,125 ; il vaut donc 0,523 600 qu'il faut lire 523 décim. cub. 600 centim. cubes.

491. Pour obtenir le volume d'un corps IRRÉGULIER, *on le divise par tranches représentant des prismes ou d'autres corps faciles à mesurer; on mesure séparément chaque tranche, et l'on fait la somme des résultats.*

CUBAGE DES BOIS DE CHARPENTE.

492. Si l'arbre à cuber est bien plus gros dans un bout que dans l'autre, ou s'il est irrégulier, il faut le diviser en plusieurs troncs : mesurer séparément chaque tronc et faire la somme des résultats.

493. On mesure la longueur d'un arbre sur sa surface. Les autres mesures se prennent au milieu de la longueur de ce que l'on cube.

On peut avoir à cuber un arbre équarri ou un arbre en grume : de là les deux paragraphes suivants.

§ I. CUBAGE D'UN ARBRE ÉQUARRI.

494. Pour obtenir le volume d'un arbre équarri, *il faut mesurer la largeur de deux faces voisines, les multiplier l'une par l'autre, et multiplier le produit par la longueur.*

EXEMPLE. Un arbre a 40 sur 50 centimètres d'équarrissage, et 10 mètres de longueur : combien contient-il de décistères ?

SOLUTION. Les deux largeurs multipliées l'une par l'autre, c'est-à-dire 0,40 × 0,50 = 0$^{m.q}$,2000.
Ce produit multiplié par la longueur, c'est-à-d. 0,2000 × 10 = 2$^{m.c}$, ou 20 décistères.

§ II. CUBAGE D'UN ARBRE EN GRUME.

495. Pour obtenir le volume d'un arbre en grume, *il faut mesurer sa circonférence, en déduire le cinquième ou le sixième, prendre le quart du reste, le multiplier par lui-même, et multiplier le produit par la longueur* (b).

Quand on diminue la circonférence d'un *cinquième*, ce qui reste est le pourtour de l'arbre équarri *à vives arêtes* ; en prenant le quart de ce reste, on a donc la largeur de chaque face de l'arbre parfaitement équarri.

(b) La règle que nous venons de donner ne conduit qu'à un résultat approximatif.

Quand on a diminué la circonférence d'un *sixième*, ce qui reste est le pourtour de l'arbre imparfaitement équarri ; en prenant le quart de ce reste, on a donc la largeur de chaque face de l'arbre équarri. On voit qu'en agissant ainsi, on ramène toujours le cubage d'un arbre en grume au cubage d'un arbre équarri.

EXEMPLE. Un arbre a 1 mètre de circonférence et 3 mètres de longueur : combien contient-il de décistères ?

Au 5ᵉ déduit :
La circonférence diminuée du *cinquième*, c'est-à-dire $1-0,2 = 0^m8$ (a)
Le quart du reste, c'est-à-dire $0,8 \div 4 = 0^m2$
Ce quart multiplié par lui-même, c'est-à-dire $0,2 \times 0,2 = 0^{mq}04$
Ce produit multiplié par la longueur, c'est-à-dire $0,04 \times 3 = 0^{mc}12$
ou 120 décimètres cubes, qui valent 1 décistère 20.

Au 6ᵉ déduit :
La circonférence diminuée du *sixième*, c'est-à-dire $1-0,1666 = 0,8334$
Le quart du reste, c'est-à-dire $0,8334 \div 4 = 0^m2083$
Ce quart multiplié par lui-même, c'est-à-dire $0,2083 \times 0,2083 = 0^{mq}04338889$
Ce produit, multiplié par la longueur, $= 0^{mc}13016667$
ou 130 décimètres cubes, qui valent 1 décistère 30.

N. B. Dix arbres semblables à celui que nous { au 5ᵉ déduit, 12 décistères.
venons de mesurer vaudraient. . . . . { au 6ᵉ déduit, 13 décistères.

JAUGEAGE DES TONNEAUX.

496. Pour obtenir le volume d'un tonneau, *on ajoute le rayon du fond à deux fois celui du bouge ; on prend le tiers de la somme, on multiplie ce tiers par lui-même, puis le produit par 3,14, et ce dernier produit par la longueur intérieure de la futaille* (b).

EXEMPLE. Un tonneau a 86 centimètres de longueur intérieure, 67 centimètres de diamètre au bouge et 60 centimètres de diamètre à chaque fond : combien contient-il de litres ?

SOLUT. La somme des 3 rayons, c.-à-d. $0,67+0,30 = 0,97$;
Le tiers de cette somme, c'est-à-d. le rayon moyen $= 0,323$;
Ce tiers multiplié par lui-même. . . . . $= 0,104329$;
Ce produit 0,104329 multiplié par 3,14. . . . . . $= 0^{mq}32759306$;
Ce dernier produit multiplié par la longueur de la
futaille. . . . . $= 0^{mc}281730$;

Le volume du tonneau est de 281 décimètres 730 centim. cubes, ce qui vaut environ 282 litres (230).

Lorsque les fonds ne sont pas égaux, on prend la moyenne

(a) Le *cinquième* de la circonférence donne toujours l'équarrissage : on peut donc établir la règle suivante : Pour cuber un arbre au 5ᵉ déduit, *on prend le cinquième de la circonférence, on le multiplie par lui-même, et on multiplie le produit par la longueur.*

(b) Le résultat n'est qu'approximatif.

entre le plus grand diamètre et le plus petit. Lorsque les fonds ne sont pas ronds, on prend encore la moyenne entre leurs diamètres.

QUESTIONNAIRE
EXERCICES ET PROBLÈMES

ARITHMÉTIQUE, NOMBRES, FORMATION DES NOMBRES.

Questionnaire.

Qu'est-ce que l'arithmétique (1)?
Qu'est-ce qu'un nombre (2)?
Pour apprécier une quantité, à quoi faut-il la comparer (3)? — Que trouve-t-on en comparant une quantité à l'unité (3)?
Combien y a-t-il de sortes de nombres (3)?
Qu'est-ce que le nombre entier (4)?
Qu'est-ce que la fraction (5)?
Qu'est-ce que le nombre fractionnaire (6)?
Pourquoi l'arithmétique est-elle appelée science des nombres (7)?
Comment forme-t-on les nombres (8)?
Peut-on en former beaucoup (9)?
Pourquoi y a-t-il une infinité de nombres (9)?
De quoi se sert-on pour exprimer les nombres (9)?
Exprime-t-on chaque nombre par un mot ou par un caractère particulier (9)?
Pourquoi n'a-t-on pas donné à chaque nombre un nom différent (9)?
Comment appelle-t-on l'art d'exprimer les nombres avec un petit nombre de mots et de caractères (9)?
Comment se divise la numération (10)?

NUMÉRATION PARLÉE.

Questionnaire.

Qu'est-ce que la numération parlée (11)?
De quels mots se sert-on pour exprimer les nombres que nous pouvons représenter au moyen des doigts de nos mains (12)?
Comment s'appelle la réunion de dix unités (13)?
Comment compte-t-on par dizaines (13)?
Combien y a-t-il de nombres d'une dizaine à l'autre (14)? — De quoi ces nombres sont-ils composés (14)?
Comment exprime-t-on les nombres qui contiennent des dizaines et des unités (14)?
Comptez de 10 à 20 (15).
Par quel mot peut-on remplacer *septante, nonante* (16)?
Comment s'appelle la réunion de dix dizaines (17)?
Comment compte-t-on par centaines (17)?
Combien y a-t-il de nombres d'une centaine à l'autre (18)? — De quoi ces nombres sont-ils composés (18)?
Comment exprime-t-on les nombres qui contiennent des centaines, des dizaines et des unités (18)?
Comment s'appelle la réunion de dix centaines { de mille (19)? de millions? de billions? de trillions? de quatrillions (20)?
Comment compte-t-on par mille, par millions (21)?
Quelles sont les unités du premier ordre? Celles du second ordre? Celles du troisième ordre (22)?
Combien faut-il d'unités d'un ordre pour en faire une de l'ordre immédiatement supérieur (22)?

NUMÉRATION ÉCRITE.

Questionnaire.

Qu'est-ce que la numération écrite (23)?

De quoi se sert-on pour exprimer les nombres?

Écrivez en chiffres les neuf premiers nombres (24).

Comment écrit-on un nombre qui contient des dizaines et des unités (25)?

Comment écrit-on un nombre qui contient des centaines, des dizaines et des unités (26)?

Quand un ordre d'unités n'est pas nommé, par quoi faut-il le remplacer? — Le zéro a-t-il quelque valeur par lui-même? — A quoi sert-il (27)?

Quand on sait écrire un nombre qui contient des centaines, des dizaines et des unités, peut-on écrire la classe d'unités la première énoncée dans la dictée d'un nombre (28)?

Combien la classe qui suit celle qu'on vient d'écrire doit-elle avoir de chiffres (28)?

Comment écrit-on un nombre qui contient plusieurs classes d'unités? — Quand la classe qui suit celle qu'on vient d'écrire n'est pas nommée, par quoi faut-il la remplacer (29)?

Écrivez en chiffres les nombres suivants:

1. Trois.
2. Cinq.
3. Huit.
4. Dix-sept.
5. Vingt-quatre.
6. Soixante-deux.
7. Septante-un.
8. Quatre-vingt-six.
9. Nonante-neuf.
10. Cent quinze.
11. Trois cent quatorze.
12. Six cent treize.
13. Huit cent onze.
14. Neuf cent nonante-neuf.
15. Mille cinq cent douze.
16. Sept mille six cent quarante-deux.
17. Quatre cent vingt-six mille sept cent dix-neuf.
18. Cinquante millions neuf cent seize mille cent vingt.
19. Septante millions cent vingt.
20. Cent un millions trente-deux mille six cent dix.
21. Quatre-vingt-huit millions.

Suffit-il de savoir écrire les nombres en chiffres (29)?

Lisez les nombres 1, 2, 3, 4, 5, 6, 7, 8, 9.

Un nombre de deux chiffres contient-il des unités et des dizaines? — A quel rang sont les dizaines? — Comment lit-on un nombre de deux chiffres (31)?

Un nombre de trois chiffres contient-il des unités, des dizaines et des centaines? — A quel rang sont les unités, les dizaines et les centaines dans le nombre 333 (26, b)?

Comment lit-on un nombre de trois chiffres (32)?

Qu'énonce-t-on sur les zéros qui se rencontrent dans le nombre à lire (33)?

Quand on sait lire un nombre de trois chiffres, peut-on lire un nombre de plus de trois chiffres? — Quelle classe représentent les trois chiffres à droite, les trois suivants (34)?

Quelle est la règle à suivre pour lire facilement un nombre de plus de trois chiffres (35)?

Sur quel principe sont fondées les règles données pour lire et pour écrire les nombres (36)?

Quels sont les chiffres significatifs (37, a)?

Combien un chiffre significatif a-t-il de valeurs? — Qu'est-ce que la valeur absolue d'un chiffre? — Qu'est-ce que sa valeur relative (37)?

Combien dix unités d'un rang

— 184 —

valent-elles d'unités du rang immédiatement à gauche; par exemple, combien dix unités simples valent-elles de dizaines (38)?

Combien une unité d'un rang en vaut-elle du rang immédiatement à droite; par exemple, combien une dizaine vaut-elle d'unités simples (39)?

Que devient un nombre entier si l'on écrit 1, 2, 3... zéros à sa droite (40)?

Que devient un nombre entier si l'on supprime 1, 2, 3... zéros à sa gauche (41)?

Pourquoi un nombre entier ne change-t-il pas de valeur quand on écrit des zéros à sa gauche (42)?

Exercice sur la lecture des nombres entiers.

22. Lisez le nombre
23. ....
24. ....
25. Lisez le nombre
26. ....
27. ....
28. ....
29. ....
30. ....
31. ....
32. ....
33. ....
34. ....
35. ....
36. ....
37. ....
38. ....
39. ....
40. ....
41. ....
42. ....

3
7
9
21
34
56
165
780
600
909
1 851
5 472
6 351
291 538
720 400
805 040
900 003
2 873 641
67 000 832
400 050 011
1 096 340 101

43. Rendez 10 fois, 100 fois plus grand le nombre 5.
44. Rendez 10 fois, 100 fois plus petit le nombre 500.

ADDITION DES NOMBRES ENTIERS.

Questionnaire.

Qu'est-ce que l'addition (44)? — Comment s'appelle le résultat de l'addition (44)? — Combien distingue-t-on de cas principaux dans l'addition? — Comment fait-on l'addition des nombres d'un seul chiffre (45)? — Comment fait-on l'addition des nombres de plusieurs chiffres? — Comment écrit-on les nombres à additionner? — Par où commence-t-on l'addition? — Pourquoi par la droite? — Que pose-t-on sous la colonne qu'on vient d'additionner quand la somme ne surpasse pas 9? — Quand elle surpasse 1, 2, 3... dizaines? — Quand elle vaut tout juste 1, 2, 3... dizaines (46)? — Combien chaque dizaine vaut-elle d'unités pour la colonne suivante (46)? — En additionnant, compte-t-on les zéros (48)? — Que pose-t-on sous une colonne de zéros (47)? — Que pose-t-on sous une colonne de zéros, quand on a une retenue? — Quand on n'a point de retenue (47)? — Comment fait-on la preuve de l'addition (49)?

Exercices sur l'addition des nombres entiers.

45. A 3 ajoutez 2
46. 8 4
47. 6 3
48. 9 8
49. 25 7
50. 370 9

51. 326 plus 435
52. 761+814
53. 642+860+475+628
54. 900+3620+709+4601
55. 8120+450+23+6+370
56. 9793+864+6789+5789

Problèmes sur l'addition des nombres entiers.

57. Avant-hier, j'ai reçu 60 fr., hier j'en ai reçu 25, et aujourd'hui 17; combien ai-je reçu ces trois jours?

— 185 —

58. La semaine dernière, un chasseur a tué 2 lièvres, 6 bécasses, 10 perdrix et 15 cailles; combien a-t-il tué de pièces cette semaine?

59. Dans le courant du mois de janvier, on a économisé 2 fr., plus 4 fr., plus 6 fr.; combien a-t-on économisé dans ce mois?

60. L'année dernière, on a emprunté 800 fr., plus 200 fr., plus 125 fr.; combien a-t-on emprunté cette année?

61. Sur un emprunt on a donné 572 fr., on doit encore 318 fr.; à combien montait l'emprunt?

62. Après avoir payé 109 fr., 875 fr. et 1000 fr., il me reste 475 fr.; combien avais-je avant ces trois paiements?

63. On doit 100 fr. pour une armoire, 35 fr. pour un lit, 15 fr. pour un coffre et 12 fr. pour une table; combien doit-on en tout?

64. Je devais à un marchand 456 fr., il m'a vendu depuis pour 150 fr. de marchandises, et il me prête aujourd'hui 49 fr.; combien lui dois-je?

65. Une maison a coûté 4350 fr.; on a payé de plus pour réparations : au serrurier 25 fr., au menuisier 417 fr. et au maçon 80 fr., à combien revient le prix de la maison?

66. Un domestique a dépensé 5 fr. pour un chapeau, 30 fr. pour un habit et 4 fr. pour un gilet; il lui reste 27 fr.; quelle somme avait-il avant cette emplette?

67. Une personne a de l'argent dans trois sacs : dans le premier 400 fr., dans le deuxième 675 et dans le troisième 869 fr. Elle remet le tout dans un quatrième sac où il y a déjà 60 fr.; combien y a-t-il dans le quatrième sac?

68. On a dépensé 1 fr. le dimanche, 3 fr. le lundi, 4 fr. le mardi, 5 fr. le mercredi, 6 fr. le jeudi, 7 fr. le vendredi et 8 fr. le samedi, combien a-t-on dépensé dans la semaine?

69. Un voyageur marche pendant cinq jours : le premier jour il parcourt 25 kilomètres, le second jour 27, le troisième 56, le quatrième 60, et le dernier 18; combien a-t-il parcouru de kilomètres?

70. Janvier a 31 jours, février 28 ou 29, mars 31, avril 30, mai 31, juin 30, juillet 31, août 31, septembre 30, octobre 31, novembre 30 et décembre 31; de combien de jours se compose l'année?

71. Un objet coûte 159 fr., combien faut-il le vendre pour gagner 7 fr.?

72. Il faut 4 heures à une personne pour se rendre à sa destination; elle part à huit heures du matin, à quelle heure arrivera-t-elle?

73. Un homme part en 1850 pour ne revenir que dans 7 ans; en quelle année reviendra-t-il?

74. Charles est né en 1807; à quelle époque aura-t-il 50 ans?

75. Une personne est morte à l'âge de 60 ans, elle était née en 1785; quelle est l'année de sa mort?

76. Une personne née en 1785 se marie à 18 ans et meurt après 42 ans de mariage; quelle année est-elle morte?

77. Vous avez 34 ans, j'en ai 43; ma mère en a autant que nous deux; quel est son âge?

SOUSTRACTION DES NOMBRES ENTIERS.

Questionnaire.

Qu'est-ce que la soustraction? (50). | Comment s'appelle le résultat de la soustraction (50)?

Combien distingue-t-on de cas principaux dans la soustraction?

Comment fait-on la soustraction des nombres d'un seul chiffre (51)?

Comment fait-on la soustraction des nombres de plusieurs chiffres? — Comment écrit-on les nombres? — Par où commence-t-on la soustraction? — Pourquoi par la droite (52)?

Que faut-il faire quand le chiffre du nombre inférieur est *moins grand* / *aussi grand* / *plus grand* (que son correspondant dans le nombre supérieur (52, 53, 54)?

La différence de deux nombres change-t-elle lorsqu'on augmente des nombres chacun de la même quantité (54)?

Comment fait-on la preuve de la soustraction (55)?

Exercices sur la soustraction des nombres entiers.

78. De	4 ôtez	2	86.	82 moins	11
79.	6	3	87.	87	65
80.	9	4	88.	94	78
81.	7	5	89.	531	49
82.	8	6	90.	564	479
83.	15	7	91.	1762	928
84.	20	8	92.	24639	4591
85.	450	9	93.	85801	7342
			94.	70012	60094

Problèmes sur la soustraction des nombres entiers.

95. Quelle est la différence entre 78 et 65?

96. Que reste-t-il de 92, quand on en retranche 24?

97. Une personne avait emprunté 1000 fr.; elle en a remboursé 200 : combien doit-elle encore?

98. Sur 200 fr. qu'on me doit, j'en ai reçu 136 : combien me reste-t-il à recevoir?

99. On a reçu 267 fr.; on en a dépensé 193 : combien en a-t-on encore?

100. On a tiré 230 litres de vin d'un foudre qui en contenait 920 : combien en reste-t-il?

101. Un joueur avait perdu 85 fr.; il regagne 61 fr. : combien perd-il encore?

102. On avait 3567 fr.; on en a perdu 812 : combien en a-t-on encore?

103. On veut vendre 2098 fr. ce qui a coûté 2679 fr. : combien veut-on gagner?

104. En vendant 134 fr. ce qui a coûté 175, combien a-t-on perdu?

105. En vendant un objet 2690 fr., on a gagné 184 fr. : combien cet objet avait-il coûté?

106. On avait 350 mètres à faire; on en a déjà fait 72 : combien en reste-t-il à faire?

107. On a mis 11 jours pour faire un ouvrage; on l'a fini le 28 du mois : quel jour l'avait-on commencé?

108. Le vent le plus violent parcourt 162 000 mètres par heure, et le plus doux en parcourt 4800 : combien le premier en parcourt-il par heure de plus que le second?

109. Un flacon plein d'eau pèse 540 grammes ; ce flacon vide pèse 140 grammes : quel est le poids de l'eau qu'il contient ?

110. Une personne interrogée sur son revenu répond : Si j'avais 1200 fr. de plus, j'aurais 8600 fr. ; quel est son revenu ?

111. On avait 25900 fr. ; on a maintenant 67548 fr. ; quel bénéfice a-t-on fait ?

112. En 1820, la population d'une commune était de 547 habitants ; en 1850, elle est de 692 : de combien la population s'est-elle accrue de 1820 à 1850 ?

113. Un homme a 43 ans en 1850 : quelle année est-il né ?

114. Un homme est né en 1807 : quel âge avait-il en 1850 ?

115. Un homme est mort en 1845 ; il a vécu 60 ans : en quelle année est-il né ?

116. Un père et un fils ont ensemble 80 ans ; le père en a 60 : combien en a le fils ?

117. Un père avait 29 ans lorsqu'il eut un fils : quel sera l'âge du fils quand le père aura 60 ans ?

118. Deux personnes font un arrangement pour payer une dette de 7850 fr. La première donne 3430 fr. : combien la seconde doit-elle donner ?

119. Quel nombre faut-il ajouter à 517 pour avoir 756 ?

120. Quel nombre faut-il retrancher de 756 pour avoir 239 ?

121. La somme de deux nombres est 756 ; le plus petit est 239 : quel est le plus grand ?

122. La différence entre deux nombres est 517 ; le plus grand est 756 : quel est le plus petit ?

MULTIPLICATION DES NOMBRES ENTIERS.

Questionnaire.

Qu'est-ce que la multiplication (55) ?

Comment s'appelle le résultat de la multiplication (56) ?

Qu'est-ce qu'on appelle *facteurs* du produit ?

De quelle espèce sont les unités du produit quand le multiplicande exprime des francs, des mètres, des litres (57) ?

Combien distingue-t-on de cas principaux dans la multiplication des nombres entiers ?

Comment trouve-t-on le produit de deux nombres simples (58) ?

Comment s'appelle la table où l'on trouve toujours le produit de deux nombres simples ?

Récitez la table de multiplication.

Le produit d'une multiplication reste-t-il le même quand on change l'ordre des facteurs (59) ?

Comment multiplie-t-on un nombre de plusieurs chiffres par un nombre d'un seul chiffre ?

Un nombre d'un seul chiffre par un nombre de plusieurs chiffres (60) ?

Comment multiplie-t-on un nombre de plusieurs chiffres par un nombre de plusieurs chiffres (61).

Où faut-il placer le premier chiffre de chaque produit partiel ?

Que faut-il faire lorsqu'il y a des zéros entre les chiffres significatifs du multiplicande (62) ?

Quand il y a des zéros entre les chiffres significatifs du multiplicateur (63) ?

Comment opère-t-on quand le multiplicande ou le multiplicateur, ou tous les deux, sont terminés par des zéros (64) ?

Comment opère-t-on, pour abréger la multiplication, quand le multiplicande seul est terminé par des zéros (66)? — Quand le multiplicateur seul est terminé par des zéros (67)? — Quand le multiplicateur est l'unité suivie de zéros (68)? — Quand le multiplicande et le multiplicateur sont terminés par des zéros (69)?

Doit-on, pour abréger, multiplier par le nombre qui donnera le moins de chiffres à écrire (70)?

Comment fait-on la preuve d'une multiplication (71)?

Peut-on, sans changer la valeur du produit, intervertir l'ordre de 3, 4, 5,... facteurs (72)?

Comment obtient-on le produit de 3, 4, 5... facteurs (73)?

Comment sait-on s'il faut multiplier pour résoudre une question (74)?

Comment connaît-on le multiplicande?

Exercices sur la multiplication des nombres entiers.

123. Multiplier 7 par 3
124.   6   5
125.   8   7
126.   9   8
127.   45   2
128.   59   4
129.   83   9
130.   246   5
131.   847   6
132.   930   11
133.   38   25
134.   572 mult. p. 64
135.   891 × 75
136.   458 × 336
137.   956 × 834
138.   876 × 957
139.   8 775 × 9 986
140.   34 509 × 3 718
141.   65 023 × 4 996
142.   432 081 × 25 947
143.   670 002 × 132 856
144. 1 325 064 × 99 887
145.   16 699 × 507
146.   24 965 × 10 203
147.   35 841 × 50 006
148.   100 925 × 430 009
149.   870 603 × 40 305
150.   390 000 × 130 119
151.   99 000 × 79 136
152.   180 735 × 670 000
153.   970 000 × 3 600
154.   450 000 × 10
155.   557 000 × 100

Problèmes sur la multiplication des nombres entiers.

156. Quelle est la somme de 350 nombres égaux à 237?
157. Quel est le produit de 732 par 54?
158. Quel est le nombre 15 fois plus grand que 80?
159. Si chaque mètre coûte 15 fr.; combien coûteront 8 mètres?
160. Si chaque pièce de vin coûte 36 fr.; combien 5 pièces coûteront-elles?
161. Si l'on travaille 9 heures chaque jour; combien aura-t-on travaillé d'heures dans 25 jours?
162. Si chaque sillon demande 5 minutes; combien 109 sillons en demanderont-ils?
163. Si chaque poutre produit 9 planches; combien 35 poutres en produiront-elles?
164. Si l'on dépense 4 fr. par jour, combien en dépensera-t-on dans 365 jours?
165. Si l'on consomme 30 kilogrammes de pain par mois, combien en consommera-t-on dans 12 mois?
166. Si l'on gagne 2 fr. sur chaque ouvrier; combien en gagne-t-on sur 25?
167. Si l'on économise 3 fr. par semaine; combien économisera-t-on dans 52 semaines?
168. Si, en mourant, on laisse 5000 fr. pour chaque enfant; combien en laisse-t-on pour 7?
169. S'il faut 7 rouleaux de tapisserie pour chaque appartement; combien en faudra-t-il pour 4?
170. Si chaque main de papier contient 25 feuilles; combien 20 mains en contiennent-elles?

171. Si chaque cahier de papier à lettre a 6 feuilles; combien 80 cahiers en ont-ils?

172. Si chaque page contient 37 lignes; combien 580 pages en contiennent-elles?

173. Si chaque croisée a six carreaux; combien 4 croisées en ont-elles?

174. Si chaque rangée donne 45 arbres; combien 70 rangées en donnent-elles?

175. Si chaque litre de vin rapporte 25 centimes; combien 350 litres en rapporteront-ils?

176. Si chaque franc rapporte 5 centimes d'intérêt; combien 100 fr. en rapporteront-ils?

177. Si l'on fait 60 kilomètres par jour; combien en fera-t-on dans 15 jours?

178. Si le son parcourt 340 mètres par seconde; combien en parcourt-il en 28 secondes?

179. Si chaque année vaut 365 jours; combien 6 années en valent-elles?

180. Si chaque heure vaut 60 minutes; combien 24 heures en valent-elles?

DIVISION DES NOMBRES ENTIERS.

Questionnaire.

Qu'est-ce que la division (75)?

Comment s'appelle le résultat de la division (75)?

Combien distingue-t-on de cas principaux dans la division des nombres entiers?

Comment trouve-t-on le quotient lorsque le diviseur n'a qu'un seul chiffre, et qu'il est contenu *moins* de dix fois dans le dividende (77)?

Comment s'appelle la table où l'on trouve toujours le quotient demandé, quand il doit être d'un seul chiffre? — Comment fait-on pour trouver ce quotient dans la table de Pythagore?

Comment trouve-t-on le quotient lorsque le diviseur n'a qu'un seul chiffre, et qu'il est contenu *au moins* dix fois dans le dividende (78)?

Peut-on mettre au quotient plus de 9 à la fois (79, 1°)?

Comment reconnaît-on qu'un chiffre, mis au quotient, est trop fort (79, 2°)?

Comment reconnaît-on qu'un chiffre, mis au quotient, est trop faible (79, 3°)?

Quand faut-il mettre un zéro au quotient (79, 4°)?

Comment s'appelle le quotient quand la dernière soustraction donne zéro pour reste (79, 5°)?

Qu'est-ce qu'un quotient exact (79, 5°)?

Comment s'appelle le quotient quand la dernière soustraction donne un reste (79, 6°)?

Qu'est-ce qu'un quotient exact à moins d'une unité (79, 6°)?

Comment trouve-t-on le quotient quand le diviseur a plusieurs chiffres, et qu'il est contenu *moins* de dix fois dans le dividende (80)?

Quand faut-il prendre le premier ou les deux premiers chiffres du dividende partiel (80, a)?

Souvent il faut tâtonner beaucoup pour trouver le véritable quotient : que fait-on pour diminuer le nombre des tâtonnements (81)?

Comment trouve-t-on le quotient quand le diviseur a plusieurs chiffres, et qu'il est contenu *au moins* dix fois dans le dividende (82)?

Comment opère-t-on pour abréger une division quelconque (83)] — Donnez une autre manière d'abréger la division quand le diviseur n'a qu'un seul chiffre (84). Quand le dividende et le diviseur sont terminés par des zéros (85). — Quand le diviseur est l'unité suivie de zéros (86).

Comment fait-on la preuve de la division (87)? — Comment fait-on la preuve de la multiplication par la division (88)? — Comment sait-on s'il faut diviser pour résoudre une question (90)? Comment connaît-on le dividende (90)?

Exercices sur la division des nombres entiers.

181. Diviser 6 par 2	191.	62 divisés par	12	201.	1 800 divisés par	600
182.	18	3	192.	283	175	202.	98 200		1 500
183.	42	6	193.	358	296	203.	7 560		350
184.	72	8	194.	406	405	204.	45 700		870
185.	81	9	195.	784	519	205.	137 680		9 300
186.	52	4	196.	267	15	206.	972 400		36 800
187.	643	5	197.	945	67	207.	8 765		10
188.	506	7	198.	997	89	208.	5 672		100
189.	864	8	199.	2 875	976	209.	24 090		1 000
190.	725	9	200.	54 681	3 807	210.	75 000		10 008

Problèmes sur la division des nombres entiers.

211. Combien de fois pourrait-on soustraire 9 de 891?

212. Combien de fois le nombre 20 est-il contenu dans 3600?

213. Quel est le quotient de 1620 divisé par 12?

214. Quel est le nombre 25 fois moins grand que 8675?

215. 10 personnes ont 8875 fr. à se partager : combien auront-elles chacune?

216. Si une succession est de 84593 fr. pour 9 personnes, de combien est-elle pour chacune?

217. Si l'on gagne 248 fr. en 12 mois, combien en gagne-t-on par mois?

218. Si 159 ouvriers doivent faire 1652 mètres d'ouvrage, combien chacun doit-il en faire?

219. Si l'on a parcouru 665 kilomètres en 7 jours, combien en a-t-on parcourus chaque jour?

220. S'il y a 500 feuilles de papier dans 20 mains, combien y en a-t-il dans chaque main?

221. Si 230 litres de vin coûtent 45 fr., combien coûte chaque litre?

222. Si 6260 fr. ont rapporté 313 fr. d'intérêt, combien chaque franc a-t-il rapporté?

223. Si l'on veut que 780 litres rapportent 324 fr., combien veut-on que chaque litre rapporte?

224. Si l'on a 450 fr. pour 9 personnes, combien a-t-on pour chacune?

225. Si 25 personnes ont gagné 185 fr., combien chaque personne a-t-elle gagné?

226. Si 135 arbres ont été vendus 2430 fr., combien chaque arbre a-t-il été?

227. Si une famille a dépensé 2840 fr. en 284 jours, combien a-t-elle dépensé par jour?

228. Si l'on a 1095 à dépenser en 12 mois; combien a-t-on à dépenser par mois?

229. S'il y a 1440 minutes dans 24 heures; combien y en a-t-il dans l'heure?

230. Si l'on veut donner 18900 fr. en 21 payements égaux; combien doit-on donner par payement?

231. Si 150 mètres coûtent 35 fr.; combien coûte le mètre?

232. Par quel nombre a-t-on divisé 231410 pour avoir 634 au quotient?

233. Par quel nombre faut-il diviser 231410 pour avoir 365 au quotient?

234. Par quel nombre faut-il multiplier 634 pour avoir 231410 au produit?

SUR LES FRACTIONS ORDINAIRES.

Questionnaire.

Qu'est-ce qu'une fraction (91)?
Combien faut-il de nombres pour exprimer une fraction (92)?
Comment écrit-on une fraction (93)?
Comment lit-on une fract. (94)?
Comment s'appelle le nombre qu'on énonce le premier? — Celui qu'on énonce le second (95)?
Qu'indique le numérateur? — Le dénominateur (95)?
Comment s'appellent le numérateur et le dénominateur d'une fraction (95)?
Quand est-ce qu'une fraction est plus petite que l'unité? — Plus grande que l'unité? — Égale à l'unité (96)?
De quoi dépend la grandeur d'une fraction (96)?
Comment fait-on pour rendre une fraction 2, 3,... fois plus grande (97, 99)?
Comment fait-on pour rendre une fraction 2, 3,... fois plus petite (98, 101)?
En supprimant le dénominateur d'une fraction, par quel nombre la multiplie-t-on (100)?
Change-t-on la valeur d'une fraction en multipliant ses deux termes par un même nombre (102)?
Change-t-on la valeur d'une fraction en divisant ses deux termes par le même nombre (103)?
Change-t-on la valeur d'une fraction proprement dite en augmentant ou en diminuant ses deux termes d'un même nombre (104)?

Exercices.

235. Écrire les fractions : *un quart*, *cinq septièmes*, *huit treizièmes*, *cent quinze trois cent seizièmes*, *trois mille soixante sept mille neuf cent vingtièmes*.

236. Lire les fractions suivantes : $\frac{1}{4}, \frac{5}{7}, \frac{8}{13}, \frac{115}{316}, \frac{3067}{7920}$.

237. Rendez 2 fois plus grandes les fractions $\frac{3}{4}, \frac{5}{20}, \frac{13}{44}, \frac{24}{74}$.

238. Rendez 4 fois plus petites les fractions $\frac{1}{12}, \frac{5}{20}, \frac{9}{44}, \frac{3}{47}$.

239. Quel est le nombre 9 fois plus grand que $\frac{24}{84}$?

240. Quel est le nombre 8 fois plus petit que $\frac{4}{72}$?

SUR LA RÉDUCTION DES FRACTIONS AU MÊME DÉNOMINATEUR.

Questionnaire.

Qu'est-ce que réduire des fractions au même dénominateur (105)?
Pourquoi réduit-on les fractions au même dénominateur (105)?
Comment réduit-on deux frac-

— 192 —

tions au même dénominateur (106)? Comment réduit-on plus de deux fractions au même dénominateur (107)?

Exercices.

Réduire au même dénominateur les fractions suivantes :
241. $\frac{2}{3}, \frac{4}{5}, \frac{2}{3}, \frac{3}{7}.$
242. $\frac{1}{2}, \frac{3}{4}, \frac{5}{6}, \frac{5}{6}, \frac{10}{15}, \frac{2}{3}.$
243. $\frac{3}{9}, \frac{16}{18}, \frac{137}{405}, \frac{890}{371}.$

SUR LA SIMPLIFICATION DES FRACTIONS.

Questionnaire.

Qu'est-ce que réduire une fraction à sa plus simple expression (108)?
Pourquoi réduit-on les fractions à leur plus simple expression (108)?
Qu'est-ce que *le plus grand commun diviseur* des deux termes d'une fraction (109)? — Comment le trouve-t-on (109)? — Quand on l'a trouvé, comment s'en sert-on pour réduire une fraction à sa plus simple expression (110)?
Qu'est-ce qu'une fraction irréductible (110)?
Comment peut-on savoir si une fraction est irréductible (110)?
Pour avoir approximativement la valeur d'une fraction irréductible, que fait-on quand ses termes sont considérables (111)?

Exercices.

Réduire à leur plus simple expression les fractions suivantes :
244. $\frac{10}{20}, \frac{4}{48}, \frac{96}{432}, \frac{210}{990}.$
245. $\frac{8457}{942}, \frac{1108}{3760}, \frac{126}{1050}, \frac{240}{384}.$
246. $\frac{4148}{443}, \frac{2946}{504}, \frac{454}{482}, \frac{7776}{26}.$
247. $\frac{3072}{14399}, \frac{9024}{2057}, \frac{1245}{187}, \frac{10368}{1274}.$
248. $\frac{637}{16017}, \frac{1449}{2434}, \frac{273}{221}, \frac{39}{4911}.$

SUR LA RÉDUCTION DE L'ENTIER EN FRACTION.

Questionnaire.

Comment réduit-on l'entier en fraction d'un dénominateur donné (113)?
Comment réduit-on l'entier et la fraction qui l'accompagne en une seule fraction (114)?
Comment met-on un nombre entier sous la forme d'une fraction (115)?

Exercices.

Réduire
249. 3 entiers en *quarts.*
250. 4 entiers en *huitièmes.*
251. Combien y a-t-il de tiers dans $4\frac{2}{3}$?

Réduire en une seule fraction
252. $4\frac{3}{7}, 4\frac{5}{2}, 5\frac{6}{2}, 2\frac{4}{18}, 11\frac{2}{3}, 3\frac{4}{5}.$
253. $6\frac{2}{3}, 10\frac{7}{15}, 4\frac{3}{5}, 8\frac{2}{3}, 4\frac{5}{7}, 9\frac{2}{4}.$
254. $5\frac{1}{4}, 2\frac{5}{6}, 1\frac{3}{8}, 10\frac{4}{5}, 10\frac{1}{2}, 3\frac{29}{4}.$
255. $2\frac{3}{5}, 5\frac{6}{7}, 16\frac{3}{28}, 7\frac{4005}{2046}.$

SUR LA RÉDUCTION DES FRACTIONS EN ENTIERS.

Questionnaire.

Qu'est-ce que réduire une fraction en entiers (116) ? | Comment fait-on pour avoir les entiers contenus dans une fraction (117) ?

Exercices.

Trouver les entiers contenus dans les fractions suivantes :

256. $\frac{12}{4}, \frac{23}{5}, \frac{100}{48}, \frac{40}{3}, \frac{35}{5}, \frac{14}{3}, \frac{21}{7}$.

257. $\frac{19}{4}, \frac{20}{3}, \frac{157}{15}, \frac{42}{5}, \frac{31}{7}, \frac{3}{2}, \frac{21}{8}$.

258. $\frac{11}{8}, \frac{84}{8}, \frac{155}{42}, \frac{11}{4}, \frac{41}{7}, \frac{454}{28}, \frac{930}{240}, \frac{24}{2}, \frac{15120}{2046}$.

ADDITION DES FRACTIONS ORDINAIRES.

Questionnaire.

Combien distingue-t-on de cas principaux dans l'addition des fractions ? | fractions qui ont le même dénominateur (118) ? — Qui n'ont pas le même dénominateur (119) ?
Comment fait-on l'addition des |

Exercices.

Additionner les fractions suivantes :

259. $\frac{1}{3}+\frac{2}{3}+\frac{4}{3}, \frac{2}{6}+\frac{3}{6}+\frac{5}{6}$.

260. $\frac{2}{3}+\frac{3}{6}, \frac{3}{4}+\frac{5}{42}, \frac{4}{8}+\frac{20}{24}$.

261. $\frac{3}{5}+\frac{5}{6}+\frac{7}{7}+\frac{3}{36}+\frac{25}{19}+\frac{12}{1}$.

262. $\frac{3}{3}+\frac{2}{5}+\frac{4}{15}, \frac{5}{9}+\frac{5}{5}+\frac{4}{7}$.

Problèmes sur l'addition des fractions.

263. Un ouvrier a travaillé $\frac{4}{5}, \frac{3}{4}$ et $\frac{7}{8}$ d'heure ; combien a-t-il travaillé d'heures ?

264. Un ouvrier a perdu les $\frac{5}{7}$ d'une journée, plus les $\frac{3}{42}$ d'une autre journée ; combien a-t-il perdu de temps ?

265. Trois ouvriers ont employé à un ouvrage, le premier $\frac{2}{3}$ de journée, le second $\frac{1}{2}$ journée, et le troisième $\frac{1}{4}$ de journée ; combien y ont-ils employé de jours ?

266. On fait les $\frac{2}{3}$ et les $\frac{3}{10}$ d'un ouvrage ; quelle partie de l'ouvrage a-t-on faite en tout ?

267. Un ouvrier demande $\frac{9}{5}$ de mètre pour un habit, $\frac{4}{7}$ pour un pantalon et $\frac{5}{8}$ pour un gilet ; combien faut-il lui donner de mètres en tout ?

268. On devait les $\frac{3}{5}$ d'un mètre de drap ; on en a encore acheté $\frac{2}{5}$ plus $\frac{9}{43}$; combien doit-on de mètres ?

269. On a acheté $\frac{1}{4}, \frac{2}{5}, \frac{7}{9}, \frac{12}{17}$ de mètre de drap ; combien en a-t-on de mètres ?

270. J'ai acheté les $\frac{3}{4}$ d'un mètre d'étoffe ; le marchand m'en donne $\frac{4}{20}$ par-dessus : combien ai-je en tout ?

271. Il reste à un marchand quatre coupons de drap : le premier renferme $\frac{3}{4}$, le second $\frac{7}{9}$, le troisième $\frac{5}{6}$ et le quatrième $\frac{1}{8}$ de mètre ; combien lui reste-t-il de mètres en tout ?

272. Un marchand avait un coupon de drap, il en vend $\frac{3}{4}$ de mètre, il en reste $\frac{9}{12}$ de mètre ; quelle était la longueur de ce coupon ?

273. Jeudi j'ai appris $\frac{3}{5}$ de page de grammaire, et vendredi $\frac{1}{4}$; combien en ai-je appris dans ces deux jours ?

274. Hier une plante avait $\frac{2}{5}$ de mètre d'élévation ; depuis elle a grandi de $\frac{1}{7}$ de mètre ; quelle en est la hauteur ?

275. Un mur a $\frac{1}{4}$ de mètre de fondation et $\frac{5}{4}$ de mètre au-dessus du sol ; quelle en est la hauteur totale ?

276. De quel nombre faut-il ôter $\frac{2}{12}$ pour qu'il reste $\frac{3}{16}$?

277. Quelle est la fraction qui surpasse $\frac{2}{5}$ de $\frac{3}{7}$?

SOUSTRACTION DES FRACTIONS.

Questionnaire.

Combien distingue-t-on de cas principaux dans la soustraction des fractions ?
Comment fait-on la soustraction des fractions qui ont le même dénominateur (120) ? — Qui n'ont pas le même dénominateur (124) ?

Exercices.

278. De $\frac{3}{5}$ ôter $\frac{1}{5}$.
279. $\frac{7}{9}$ $\frac{2}{9}$.
280. $\frac{10}{12}$ $\frac{3}{12}$.
281. $\frac{8}{9}$ moins $\frac{1}{5}$.
282. $\frac{10}{9}$ $\frac{3}{4}$.
283. $\frac{16}{45}$ $\frac{1}{4}$.
284. $\frac{5}{6}$ $\frac{1}{4}$.
285. $\frac{5}{8}$ $\frac{2}{3}$.
286. $\frac{7}{9}$ $\frac{2}{7}$.

287. Trouver la différence entre $\frac{4}{9}$ et $\frac{7}{16}$.

288. Au lieu de la fraction $\frac{12}{15}$ on a pris la fraction $\frac{12}{18}$; quelle erreur a-t-on commise ?

289. Deux coupons de différents draps contiennent, le premier $\frac{7}{12}$ de mètre et le second $\frac{45}{20}$; lequel est le plus grand et de combien surpasse-t-il l'autre ?

290. Un coupon d'étoffe avait $\frac{9}{10}$ de mètres ; on en a vendu $\frac{2}{5}$ de mètre ; combien en reste-t-il ?

291. Un jardinier a vendu les $\frac{5}{6}$ de ses fruits ; combien lui en reste-t-il ?

292. Un joueur a perdu les $\frac{3}{7}$ de ce qu'il avait ; combien lui reste-t-il ? Réponse : $\frac{7}{7} - \frac{3}{7} = \frac{4}{7}$.

293. On a fait les $\frac{7}{10}$ de son ouvrage ; que reste-t-il à faire ?

294. On a trois jours pour terminer un ouvrage. Le premier jour on en fait $\frac{1}{3}$ et le second $\frac{1}{4}$; combien en reste-t-il à faire pour le troisième ?

295. On a partagé $\frac{19}{20}$ en deux parties dont l'une est $\frac{7}{20}$; quelle est l'autre ?

296. La somme de deux nombres est $\frac{19}{20}$, le plus grand est $\frac{12}{20}$; quel est le plus petit ?

297. Que faut-il ajouter à $\frac{12}{20}$ pour avoir $\frac{19}{20}$?

MULTIPLICATION DES FRACTIONS.

Questionnaire.

Combien distingue-t-on de cas principaux dans la multiplication des fractions ?

Comment multiplie-t-on une fraction par un nombre entier (122) ?

Comment multiplie-t-on un nombre entier par une fraction (123) ?

Comment multiplie-t-on une fraction par une fraction (124) ?

Comment multiplie-t-on plusieurs fractions les unes par les autres (425) ?

Comment simplifie-t-on la multiplication de plusieurs fractions (126) ?

Exercices.

298. Multipl. $\frac{1}{2}$ par 4.
299. $\frac{18}{50}$ 37.
300. 9 multipl. par $\frac{5}{7}$.
301. 183 $\times \frac{45}{78}$.
302. $\frac{4}{9} \times \frac{1}{2}$
303. $\frac{2}{12} \times \frac{11}{35}$

Problèmes sur la multiplication des fractions (a).

304. S'il faut $\frac{1}{3}$ de mètre pour 1 gilet, combien en faut-il pour 2 ?

305. Si un courrier fait $\frac{3}{4}$ de myriamètre par heure, combien en fera-t-il en 24 heures ?

306. Si une dépense s'élève à 73 fr., à combien s'élèvent les $\frac{2}{3}$ de cette dépense ? Rép. : à moins de 73 fr. On doit avoir un nombre *plus petit* que 73 ; pour l'obtenir, il faut multiplier 73 par $\frac{2}{3}$.

307. Un homme donne les $\frac{3}{4}$ de ce qu'il a, et il lui reste 12 fr. ; combien avait-il ? Cette question revient à cette règle de trois : si le $\frac{1}{4}$ vaut 12, combien vaut l'entier ou les $\frac{4}{4}$?

DIVISION DES FRACTIONS.

Questionnaire.

Combien distingue-t-on de cas principaux dans la division des fractions ?

Comment divise-t-on une fraction par un nombre entier (127) ?

Comment divise-t-on un nombre entier par une fraction (128) ?

Comment divise-t-on une fraction par une fraction (129) ?

Exercices.

308. Diviser $\frac{3}{4}$ par 15.
309. $\frac{7}{9}$ par 6.
310. 15 divisés par $\frac{3}{4}$.
311. 6 $>\frac{7}{9}$.
312. $\frac{3}{11} > \frac{3}{7}$
313. $\frac{34}{72} > \frac{17}{18}$

Problèmes sur la division des fractions (b).

314. Combien $\frac{34}{72}$ sont-ils contenus de fois dans $\frac{17}{18}$?

(a) Quand la réponse indique une multiplication à effectuer *par une fraction* proprement dite, il faut diviser ce qui suit *plus*. (V. la note sur le problème 1000 et le problème 306).

(b) Quand la réponse indique une division à effectuer *par une fraction* proprement dite, il faut multiplier ce qui suit *moins*. (V. la note du problème 1000 et le problème 316).

N. B. Toutes les fois qu'on peut ramener une question à une règle de trois, il faut le faire, parce qu'une question ramenée à une règle de trois n'embarrasse jamais, si on veut la résoudre d'après la méthode du n° 90, ou celle du n° 300. Presque tous les problèmes sur la multiplication et sur la division peuvent être ramenés à une règle de trois, et peuvent l'être très-facilement quand ils sont présentés comme la plupart des nôtres sur ces deux opérations fondamentales. (V. les probl. 648, 649 650, 997 et suiv.)

315. Combien vaut le nombre dont les $\frac{3}{4}$ font 27 ? (Probl. 365.)

Réponse. $27 \times \frac{4}{3} = \frac{27 \times 4}{3} = \frac{108}{3} = 36.$

316. Si les $\frac{2}{3}$ d'une dépense s'élèvent à 42 fr., à combien s'élève la dépense totale ? Réponse : à *plus* de 42 fr. On doit trouver un nombre *plus grand* que 42 ; pour l'avoir, il faut diviser 42 par $\frac{2}{3}$.

NOMBRES FRACTIONNAIRES.
ADDITION DES NOMBRES FRACTIONNAIRES.

Exercices.

317. $4\frac{4}{9} + 6\frac{5}{9} + 3\frac{7}{9}.$ | 319. $35\frac{1}{3} + 7\frac{1}{16} + 40\frac{5}{6}.$
318. $17\frac{3}{11} + 195\frac{6}{11} + 79\frac{10}{11}.$ | 320. $2\frac{3}{4} + 5\frac{2}{7} + 18\frac{5}{9}.$

Problèmes.

321. Pierre a travaillé 15 jours $\frac{1}{2}$, son fils 20 jours $\frac{3}{4}$; combien de temps ont-ils travaillé ?

322. Je devais 3 mètres $\frac{5}{6}$ de drap, j'en ai encore acheté 7 mètres $\frac{2}{3}$, combien en dois-je ?

323. Un marchand a vendu 7 mètres $\frac{1}{2}$ d'une pièce d'étoffe dont il lui reste 12 mètres $\frac{3}{4}$; combien y avait-il de mètres dans cette pièce d'étoffe ?

324. Un marchand a vendu une pièce de drap à quatre personnes ; la première en a pris 4 mètres $\frac{1}{4}$, la seconde 3 mètres $\frac{1}{5}$, la troisième 5 mètres $\frac{2}{3}$, et la quatrième 2 mètres $\frac{1}{2}$; combien la pièce avait-elle de mètres ?

325. Une voiture a fait 59 kilomètres $\frac{1}{2}$ le premier jour, et 60 kilomètres $\frac{3}{10}$ le second ; combien a-t-elle fait de kilomètres pendant les deux jours ?

SOUSTRACTION DES NOMBRES FRACTIONNAIRES.

Exercices.

326. De 52 $\frac{7}{9}$ ôter 34 $\frac{8}{9}$. | 328. $70\frac{1}{3} - 45\frac{32}{99}.$
327. 75 $\frac{8}{19}$ 43 $\frac{4}{17}$. | 329. $27\frac{2}{15} - 8\frac{17}{20}.$

Problèmes.

330. Quelle différence y a-t-il entre $7\frac{2}{3}$ et $4\frac{1}{5}$?

331. Que reste-t-il du nombre 10 quand on retranche $4\frac{2}{7}$?

332. On doit copier 36 pages $\frac{1}{2}$; on en a déjà copié $7\frac{3}{4}$, combien en reste-t-il à copier ?

333. On a 20 kilomètres $\frac{3}{4}$ à parcourir ; on en a déjà parcouru $16\frac{9}{10}$; combien en a-t-on encore à parcourir ?

334. On devait 75 mètres d'ouvrage, on en a payé 36 mètres $\frac{5}{9}$; combien en doit-on encore ?

335. Deux ouvriers ont fait ensemble 35 mètres $\frac{3}{4}$; le premier en a fait $15\frac{1}{2}$; combien en a fait le second ?

336. Un marchand confie une pièce de drap de 11 mètres $\frac{3}{8}$ à un tailleur d'habits ; le tailleur lui en rapporte 5 mètres $\frac{7}{9}$; combien en a-t-il pris pour son compte ?

337. Un sac plein de blé pèse 59 kilogrammes $\frac{2}{3}$, le sac pèse 2 kilogrammes $\frac{1}{4}$; quel est le poids du blé ?

MULTIPLICATION DES NOMBRES FRACTIONNAIRES.
Exercices.

338. Mult. $2\frac{1}{3}$ par 17. | 340. $3\frac{5}{6}$ mult. par $\frac{3}{4}$. | 342. $3\frac{7}{9} \times 4\frac{6}{11}$.
339.   17 par $2\frac{1}{3}$. | 341. $\frac{4}{7} \times 3\frac{5}{7}$. | 343. $9\frac{2}{3} \times 5\frac{11}{12}$.

Problèmes.

344. Si on met $\frac{1}{4}$ d'heure pour copier une page ; combien mettra-t-on de temps pour copier 12 pages $\frac{1}{2}$?

345. Si chaque mètre de drap coûte 15 fr. ; combien coûteront 80 mètres $\frac{1}{3}$?

346. S'il faut donner 3 fr. par journée ; combien faut-il donner pour 6 journées $\frac{2}{3}$?

347. Si le mètre coûte 5 fr. $\frac{3}{4}$; combien coûteront 30 mètres $\frac{7}{8}$?

348. Un homme achète 25 litres $\frac{7}{8}$ de liqueur, il en vend les $\frac{3}{4}$; combien en a-t-il vendu ? Cette question revient à cette règle de trois : si l'entier ou les $\frac{4}{4}$ valent 25 litres $\frac{7}{8}$, combien valent les $\frac{3}{4}$?

DIVISION DES NOMBRES FRACTIONNAIRES.
Exercices.

349. Divis. $25\frac{1}{8}$ par 12. | 351. $32\frac{7}{8}$ divis. par $\frac{6}{13}$. | 353. $25\frac{2}{3} > 2\frac{4}{9}$.
350.   12 par $25\frac{1}{8}$. | 352. $\frac{6}{13} > 32\frac{4}{7}$. | 354. $2\frac{4}{5} > 25\frac{2}{3}$.

Problèmes.

355. Combien y a-t-il de morceaux de 4 mètres $\frac{1}{2}$ dans une pièce de 36 mètres de long ?

356. Si 4 mètres $\frac{2}{3}$ ont coûté 85 fr. ; combien a coûté le mètre ?

357. Si on a donné 110 fr. pour 27 journées $\frac{1}{2}$; combien a-t-on donné pour la journée ?

358. Si une roue fait 11500 tours en 5 heures $\frac{3}{4}$; combien en fait-elle par heure ?

359. Si 25 mètres $\frac{1}{4}$ coûtent 60 fr. $\frac{1}{2}$, combien coûte le mètre ?

360. Si 5 mètres $\frac{3}{8}$ coûtent 40 fr. $\frac{1}{8}$; combien coûte le mètre ?

361. Si on a parcouru 48 kilomètres $\frac{7}{10}$ en 12 heures $\frac{1}{2}$; combien en a-t-on parcouru par heure ?

362. Si on a 9 mètres $\frac{2}{3}$ pour faire 12 serviettes, combien faut-il prendre pour chaque serviette ?

363. Si 15 kilogrammes $\frac{1}{4}$ de café coûtent 75 fr. $\frac{3}{4}$, combien coûte le kilogramme ?

364. Par quel nombre faut-il multiplier $7\frac{3}{5}$ pour avoir $19\frac{2}{5}$?

365. Si les $\frac{3}{4}$ d'un nombre valent $54\frac{1}{4}$, combien vaut le nombre tout entier ?

FRACTIONS DE FRACTIONS, FRACTIONS D'ENTIER ET FRACTIONS DE FRACTIONS D'ENTIER.
Problèmes.

366. J'ai dépensé ce matin à mon déjeuner, disait un écolier à son camarade, les $\frac{3}{4}$ des $\frac{2}{3}$ plus la $\frac{1}{2}$ des $\frac{5}{6}$ de ce que j'avais ; combien lui restait-il ?

367. Si les $\frac{3}{13}$ des $\frac{2}{3}$ de $\frac{6}{7}$ étaient ôtés des $\frac{7}{17}$ des $\frac{2}{3}$ de $\frac{5}{6}$, combien resterait-il ?

368. Combien vaut la $\frac{1}{2}$ de $\frac{1}{4}$? Rép. : *moins de* $\frac{1}{4}$.

369. Quel est le $\frac{2}{5}$ de $\frac{1}{3}$? Rép. : $\frac{2}{5} \times \frac{1}{3} = \frac{2}{15}$.

370. Un héritier doit prendre les $\frac{2}{3}$ des $\frac{5}{6}$ des $\frac{7}{8}$ du $\frac{1}{2}$ des $\frac{9}{10}$ de 40000 fr. ; combien lui revient-il ?

371. Quels sont les $\frac{5}{7}$ de 80 fr. ?

372. Un père dit à son fils : Il y a dans ma bourse le $\frac{1}{4}$ et le $\frac{1}{7}$ de 84 fr., devine ce qu'elle renferme. Que devait répondre le fils ?

373. Une personne a gagné les $\frac{2}{3}$ de 21 fr. $\frac{3}{5}$; combien a-t-elle gagné ?

NOMBRES DÉCIMAUX.

Questionnaire.

Qu'exprime un chiffre à mesure qu'on avance d'un rang vers la gauche ? — A mesure qu'on avance d'un rang vers la droite (149) ?

Qu'exprime le premier chiffre placé à la droite du chiffre des unités ? — Qu'expriment le second, le troisième... (149) ?

Qu'appelle-t-on fractions décimales (147) ?

Qu'est-ce qu'un nombre décimal (148) ?

A quoi sert la virgule ? — Où la place-t-on (151) ? — Comment s'appellent les chiffres qui sont à la droite de la virgule (150) ?

Quand la partie entière manque, par quoi faut-il la remplacer (151) ?

Comment lit-on un nombre décimal écrit en chiffres (153) ?

Comment écrit-on en chiffres un nombre décimal énoncé en langage ordinaire (154) ?

Quand est-ce qu'une fraction décimale n'est pas bien écrite (155) ?

Que faut-il faire pour savoir si une fraction décimale est bien écrite (156) ?

Que faut-il faire quand le dernier chiffre à droite de la partie décimale n'occupe pas le rang qu'il doit avoir (156) ?

Comment rend-on un nombre décimal 10 fois, 100 fois, 1000 fois plus grand (157) ?

Comment rend-on un nombre décimal 10 fois, 100 fois, 1000 fois plus petit (158) ?

Que devient une fraction quand on écrit 1, 2, 3... zéros à sa gauche (159) ?

Change-t-on la valeur d'une fraction décimale en écrivant des zéros à sa droite (160) ?

Change-t-on la valeur d'une fraction décimale, en supprimant des zéros à sa droite (161) ?

Exercices.

Lire les nombres suivants :

374. 1,2 ; 2,03 ; 4,005 ; 69,0008.

375. 20,35 ; 72,157 ; 100,8624 ; 302,4567800.

376. 0,0780 ; 0,0025 ; 0,080723 ; 0,090001.

Écrire les nombres suivants :

377. Trois unités cinq *dixièmes*.
Neuf unités sept *centièmes*.
Quinze unités huit *millièmes*.

378. Seize unités vingt *centièmes*.
Douze unités sept cent trente-deux *millièmes*.
Onze unités dix mille huit cent sept *cent-millièmes*.

379. Trois mille deux unités seize dix-millièmes.
Quarante millionièmes.
Deux millions trois cent quinze dix-millionièmes.

Rendre les nombres suivants 10 fois, 100 fois, 1000 fois plus grands :
380. 3,4570 ; 0,0069.

Rendre les nombres suivants 10 fois, 100 fois, 1000 fois plus petits.
381. 3456,7 ; 6590,12.

ADDITION DES NOMBRES DÉCIMAUX.

Questionnaire.

Comment fait-on l'addition des nombres décimaux ? — Pourquoi se fait-elle comme celle des nombres entiers (162) ? | Combien doit-on séparer de chiffres sur la droite du résultat ?

Exercices.

Faire les additions suivantes :
382. 15,3 + 7,24 + 12,863 + 170,95 + 8,7653.
383. 7,65 + 25,316 + 6,470 + 925,3 + 9,0024.
384. 0,49 + 0,418 + 0,5 + 0,750 + 0,004.
385. 3,0007 + 0,7005 + 9,07 + 0,495 + 0,00008.

Problèmes sur l'addition des nombres décimaux.

386. Quatre pièces d'étoffe contiennent : la première 40 mètres 50 ; la seconde 38 mètres 45 ; la troisième 42 mètres 75, et la quatrième 49 mètres 20 ; combien contiennent-elles de mètres en tout ?

387. Un propriétaire a trois vignes : la première lui rapporte 250 fr. 80 ; la seconde 127 fr. 25, et la troisième 67 fr. 95 ; combien lui rapportent ces trois vignes ?

388. Deux personnes se réunissent pour payer une dette : la première donne 75 fr. 80 et la seconde 39 fr. 75 ; à combien s'élevait cette dette ?

389. Un commissionnaire a trois caisses dans sa voiture : la première pèse 260 kilog. 25 ; la seconde 145 kilog. 95, et la troisième 98 kilog. 75 ; quelle est la charge de sa voiture ?

390. Une personne achète au marché des volailles pour 5 fr. 40, du poisson pour 2 fr. 75, des œufs pour 0 fr. 90, et des légumes pour 0 fr. 45 ; qu'a-t-elle dépensé ?

391. Un homme achète deux propriétés : la première lui coûte 5460 fr. 50, et la seconde 270 fr. 80 ; après les avoir payées, il lui reste 1500 fr. 25 en bourse ; combien avait-il en bourse avant ces paiements ?

392. Combien devait une personne qui, après avoir donné 17 fr. 05, plus 25 fr. 40, plus 8 fr. 75, doit encore 28 fr. 85 ?

393. Une personne achète un pré 2590 fr. 50 ; combien doit-elle le vendre pour gagner 152 fr. 75 c. ?

394. On a gagné 120 fr. 35 sur une maison qui avait coûté 2090 fr. 75 ; combien l'a-t-on vendue ?

395. J'ai acheté une maison 3509 fr. 25, j'y ai fait pour 180 fr. 65 de réparations ; et, en la vendant, j'ai gagné 217 fr. 80 ; combien l'ai-je vendue ?

396. Un architecte a reçu 5460 fr. 50 sur un mémoire ; il lui re-

vient encore, après une réduction de 125 fr. 80, un solde de 895 fr. 30 ; à combien s'élevait ce mémoire ?

397. Un père a trois enfants : le premier gagne 4 fr. 50 par jour ; le second 3 fr. 75 et le troisième 1 fr. 25 ; le père lui-même gagne 5 fr. 70 ; combien cette famille gagne-t-elle par jour ?

SOUSTRACTION DES NOMBRES DÉCIMAUX.

Questionnaire.

Comment fait-on la soustraction des nombres décimaux (163) ?

Combien doit-on séparer de chiffres sur la droite du résultat (163) ?

Comment opère-t-on quand un chiffre n'a point de correspondant (164) ?

Exercices.

Faire les soustractions suivantes :

398. 4,387 — 2,654. | 400. 0,376—0,289. | 402. 3,45—0,876.
399. 36,890—17,251. | 401. 0,921—0,648. | 403. 475,25—3,9.

Problèmes sur la soustraction des nombres décimaux.

404. En vendant un pré 157 fr. 35 on gagne 12 fr. 70 ; combien ce pré avait-il coûté ?

405. En vendant 250 fr. 90 ce qui a coûté 247 fr. 25, combien a-t-on gagné ?

406. On veut revendre 3542 fr. 70 ce qui a coûté 2934 fr. 65 ; combien veut-on gagner ?

407. Combien perd-on en vendant 3675 fr. 80 une propriété qui coûte 4290 fr. 35 ?

408. Une personne qui devait 1785 fr. 20 doit encore 895 fr. 80 ; combien a-t-elle payé ?

409. On fait une réduction de 159 fr. 60 sur un mémoire de 7580 fr. 35 ; que reste-il à payer ?

410. Une propriété estimée 409 fr. 50 est vendue 15 fr. 35 au-dessous du prix de l'estimation ; combien a-t-elle été vendue ?

411. Une personne achète pour 3 fr. 95, elle donne 5 fr. ; combien doit-on lui rendre ?

412. Un homme a 1 mètre 88 de hauteur ; un autre 0^{m}095 de moins ; quelle est sa taille ?

413. Une caisse pleine de marchandises pèse 160 kilogr. 35 ; cette caisse vide pèse 10 kilogr. 75 ; quel est le poids des marchandises qu'elle contenait ?

414. Deux écoliers dépensent ensemble 475 fr. 30 par an ; le premier dépense 430 fr. 25 ; combien dépense le second ?

415. Une personne interrogée sur son revenu répond : si j'avais 95 fr. 20 de plus, j'aurais 672 fr. 85 ; quel est son revenu ?

416. Vous avez un cheval qui coûte 263 fr. 80 ; j'en ai un qui coûte 35 fr. 50 de moins que le vôtre ; combien coûte le mien ?

MULTIPLICATION DES NOMBRES DÉCIMAUX.

Questionnaire.

Combien distingue-t-on de cas principaux dans la multiplication des nombres décimaux ?

Comment opère-t-on lorsque le multiplicande seul a des décimales (165) ? — Quand le multiplicateur seul a des décimales (166)? — Quand les deux nombres ont des décimales (167)? — Quand des produits n'a pas pris le nombre de chiffres qu'il faudrait, par quoi y supplée-t-on (168)? — Comment opère-t-on pour abréger la multiplication, lorsque le multiplicande est terminé par des zéros (169)? — Lorsque le multiplicateur est terminé par des zéros (170)? — Lorsque le multiplicateur est l'unité suivie de zéros (171)?

Exercices.

Faites les multiplications suivantes :

417.	7,5×6	420.	5,3,3781	423.	6,5432×10
	34,89×52		1,789×1		×100
	8,703×915		0,006×0,495		×1000
418.	2×3,5	421.	2,800×6,75	424.	9,1234×10
	94×6,27		300×0,019		×100
	3168×9,006		5,87×24,00304		×1000
419.	4,152×8,9	422.	23,7×180	425.	0,003×10
	2,29×5,74		40,012×700		×100
	40,5×0,871		0,0005×2010		×1000

Problèmes sur la multiplication des nombres décimaux (a).

426. Si le mètre coûte 14 fr. 15, combien coûteront 5 mètres 40 ?

427. Si on donne 0 fr. 40 c. pour une douzaine d'œufs, combien donnera-t-on pour 6 douzaines ?

428. Si chaque mesure de blé vaut 3 fr. 75, combien vaudront 100 mesures ?

429. Si un atelier fabrique 230 mètres 50 par jour, combien en fabrique-t-il par mois de 30 jours ?

430. Si un marchand a vendu 1 fr. 45 le kilogr. de sucre, combien a-t-il vendu 50 kilogr. 25 ?

431. Si ma lampe use de l'huile pour 1 fr. 30 par semaine, combien en usera-t-elle pendant 15 semaines ?

432. Si un ouvrier gagne 2 fr. 40 par jour, combien gagne-t-il en 300 jours ?

433. Si chaque mouton rapporte 2 kilogr. 15 de laine, combien 170 moutons en rapporteront-ils ?

DIVISION DES NOMBRES DÉCIMAUX.

Questionnaire.

Combien distingue-t-on de cas principaux dans la division des nombres décimaux ? — Comment opère-t-on lorsque le dividende seul a des décimales (172) ? — Quand le diviseur seul a des décimales (173) ? — Quand le dividende et le diviseur ont des décimales (174) ? — Comment fait-on pour abréger la division, quand le dividende seul a des décimales (175) ? — Quand le dividende a plus de décimales que le diviseur (176) ? — Quand le diviseur est terminé par des zéros (177) ? — Quand le diviseur est l'unité suivie de zéros (178) ? — Quand une division donne un reste, le quotient est-il complet ? — Peut-on le compléter ? Comment (179) ? — Que fait-on pour compléter un

---
(a) N'oubliez pas ce qui précède les problèmes 304 et 315.

quotient par une fraction ordinaire (180)?

Que fait-on pour compléter un quotient par une fraction décimale (181)?

Comment fait-on pour diviser un nombre par un nombre plus grand que lui (182)?

Est-il souvent impossible de compléter un quotient par une fraction décimale (183)? — Quand cela (18*)? — *on trouve un dividende pareil...*

[...] déjà eu dans la même division, que doit-on conclure?

Pourquoi se contente-t-on d'un quotient qui ne soit pas trop petit d'un millième, d'un centième (184)?

Quand peut-on avoir un quotient qui ne soit pas trop grand d'un demi-dixième, d'un demi-centième? — Que faut-il faire pour cela (185)?

Exercices.

Faire les divisions suivantes :

434. 19,5 > 7
632,54 > 89
3456,781 > 290

435. 5 > 3,4
67 > 8,12
462 > 9,573

436. 4,3 > 2,6
8,05 > 0,39
0,575 > 0,416

437. [...] > 3
[...] > 6
[...] > 9

438. [...] > 7
7,016 > 8,96
20,00[..] > 16,8[..]

439. 3500 > 29[..]
957,804 > 690
7826,035 > 5000

[...] > 10
[...] > 100
[...] > 1000
[...] > 10
[...] > 100
[...] > 1000
442. [...] > 10
[...] > 100
[...] > 1000

Compléter par une fraction ordinaire le quotient de chacune des divisions suivantes :

443. 243 > 8
444. 1759 > 25
445. 47 > 8

446. 1264 > 25
447. 324 > 25
448. 547 > 16

449. [...] > 80
450. [...] > 32
451. 2431 > 40

Compléter par une fraction décimale le quotient de chacune des divisions suivantes :

452. 643 > 8
453. 759 > 25
454. [...] > 8

455. 1504 > 25
456. 324 > 25
457. 487 > 16

458. [...] > [...]
459. 96[..] > 32
460. 1763 > 40

En faisant les divisions suivantes, pousser l'opération jusqu'à ce qu'on ait un quotient qui ne soit pas trop petit d'un *millième*, trop grand d'un *demi-millième*.

461. 352 > 7
462. 36[..] > 12
463. 97 > 9

464. 553 > 14
465. 524 > 43
466. 5513 > 33

467. [...] > 13
468. [...] > 31
469. 2651 > 37

Problèmes sur la division des nombres décimaux (a)

470. Si on a 15972 fr. 40 pour 6 personnes, combien a-t-on pour chacune?

471. Si on a gagné 19 fr. 25 en 3 semaines, combien a-t-on gagné par semaine?

472. Si on a dépensé 890 fr. 85 en 12 mois, combien a-t-on dépensé par mois?

(a) N'oubliez pas ce qui précède les problèmes 304 et 313.

473. Si 350 mètres 65 coûtent 100 fr., combien coûte le mètre?

474. Si 230 litres ont été payés 25 fr. 50, combien le litre l'a-t-il été?

475. Si 75 moutons ont rapporté 168 kilogr. 50 de laine, combien chacun d'eux en a-t-il rapporté?

CONVERSION DES FRACTIONS ORDINAIRES EN FRACTIONS DÉCIMALES ET RÉCIPROQUEMENT.

Questionnaire.

Comment faut-il faire pour additionner une fraction ordinaire avec une fraction décimale? — Une fraction décimale avec une fraction ordinaire (186)?

Comment faut-il faire pour retrancher une fraction ordinaire d'une fraction décimale? — Une fraction décimale d'une fraction ordinaire (186)?

Comment faut-il faire pour multiplier ou diviser une fraction ordinaire par une fraction décimale? — Une fraction décimale par une fraction ordinaire (186)?

Comment fait-on pour convertir une fraction ordinaire en fraction décimale (187)?

Peut-on toujours avoir une fraction décimale de même valeur que la fraction ordinaire qu'on veut réduire (188)?

Pourquoi contente-t-on d'une fraction décimale qui ne soit pas trop petite d'un dixième, d'un centième, d'un millième... d'unité (189)?

Comment fait-on pour convertir une fraction décimale en fraction ordinaire (190)?

Exercices sur les quatre opérations fondamentales.

476. $\frac{15}{17} + 0{,}56$; $0{,}45 + \frac{2}{3}$ | 478. $\frac{3}{5} \times 0{,}7$; $0{,}15 \times \frac{5}{9}$.

477. $0{,}975 - \frac{1}{2}$; $\frac{6}{9} - 0{,}0005$. | 479. $0{,}95 > \frac{2}{9}$; $\frac{4}{11} > 0{,}003$.

Problèmes sur les quatre opérations fondamentales.

480. J'achète 10 mètres 60 d'étoffe, le marchand m'en donne $\frac{1}{4}$ par-dessus; combien en ai-je en tout?

481. Sur une pièce de drap de 80 mètres 50, on vend 45 mètres $\frac{4}{3}$, combien en reste-t-il?

482. Si le litre coûte 0 fr. 25, combien coûteront 30 litres $\frac{4}{5}$?

483. Si 25 kilogr. 65 doivent être vendus 141 fr. $\frac{2}{3}$, combien doit l'être le kilogramme?

SYSTÈME MÉTRIQUE.

NOUVELLES MESURES.

Questionnaire.

Quelles sont les nouvelles mesures (191)?

Avec ces mesures n'en a-t-on pas formé de plus grandes et de plus petites (191)?

Que fait-on pour exprimer les plus grandes (192)?

Que fait-on pour exprimer les plus petites (193)?

Que doit-on savoir sur chaque mesure (193)?

— 204 —

MÈTRE LINÉAIRE.
Questionnaire.

Qu'est-ce que le mètre (194)? Du mètre on a formé d'autres mesures : nommez-les. — Dites la valeur de chacune.

Quand on compte par mètres, combien faut-il de chiffres pour exprimer les décimètres, les centimètres, les millimètres (197)? Pourquoi n'en faut-il qu'un (197)? — Quand on compte par kilomètres, qu'exprime le premier chiffre décimal? — Le second? — Le troisième (198)?

Que fait-on pour convertir un nombre en unités plus petites que celles qu'il exprime (199)?

Que fait-on pour convertir un nombre en unités plus grandes que celles qu'il exprime (200)?

A quoi servent le myriamètre, le kilomètre, etc. (201)?

Exercices.

Lire les nombres suivants :

484. 1^m6; 2^m04; 5^m008; 25^m42; 150^m72; 243^m685; 0^m105.

485. $4^{kilom}9$; $25^{kilom}06$; $140^{kilom}003$; $34^{kilom}67$; $350^{kilom}864$.

Écrire les nombres suivants :

486. Cinq mètres quatre décimètres; quinze mètres vingt-cinq centimètres.

487. Cinquante mètres cent quinze millimètres; deux cents mètres sept centimètres.

487 bis. Trente-six mètres huit millimètres; six mètres deux cent trois millimètres.

488. Convertir 125 mètres en .... { décimètres, centimètres, millimètres.

489. Convertir 521 kilomètres en .... { hectomètres, décamètres, mètres.

490. Combien y a-t-il de millimètres dans 670 mètres?

491. Convertir 572000 millimètres en .... { centimètres, décimètres, mètres.

492. Convertir 8674 mètres en .... { décamètres, hectomètres, kilomètres.

493. Combien y a-t-il de mètres dans 456 kilomètres?

Problèmes.

1° Sur l'addition :

494. Deux ouvriers travaillent ensemble pendant une semaine : le premier fait 15^m50 d'ouvrage et le second 20^m6; combien de mètres d'ouvrage ont-ils faits?

495. Un voyageur fait le premier jour 35 kilom. 3; le second jour 29 kilom. 4, et le troisième 17 kilom. 9; quel chemin a-t-il fait pendant ces 3 jours?

496. Un corps pesant parcourt, en tombant, 4 mèt. 9 pendant la première seconde de sa chute, 14 mèt. 7 pendant la deuxième se-

conde, 24 mèt. 5 pendant la troisième seconde; quel espace a-t-il parcouru au bout de trois secondes?

2° Sur la soustraction :

497. Un marchand avait 80 752 mèt. 40 de drap; il en a vendu 986 ; combien lui en reste-t-il?

498. Une tringle de croisée doit avoir 1 mèt. 35; elle n'a que 0 m. 98, combien lui manque-t-il?

499. Un voyageur avait à parcourir 385 kilom. 4; il a déjà parcouru 275 kil. 9 ; combien lui en reste-t-il à parcourir?

3° Sur la multiplication :

500. Si chaque marche d'un escalier lui donne 0 mèt. 195 d'élévation, combien 44 marches lui en donneront-elles?

501. Si chaque kilomètre contient 200 arbres, combien 40 kil. 5 en contiennent-ils?

502. Si le tonnerre est à 340 mètres de nous quand nous l'entendons une seconde après l'éclair, à quelle distance est-il de nous quand nous l'entendons 10 secondes après avoir vu l'éclair?

4° Sur la division :

503. Si 44 marches donnent 8 mèt. 58 d'élévation, combien chaque marche en donne-t-elle ?

504. Si pour mettre 7 barreaux en fer dans une fenêtre, on a 1 mèt. 26 de largeur, quelle largeur aura-t-on depuis un barreau exclusivement jusqu'à l'autre inclusivement?

505. Si un militaire doit faire 180 kilom. 9 dans 13 jours; combien doit-il en faire par jour?

ARE.

Questionnaire.

Qu'est-ce que l'are (202)? — De l'are on a formé d'autres mesures; nommez-les. — Dites la valeur de chacune (203).

Quand on compte par hectares, combien faut-il de chiffres pour exprimer les ares, les centiares (204)? — Pourquoi en faut-il deux, (205)?

Quand on compte par hectares, qu'expriment les deux premiers chiffres décimaux? — Qu'expriment les deux suivants à droite (206)?

Que fait-on pour convertir un nombre en unités plus petites que celles qu'il exprime (207)?

Que fait-on pour convertir un nombre en unités plus grandes que celles qu'il exprime (208)?

A quoi servent l'hectare, l'are, le centiare (209)?

Exercices.

Lire les nombres suivants :

506. 24^{hect} 35; 80^{ares} 2345.
507. 8^{hect} 07; 12^{hect} 0020.
508. 8^{hect} 0009; 9^{a} 05.
509. 33^{a} 90; 0^{a} 33.

Écrire les nombres suivants :

510. Trois hectares sept ares.
Quatre hectares cinq centiares.
Cent seize hectares deux ares seize centiares.

511. Trente-trois ares trente-trois centiares.
Vingt ares six centiares.
Dix-sept centiares.

512. Conv. 23$^{\text{hect.}}$ en $\begin{cases}\text{ares,}\\\text{centiares.}\end{cases}$ 514. Conv. 654321$^{\text{cent.}}$ en $\begin{cases}\text{ares.}\\\text{hectar.}\end{cases}$

513. Combien y a-t-il de centiares dans 150 hectares ?

515. Combien y a-t-il d'hectares dans 92376 centiares ?

Problèmes.

1° Sur l'addition :

516. Un particulier achète deux pièces de terre : la première contient 3 hect. 25 ares et la seconde 2 hect. 75 ares ; combien a-t-il acheté d'hectares de terre ?

517. Un pré qui avait 1 hect. 90 ares 35 centiares de superficie a été agrandi une fois de 60 ares 6 centiares, et une seconde fois de 2 hectares 8 ares 7 centiares ; quelle est sa superficie actuelle ?

2° Sur la soustraction :

518. J'ai une vigne de 70 ares 25 centiares, et un pré de 37 ares 8 centiares ; de combien la vigne est-elle plus grande que le pré ?

519. Un laboureur avait à ensemencer 95 hectares de terre ; il en a déjà ensemencé 28 ares 16 centiares ; combien lui en reste-t-il encore ?

3° Sur la multiplication :

520. S'il y a 6 hectares 52 ares 33 centiares dans chaque lot, combien y en a-t-il dans 3 lots ?

521. Si la superficie de chaque coupe de bois est de 15 hectares 70 ares 80 centiares, de combien est celle de 25 coupes ?

4° Sur la division :

522. Si 25 coupes ont une superficie de 130 hect. 30 ares 17 centiares, combien chaque coupe a-t-elle de superficie ?

523. Si quatre ouvriers doivent abattre 25 hectares 12 ares 8 centiares de bois taillis, combien chacun doit-il en abattre ?

MÈTRE CARRÉ.

Questionnaire.

A quoi sert le mètre carré (209) ? — Que doit-on savoir sur le mètre carré (209) ?

Du mètre carré on a formé d'autres mesures : nommez-les. — Dites la valeur de chacune (210) ?

Quand on compte par mètres carrés, combien faut-il de chiffres pour exprimer les décimètres carrés, les centimètres carrés, etc. ? — Pourquoi faut-il deux chiffres (212) ?

Quand on compte par mètres carrés, qu'expriment les deux premiers chiffres décimaux ? — Qu'expriment les deux suivants à droite (213) ?

Que fait-on pour convertir un nombre en unités plus petites que celles qu'il exprime (214) ?

Que fait-on pour convertir un nombre en unités plus grandes que celles qu'il exprime (215) ?

Exercices.

Lire les nombres suivants :

524. 4$^{\text{m. car.}}$25 ; 8$^{\text{m. car.}}$04.

525. 15$^{\text{m. car.}}$2537 ; 7$^{\text{m. car.}}$1290.

526. 8$^{\text{m. car.}}$0006 ; 16$^{\text{m. car.}}$0450.

527. 0$^{\text{m. c.}}$250019 ; 0$^{\text{m. car.}}$000008.

Écrire les nombres suivants :

528. Six mètres carrés vingt-deux [...]
Neuf mètres carrés cinq cent [...]

529. Trois mètres carrés [...] deux
cent quinze millimètres [...]
Huit cent dix centimètres carrés.

530. Conv. 85 m. car. en { décim. car. / centim. car. / millim. car.

532. Combien y a-t-il de millimètres carrés dans 3 mètres carrés ?

533. Combien y a-t-il de mètres carrés dans 3000000 millimètres carrés ?

Problèmes sur les quatre opérations fondamentales.

534. Un ouvrier a fait 650 mètres carrés 95 de maçonnerie ; il lui en reste [...] ; combien en avait-il à faire en tout ?

535. Un ouvrier avait à faire [...] mètres carrés de [...], il en [...] 160 mètres [...] un autre ; combien lui en reste-t-il ?

536. Si chaque mètre carré de boiserie coûte 8 fr., combien coûteront 25 m 64 ?

537. Si l'on a donné 75 fr. pour 25 mètres carrés de peinture ; combien a-t-on donné pour chaque mètre carré ?

538. Si 20 arbres d'[...], on a [...]

539. On a donné 75 et 5 décist. ; combien chaque arbre a-t-il de [...]

Questionnaire.

Qu'est-ce que le stère (216) ? — Du stère on a formé d'autres mesures ; nommez-les, dites la valeur de chacune (217) ?

Quand on compte par stères, combien faut-il de chiffres pour exprimer les décistères ? Pourquoi n'en faut-il qu'un (219) ?

Quand on compte par décistères, qu'exprime le premier chiffre [...] ?

[...] mètre décimal ? — Qu'exprime le second (220) ?

Que fait-on pour convertir un nombre en unités plus petites que celles qu'il exprime (221) ?

Que fait-on pour exprimer un nombre en unités plus grandes que celles qu'il exprime (222) ?

À quoi servent le stère, le décistère [...]

Exercices.

Lire les nombres suivants :

538. 6 st. 7 ; 18 st. 4.
539. 360 st. 9 ; 2009 st. 5.

540. 15 décast. 6 ; 32 décast. 08.
541. 70 décast. [...] ; 9 st. 9.

Écrire les nombres suivants :

542. Vingt-deux st. huit décist.
Trente-six stères. 3 décist.
Cent cinquante st. quatre déc.

543. Soixante décast. vingt décist.
Seize décast. douze décist.
Quinze décast. quatre décist.

544. Convert. 25 décast. en [...] stères.
[...] décist.

546. Conv. 102 décist. [...] stères.
[...] décast.

545. Combien y a-t-il de décist. dans 60 décastères ?

547. Combien y a-t-il de décast. dans 852 décistères ?

Problèmes

1° Sur l'addition :

548. Pour ma provision de bois à brûler, j'ai 5 st. 4 décist. de hêtre ; ... st. ... de charme et 10 st. 3 décist. ... : à combien se monte ma provision ?

549. Un marchand m'a vendu d'abord 7 décast. 28 décist., puis 12 décast. 07 décist., et il lui reste 135 décast. 18 décist. : combien avait-il de bois dans son magasin ?

2° Sur la soustraction :

550. J'avais 25 st. de bois de chauffage ; j'en ai brûlé 23 st. 8 décist. : combien m'en reste-t-il ?

551. Un marchand avait 345 st. 8 décist. ; il ne lui en reste plus que 150 st. 2 décist. : combien en a-t-il vendu ?

3° Sur la multiplication :

552. Si un voiturier a transporté 3 st. 5 décist. de bois par voyage, combien en a-t-il transporté dans 28 voyages ?

553. Si l'on a scié 25 st. 5 décist. de bois par jour, combien en a-t-on sciés dans 6 jours ?

4° Sur la division :

554. Si 3 personnes héritent de 96 st. 9 décist. de bois : de combien de st. chacune hérite-t-elle ?

555. Si 20 arbres d'égale grosseur, qu'on a fait abattre et débiter, ont donné 72 st. 5 décist. : combien chaque arbre a-t-il donné ?

MÈTRE CUBE.

Questions.

À quoi sert le mètre cube (223) ? — Du mètre cube on a formé d'autres mesures : nommez-les. — Dites la valeur de chacune.

Quand on compte par mètres cubes, combien faut-il de chiffres pour exprimer les décimètres cubes, les centimètres cubes, les millimètres cubes (226) ? — Pourquoi en faut-il trois ?

Quand on compte par mètres cubes, qu'expriment les trois premiers chiffres décimaux ? — Qu'expriment les trois suivants à droite (226) ?

Que fait-on pour convertir un nombre en unités plus petites que celles qu'il exprime (228) ?

Que fait-on pour convertir un nombre en unités plus grandes que celles qu'il exprime (229) ?

Exercices.

Lire les nombres suivants :

556. 3^{m.cub} 245 ; 159^{m.cub} 340.
557. 6^{m.cub} 039 ; 357^{m.cub} 400.
558. 4^{m.cub} 567821 ; 0^{m.cub} 103.
559. 0^{m.cub} 237641800.

Écrire les nombres suivants :

560. Deux mètres cubes cent quarante décimètres cubes.

Huit mètres cubes six cent neuf décimètres cubes.

Quatre cents mètres cubes vingt-cinq centimètres cubes.

561. Dix mètres cubes cinq centimètres cubes.

Cinq centimètres cubes.

Cent vingt mille trois cent vingt-deux centimètres cubes.

— 209 —

562. Conv. 44 m. c. en { décim. cub. / centim. cub. / millim. cub.

564. Conv. 44000000000 millim. cub. en.... { cent. c. / déc. c. / mèt. c.

563. Combien y a-t-il de millim. cubes dans 52 mètres cubes ?

565. Combien y a-t-il de mèt. c. dans 52000000000 millim. cubes ?

Problèmes sur les quatre opérations fondamentales.

566. Trois blocs de pierre sont à vendre : le premier contient 4 mètres cubes 725 décim. ; le second, 5 mètres cubes 435 décim. ; le troisième 8 mètres cubes 217 décim. : combien y a-t-il de mètres cubes dans les trois blocs réunis ?

567. Au lieu d'un bloc de pierre de 9 mètres cubes 500 décim., on donne un bloc de 8 mètres cubes 985 décimètres : combien manque-t-il ?

568. Si chaque jour on a conduit sur la route 10 mètres cubes 500 décim. de pierres ; combien y en a-t-on conduit dans 3 jours ?

569. Si un cantonnier a cassé 35 mètres cubes de pierre dans 26 jours ; combien en a-t-il cassé de mètres cubes par jour ?

LITRE.

Questionnaire.

Qu'est-ce que le litre (230) ? Du litre on a formé d'autres mesures : nommez-les. — Dites la valeur de chacune (233).

Quand on compte par hectol., combien faut-il de chiffres pour exprimer les décal., les litres (233) ? — Pourquoi n'en faut-il qu'un (233) ?

Quand on compte par hectol., qu'exprime le premier chiffre décimal ? — Qu'exprime le second, le troisième,... (234) ?

Que fait-on pour convertir un nombre en unités plus petites que celles qu'il exprime (235) ?

Que fait-on pour convertir un nombre en unités plus grandes que celles qu'il exprime (236) ?

A quoi servent l'hectolitre, le litre, le décilitre (237) ?

Exercices.

Lire les nombres suivants :

570. $3^{kilol.}5$; $40^{hectol.}15$; $9^{décal.}9$.
571. $52^{hectol.}07$; $150^{hectol.}002$.
572. $35^{lit.}8$; $260^{lit.}04$.
573. $0^{lit.}25$; $0^{lit.}08$.

Écrire les nombres suivants :

574. Deux hectolitres 16 litres. Douze hectolitres trois décalitr. Cent vingt hectolitres six litres.

575. Quinze litres sept décilitres. Huit litres neuf centilitres. Quarante-huit centilitres.

576. Conv. 16 hectol. en { décalitr. / litres. / décilitr. / centilit.

578. Conv. 160000 c. en { décilitr. / litres. / décalitr. / hectolit.

577. Combien y a-t-il de centilit. dans 3 hectolitres ?

579. Combien y a-t-il d'hectolitres dans 60000 centilitres ?

Problèmes.

1° Sur l'addition :

580. Un cultivateur a récolté dans un champ 20 hectol. 15 litres

de blé; dans un autre champ, 18 hectol. 30 litres; et dans un troisième 7 hectol. 85 litres : combien a-t-il récolté dans ces trois champs?

581. Après avoir débité 15 hectol. 15 de vin, on en a encore 25 hectol. 47 lit. : combien en avait-on auparavant?

2° Sur la soustraction :

582. J'ai fait 33 hectol. 25 litres de vin; mon voisin en a fait 29 hectol. 78 litres : combien en ai-je fait de plus que lui?

583. J'ai récolté 33 hectol. 25 litres de blé ; mon voisin en a récolté 3 hectol. 47 litres de moins que moi; combien en a-t-il récolté?

3° Sur la multiplication :

584. S'il y a 2 hectol. 8 décal. dans chaque sac; combien y en a-t-il dans 12 sacs ?

585. S'il faut 18 décal. 5 litres de semence par hectare : combien en faut-il pour 15 hectares?

4° Sur la division :

586. Si un aubergiste a débité 5 hectol. 63 litres dans 11 jours : combien en a-t-il débité par jour ?

587. Si 3 personnes ont consommé 12 hectol. 93 litres de blé par an : combien chacune en a-t-elle consommé ?

GRAMME.

Questionnaire.

Qu'est-ce que le gramme (238)? — Du gramme on a formé d'autres mesures : nommez-les. — Dites la valeur de chacune (239) ? — Quand on compte par kilogr., combien faut-il de chiffres pour exprimer les hectogrammes, les décagrammes, les grammes (241) ? — Pourquoi n'en faut-il qu'un?

Quand on compte par kilogr., qu'exprime le premier chiffre décimal? — Qu'exprime le second, le troisième,... (242) ?

Que fait-on pour convertir un nombre en unités plus petites que celles qu'il exprime (243) ?

Que fait-on pour convertir un nombre en unités plus grandes que celles qu'il exprime (244) ?

A quoi servent le kilogramme, l'hectogramme,... (245) ?

Exercices.

Lire les nombres suivants :

588. 13^{kilogram} 42 ; 75^{kilogr} 02.
589. 79^{kilogr} 3 ; 4^{myriag} 0005.
590. 16^{gram} 35 ; 38^{gram} 05.
591. 0^{gram} 305 ; 0^{gr} 009.

Écrire les nombres suivants :

592. Trente-six kilogrammes vingt-un décagrammes.
Quinze kilogrammes soixante-deux grammes.
Sept kilogrammes onze décigr.

593. Seize grammes deux centigrammes.
Neuf grammes vingt-deux milligrammes.
Dix-huit milligrammes.

594. Conv. 7 kilogr. en { hectogram. décagram. grammes décigram. centigram.

596. Conv. 700000 centig. en { décigr. gram. décag. hectog. kilogr.

595. Combien y a-t-il de milligrammes dans 9 kilogrammes?

597. Combien y a-t-il de kilogr. dans 9000000 milligrammes?

Problèmes.

1° Sur l'addition :

598. Pierre porte un ballot pesant 95 kil. 16 gr. ; François en porte un qui pèse 25 kil. 27 gr. de plus que celui de Pierre : quelle est la charge de François ?

599. Sur un des plateaux d'une balance on a mis un kilogr., plus 5 hectogrammes, plus 2 hectogr. 5 ; un objet placé sur l'autre plateau fait équilibre à tous ces poids : combien pèse-t-il ?

2° Sur la soustraction :

600. Le litre d'eau pure pèse 1 kilogr. ; le litre de lait pèse 1 kilogr. 30 gr. : de combien le litre de lait est-il plus pesant que le litre d'eau ?

601. Un enfant reçoit 2 kilogrammes de raisins secs ; il en donne 1 kilogr. 03 décagr. à sa mère : combien lui en reste-t-il ?

3° Sur la multiplication :

602. Si le kilogramme d'eau de mer contient 0 kilogr. 05 de sel ; combien 64 kilogr. 16 de la même eau en contiennent-ils ?

603. S'il y a 40 kilogr. 35 décagr. de pruneaux dans chaque caisse ; combien y en a-t-il de kilogrammes dans 6 caisses ?

4° Sur la division :

604. Si 10 litres d'huile d'olive pèsent 9 kilogr. 15 décagr., combien pèse le litre ?

605. Si dans 30 jours on a consommé 22 kilogr. 5 de pain ; combien en a-t-on consommé de kilogr. par jour ?

FRANC.

Questionnaire.

Qu'est-ce que le franc (246) ?
Combien le franc vaut-il de décimes ? — De centimes (248, 249) ?
Quand on compte par francs, combien faut-il de chiffres pour exprimer les décimes, les centimes (249). — Pourquoi n'en faut-il qu'un (249) ?
Quand on compte par francs, qu'exprime le premier chiffre décimal ? — Qu'exprime le second (250) ?
Que fait-on pour convertir un nombre en unités plus petites que celles qu'il exprime (251) ?
Que fait-on pour convertir un nombre en unités plus grandes que celles qu'il exprime (252) ?
A quoi servent le franc, le décime, le centime (255) ?

Exercices.

Lire les nombres suivants :

606. 15f4 ; 12f05 ; 15f50.
607. 130f25 ; 362f75 ; 800f90.
608. 0f2 ; 0f05 ; 0f025.
609. 9f406 ; 8f957 ; 0f068.

Ecrire les nombres suivants :

610. Cinquante-deux francs sept décimes.
Soixante francs cinq centimes.
Trente francs soixante centimes.

611. Huit décimes.
Soixante-quatre centimes.
Neuf francs cent vingt-six millièmes.

612. Convertir 5 fr. en $\begin{cases}\text{décimes.}\\\text{centim.}\end{cases}$ 614. Convert. 500 cent. en $\begin{cases}\text{décim.}\\\text{francs.}\end{cases}$

613. Combien y a-t-il de centimes dans 21 francs ?

615. Combien y a-t-il de francs dans 2100 centimes ?

Problèmes.

1° Sur l'addition :

616. Un cheval coûte 257 fr. 40, combien faut-il le vendre pour gagner 30 fr. 60 c. ?

617. Pour étrennes du jour de l'an, Louis reçoit de son grand-père 20 fr. 75, de sa grand'mère 6 fr. 25, de sa tante 12 fr. 80 : à combien se montent ses étrennes ?

2° Sur la soustraction :

618. Avec ses étrennes du jour de l'an, François veut acheter un habillement complet ; mais il lui manque 5 fr. 20 qui lui sont donnés par son frère. Par ce moyen, il achète l'habillement qui lui coûte 45 fr.; quel était le montant de ses étrennes ?

619. On devait 75 fr. 50 ; on donne un à-compte de 31 fr. 70 : combien doit-on encore ?

3° Sur la multiplication :

620. Si un entrepreneur doit subir un rabais de 10 fr. 25 pour chaque jour de retard ; combien doit-il subir de rabais pour 35 jours de retard ?

621. Si l'hectare vaut 2540 fr. 50, combien valent les 12 hectares ?

4° Sur la division :

622. Si 230 litres de vin coûtent 35 fr. 60 c.; combien coûte le litre ?

623. Si on a donné 30486 fr. pour 12 hectares, combien a-t-on donné par hectare ?

ANCIENNES MESURES CONSERVÉES.

§ 1. LE TEMPS.

Questionnaire.

Quelles sont les mesures pour le temps (256) ?

Combien le siècle vaut-il d'années ?

Combien l'année solaire vaut-elle de jours ? Combien en vaut l'année civile ? Combien une année solaire vaut-elle de plus qu'une année civile ? Pourquoi chaque quatrième année civile est-elle augmentée d'un jour ? Comment s'appellent les années civiles qui ont 366 jours ? — A quoi reconnaît-on qu'une année est bissextile ? — Qu'elle n'est pas bissextile ? — Pourquoi divise-t-on l'année en mois ? Combien chaque année vaut-elle de mois ? Combien chaque mois vaut-il de jours ? A quoi reconnaît-on si tel mois a 30 ou 31 jours ?

Qu'est-ce que la semaine ? Nommez les sept jours qu'il y a dans chaque semaine.

Combien le jour vaut-il d'heures ? — Combien l'heure vaut-elle de minutes ? — Combien la minute vaut-elle de secondes ? — Combien la seconde vaut-elle de tierces ?

Convertissez 15 jours en heures, en minutes, en secondes, en tierces (257).

Convertissez 77760000 tierces en secondes, en minutes, en heures, en jours (258).

§ II. CIRCONFÉRENCE.
Questionnaire.

En combien de parties égales se divise la circonférence du cercle (259) ?

Comment s'appelle chacune des 360 parties de la circonférence (259) ?

Comment se divise le degré... la minute... la seconde... ?

RAPPORT ET PROPORTION.
RAPPORT PAR QUOTIENT.
Questionnaire.

Qu'est-ce que le rapport par quotient (285) ?

Combien y a-t-il de nombres dans un rapport ? — Comment se nomme celui qu'on énonce le premier ? — Celui qu'on énonce le second (286) ?

Comment s'appellent l'antécédent et le conséquent (286) ?

Comment indique-t-on un rapport par quotient ?

Comment s'énonce un rapport (286) ?

Peut-on mettre un rapport sous la forme d'une fraction (287) ? — Quand on veut mettre un rapport sous la forme d'une fraction, que faut-il prendre pour numérateur ? — Pour dénominateur ? — Comment s'énonce un rapport sous forme de fraction (287) ?

PROPORTION PAR QUOTIENT.
Questionnaire.

Qu'est-ce qu'une proportion (288) ?

Comment indique-t-on une proportion par quotient (289) ?

Comment s'énonce une proportion (289) ?

Peut-on mettre sous la forme d'une fraction chacun des deux rapports qu'il y a dans une proportion (290) ?

Combien y a-t-il de termes dans une proportion ? — Comment se nomment le premier et le troisième ? — Le second et le quatrième ? — Ceux des extrémités ? — Ceux du milieu (291) ?

Montrez que dans toute proportion le produit des extrêmes est égal à celui des moyens (292). — Quand on connaît trois termes d'une proportion, est-il facile de trouver le quatrième (293) ? — Si le terme inconnu est un *extrême*, que fait-on pour l'obtenir ? — Si le terme inconnu est un *moyen*, que fait-on pour l'avoir ?

Une proportion cesse-t-elle d'exister quand on met les antécédents à la place des conséquents (295) ? — Quand on multiplie un extrême et un moyen par un même nombre (296) ? — Quand on divise un extrême et un moyen par un même nombre (297) ?

Exercices.

Trouver le terme inconnu de chacune des proportions suivantes :

624.   4 : 2 :: 6 : R.
625.   60 : 20 :: R : 268.
626.   12 : 7 :: R : 182.
627.   50 : 10 :: 8 : R.
628.   10 : 6 :: R : 270.
629.   9 : 8 :: 5 : R.
630.   54 : 2 :: 20 : R.
631.   580 : 100 :: R : 5.

— 214 —

RÈGLE DE TROIS.
Questionnaire.

Qu'est-ce que la règle de trois (298)?

Quand est-ce que la règle de trois est *simple*?

Quand est-ce que la règle de trois est *composée*?

Pour résoudre une règle de trois, comment établit-on la proportion (300)?

Quand est-ce que le nombre demandé doit être plus grand que le nombre donné de son espèce (300)?

Quand est-ce que le nombre demandé doit être plus petit que le nombre donné de son espèce?

Problèmes sur la règle de trois simple.

632. Si l'on a 1 sac de blé pour 25 fr.; combien en aura-t-on pour 275 fr.?

633. Si l'on a 1 kilogr. pour 3 fr.; combien en aura-t-on pour 81 fr.?

634. Si l'on a 1 mètre pour 5 fr.; combien en aura-t-on pour 750 fr.?

635. Si 9 fr. paient un mètre; combien 45792 en payeront-ils?

636. Si l'on a 1 kilogr. 50 de sucre avec 3 fr.; combien en payera-t-on avec 140 fr.?

637. Si l'on paye 1 ouvrier avec 109 fr.; combien en payera-t-on avec 2943 fr.?

638. Si 7 ouvriers mettent 88 jours pour faire un ouvrage; combien 1 ouvrier en mettra-t-il?

639. S'il faut 1 mois pour payer 150 fr.; combien faudra-t-il de mois pour payer 450 fr.?

640. Si 365 jours font 1 année; combien 72635 jours en feront-ils?

641. Si 60 minutes font 1 heure; combien 420 minutes en feront-elles?

642. S'il faut au son 1 seconde pour parcourir 340 mètres; combien lui en faudra-t-il pour parcourir 1350696?

643. S'il faut 1 tuyau pour conduire l'eau à 3 mètres; combien en faut-il pour la conduire à 327 mètres?

644. S'il faut 1 voyage pour transporter 9 décalit. 5 de froment; combien en faut-il pour 76 décalitres?

645. Si 6 feuilles de papier à lettres font 1 cahier; combien 450 feuilles en font-elles?

646. S'il faut 1 décalitre de blé pour avoir 6 kilogr. 58 de pain; combien faut-il de décalitres de blé pour avoir 1151 kilogr. 50 de pain?

647. Si 8 huitièmes valent 1 entier; combien 157 huitièmes en valent-ils?

648. Si le mètre de drap coûte 16 fr.; combien coûteront les $\frac{3}{4}$? Cette question revient à la règle de trois suivante : si 1 mètre coûte 16 fr.; combien coûteront $\frac{3}{4}$?

649. Si les $\frac{3}{4}$ d'un mètre de drap coûtent 12 fr.; combien coûtera le mètre? Cette question revient à la règle de trois suivante : si les $\frac{3}{4}$ d'un mètre coûtent 12 fr.; combien coûtera 1 mètre?

650. Si 75 centimètres coûtent 12 fr. 40, combien coûtera le mè-

tre. Ce problème revient à la règle de trois suivante : si 75 centim. coûtent 12 fr. 40; combien coûtera 1 mètre ?

651. Si l'on paye 135 fr. pour 220 litres, combien payera-t-on pour 360 litres?

652. Si 100 fagots coûtent 15 fr., combien 30 fagots coûteront-ils?

653. Si l'on a 5 kilogrammes de soie pour 275 fr. 30, combien en aura-t-on pour 10 fr.?

654. S'il faut 40 hommes pour faire 280 mètres d'ouvrage; combien en faut-il pour faire 168 mètres?

655. Si 20 hommes font 160 mètres d'ouvrage; combien 40 hommes en feront-ils?

656. Si 30 ouvriers mettent 14 jours à un ouvrage; combien d'ouvriers en mettront-ils ?

657. S'il faut travailler 13 jours pour gagner 34 fr., combien faudra-t-il travailler de jours pour gagner 186 fr.?

658. Si l'on a fait 80 mètres d'ouvrage en 15 jours, combien en a-t-on fait dans 5 jours?

659. Si l'on gagne 36 fr. 50 en 12 jours, combien gagnera-t-on en 30 jours ?

660. Si l'on a gagné 150 fr. en 30 jours, combien aurait-on gagné en 6 jours de plus, c'est-à-dire en 36 jours?

661. Si l'on gagne 0,50 cent. sur 4 fr., combien gagne-t-on sur 100 fr. ?

662. Si je dois gagner 5 sur 100, combien dois-je gagner sur 14 fr.?

663. S'il faut vendre 1000 mètres pour gagner 50 fr., combien faut-il vendre de mètres pour gagner 850 fr.?

664. Si, pour gagner 150 fr., il m'aurait fallu mettre 950 fr. dans le commerce; combien m'a-t-il fallu y mettre pour y gagner 120 fr.?

665. S'il faut 160 mètres de toile pour payer 15 mètres de drap; combien faudra-t-il de mètres de toile pour payer 25 mètres de drap?

666. Si l'on perd 4 fr. 50 sur 100, combien perd-on sur 8500 fr.?

667. Si un voyageur doit avoir 40 fr. pour faire 80 kilom., combien doit-il avoir pour faire 275 kilom.?

668. S'il faut 20 fr. pour faire transporter une caisse à 4 myriamètres; combien en faudra-t-il pour la faire transporter à 7 myriamètres?

669. Si avec 20 fr. on fait transporter une caisse à 3 myriamètres; à combien de myriamètres la fera-t-on transporter avec 36 fr.?

670. Si, pour faire un trottoir, il faut 20 dalles de 1 mètre 35 de longueur; combien en faudrait-il de 1 mètre 05?

671. Si une fontaine donne 25 lit. 4 d'eau en 3 minutes; combien donnera-t-elle de litres d'eau en 40 minutes?

672. S'il faut 3 décal. 5 lit. de blé pour ensemencer 24 ares 78; combien en faudra-t-il pour ensemencer 33 ares 33 centiares?

673. Si 150 litres de bon blé pèsent à peu près 120 kilogr., combien 360 litres pèseront-ils?

674. Si l'on peut faire 4 kilog. de pain avec 3 kilog. de bonne farine de blé; combien pourra-t-on faire de kilog. de pain avec 250 kilog. de bonne farine?

675. S'il faut 1 mètre de hauteur pour donner une ombre de 3 mètres de longueur; combien faut-il de mètres de hauteur pour en donner une de 66 mètres de longueur?

676. Si la pression exercée par l'air atmosphérique sur le corps

d'un homme de taille moyenne, dont la surface peut être estimée 12000 centimètres carrés, est de 12403200 grammes; de combien est la pression atmosphérique sur un homme ayant 15000 centimètres carrés?

677. Si un homme vicie 3 mètr. cub. 500 décim. d'air dans 24 heures; combien en vicie-t-il dans 8 heures?

678. Si, pour respirer dans des conditions favorables à la santé, il faut 49 mètres d'air pur par personne et pour huit heures de temps; combien en faut-il par personne et pour 7 heures?

Problèmes sur la règle de trois composée.

679. Si 4 ouvriers ont fait 8 mètres en 12 heures; combien 7 ouvriers en feront-ils en 9 heures?

680. Si 18 hommes gagnent 80 fr. en 12 jours; combien 20 hommes gagneront-ils en 36 jours?

681. Si en 6 ans on gagne 600 fr. avec 3000 fr.; combien gagnera-t-on en 2 ans avec 7000 fr.?

682. S'il faut 8 ouvriers pendant 20 jours pour faire 40 mètres d'ouvrage; combien faudra-t-il d'ouvriers pendant 14 jours pour faire 70 mètres?

683. Si un maître de pension dépense 750 fr. pour la nourriture de 60 élèves pendant dix jours; combien dépensera-t-il pour la nourriture de 80 élèves pendant 320 jours?

684. Si pour dépenser 306 fr. en 12 jours il a fallu 6 personnes; combien en a-t-il fallu pour dépenser 340 fr. en 4 jours?

685. S'il a fallu 8 hommes pendant 5 jours pour moissonner un champ de blé de 20 hectares; combien faudra-t-il d'hommes pendant 6 jours pour en moissonner un autre de 15 hectares?

686. Si l'on parcourt 120 kilomètres en marchant 8 heures par jour pendant 6 jours; combien en parcourrait-on en marchant 10 heures par jour pendant 5 jours?

687. Si 480 kilogrammes, transportés à 528 kilomètres, ont coûté 24 fr.; combien coûteront 27 kilogrammes transportés à 600 kilomètres?

688. S'il faut à 6 hommes 12 journées de 10 heures pour faire 136 mètres; combien faudra-t-il de journées de 8 heures à 15 hommes pour faire 360 mètres?

689. S'il faut payer 480 fr. à 20 ouvriers qui ont travaillé 9 heures par jour pendant 8 jours; combien faut-il payer à 17 ouvriers qui ont travaillé 10 heures par jour pendant 4 jours?

RÈGLE D'INTÉRÊT.

Questionnaire.

Qu'est-ce que l'intérêt (304)?
Qu'est-ce que le capital (304)?
Qu'est-ce que le taux de l'intérêt (304)?
Qu'est-ce que le temps (304)?
Combien y a-t-il de sortes d'intérêt (305)?
Qu'est-ce que l'intérêt simple (305)?
Qu'est-ce que l'intérêt composé (305)?
Que peut-on avoir à chercher dans une règle d'intérêt simple (305)? — D'intérêt composé (311)?

Problèmes sur l'intérêt simple.

1° Trouver l'intérêt :

690. Quel est l'intérêt de 800 fr. placés à 5 pour 100 pendant un an?

— 217 —

691. Combien rapporteront 259 fr. prêtés à 5 pour 100 pendant 6 ans?

692. Quel est l'intérêt de 3820 fr. placés à 5 pour 100 pendant 4 ans 3 mois?

693. Une somme de 315 fr. a été placée à 4 pour 100 pendant 10 mois 15 jours; quel intérêt a-t-elle rapporté?

694. Quel est, au bout de 2 ans 3 mois 20 jours, l'intérêt de 75 fr. prêtés à 5 pour 100?

2° Trouver le capital.

695. Un capital placé à 5 pour 100 pendant 2 ans a produit 245 fr. d'intérêt; quel est ce capital?

696. Un capital placé à 4 pour 100 pendant 3 ans 6 mois a rapporté 375 fr.; quel était ce capital?

697. Quelle est la somme qui, placée à 5 pour 100 pendant 3 ans 4 mois 10 jours, rapporte 745 fr. 50 c. d'intérêt?

698. Quelle somme faut-il prêter à 5 pour 100 pour recevoir 87 fr. d'intérêt par an?

699. Quel est le capital qui, avec ses intérêts à 5 pour 100, est devenu 8500 fr. en 11 ans?

3° Trouver le taux.

700. A quel taux faut-il placer une somme de 3500 fr. pour qu'elle rapporte 140 fr. d'intérêt par an?

701. Une somme de 25000 fr. rapporte 1250 fr. d'intérêt par an; à quel taux est-elle placée?

702. A quel taux faut-il placer 6000 fr. pour avoir un intérêt de 2400 fr. dans 3 ans 4 mois?

703. Un capital de 4800 fr. a rapporté 800 fr. d'intérêt au bout de 3 ans 4 mois; à quel taux était-il placé?

704. A quel taux faut-il placer 5600 fr. pendant 3 ans 6 mois pour recevoir 6580 fr., capital et intérêts compris?

4° Trouver le temps.

705. Pendant combien de temps faut-il placer 450 fr. à 5 pour 100, pour qu'ils donnent 135 fr. d'intérêt?

706. Pendant combien de temps faut-il placer 400 fr. à 5 pour 100 pour qu'ils rapportent 95 fr.?

707. Au bout de combien de temps un capital de 800 fr. placé à 4 pour 100 vaudra-t-il 961 fr.?

708. Quelqu'un emprunte à 5 pour 100 une somme de 700 fr. et rend 752 fr. 50 c. au prêteur; pendant combien de temps a-t-il gardé cette somme?

709. Un voyageur avait prêté, au moment de son départ, 700 fr. à 5 pour 100; à son retour, il reçoit, pour les intérêts et le capital, la somme de 962 fr. 50 c.; combien de temps est-il resté absent?

Problèmes sur les rentes (a).

710. Si 96 fr. donnent 5 fr. de rente, combien 2688 fr. donneront-ils de rente?

(a) On appelle *rentes* sur l'État les intérêts que l'on retire d'une somme placée sur le gouvernement. Quand on dit que les rentes à 5 pour 100 se payent 96 fr., cela signifie que 96 fr. rapportent 5 fr. d'intérêt; quand on dit : les rentes à 3 pour 100 sont au cours de 65 fr., cela signifie qu'il faut 65 fr. de capital pour avoir 3 fr. de rente.

10

711. Si 5 fr. de rente coûtent 96 fr., combien 140 fr. coûteront-ils ?
712. Si 140 fr. de rente (5 pour 100) coûtent 2688 fr., combien coûtent 5 fr. de rente ?

Problèmes sur l'intérêt composé.

1° Trouver l'intérêt.

713. Combien 2400 fr. vaudront-ils dans 3 ans avec les intérêts composés à 5 pour 100 par an ?

714. Combien 1200 fr. vaudront-ils dans 5 ans 3 mois, en prenant les intérêts des intérêts à 5 pour 100 par an ?

2° Trouver le capital.

715. Quel est le capital qui, avec ses intérêts composés à 5 pour 100, est devenu 650 fr. au bout de 3 ans ?

716. Quel est le capital qui vaudra 5600 fr. au bout de 3 ans 5 mois 15 jours, en tirant les intérêts des intérêts à 5 pour 100 par an ?

3° Trouver le temps.

717. Dans combien de temps le capital 2500 fr. vaudra-t-il 7104 fr. 30 c., avec les intérêts composés à 5 pour 100 par an ?

718. Combien faudra-t-il de temps à 500 fr. prêtés à 5 pour 100 et à intérêts composés pour valoir 700 fr. ?

RÈGLE D'ESCOMPTE.

Questionnaire.

Qu'est-ce que l'escompte (315) ?
A quoi proportionne-t-on la retenue qu'on fait (316) ?
Que faut-il faire avant d'escompter un billet (317) ?
Combien y a-t-il de manières d'escompter un billet (318) ?
Qu'est-ce que l'escompte en dedans ?
Qu'est-ce que l'escompte en dehors ?
Que peut-on avoir à trouver dans une règle d'escompte (319) ?

Problèmes sur l'escompte en dedans.

1° Trouver le montant de l'escompte.

719. Une personne se présente chez un banquier pour lui faire escompter un billet de 300 fr. payable dans un an ; le banquier le lui escompte à 6 pour 100 par an ; combien lui remet-il ?

720. Escompter en dedans à 6 pour 100 un billet de 500 fr. payable dans 3 mois 25 jours.

721. Quel est, à 6 pour 100, l'escompte de 596 fr. pendant 8 mois 12 jours ?

2° Trouver le montant de la dette.

722. En escomptant à 6 pour 100 par an, on a retenu 24 fr. sur un billet payable dans 16 mois ; quelle était la valeur du billet au moment de l'échéance ?

723. Quelle est la somme qui, escomptée pour 8 mois à 5 pour 100, se trouve réduite à 325 fr. ?

724. Quel est le montant d'un billet payable dans 3 mois 15 jours, escompté en dedans à 5 pour 100, et pour lequel on a reçu 200 fr. ?

3° Trouver le taux de l'escompte.

725. En escomptant un billet de 300 fr. payable dans un an, on a retenu 18 fr. ; à quel taux était l'escompte ?

726. On a pris 170 fr. 09 c. d'escompte sur un billet de 2350 fr. 45 c. payable dans 10 mois; quel est le taux de l'escompte ?

727. Pour un billet de 8000 fr. payable dans 72 jours, le banquier ne m'a donné que 7880 fr.; à quel taux a-t-il escompté le billet ?

4° Trouver le temps.

728. En escomptant à 5 pour 100 par an, on a retenu 15 fr. sur un billet de 300 fr. : à quelle époque ce billet était-il payable?

729. A quelle époque est payable un billet de 2030 fr., qui, escompté à 5 pour 100, ne vaut que 2000 fr. ?

730. Sur un billet de 1200 fr., escompté à 6 pour 100, on a retenu 108 fr.; à quelle époque était-il payable?

Problèmes sur l'escompte en dehors.

1° Trouver le montant de l'escompte.

731. Quel est, à 6 pour 100, l'escompte d'un billet de 6800 fr. payable dans 17 mois?

732. Un billet de 520 fr. est payable dans 4 mois; combien doit retenir le banquier qui l'escompte à 6 pour 100 par an?

2° Trouver le montant de la dette.

733. En escomptant à 5 pour 100 par an, on a retenu 8 fr. sur un billet payable dans 7 mois 12 jours; quelle était la valeur de ce billet au moment de l'échéance?

734. Quelle est la somme qui, escomptée pour 8 mois à 5 pour 100, se trouve réduite à 250 fr. ?

3° Trouver le taux de l'escompte.

735. On a retenu 5129 fr. 45 c. sur un billet de 5600 fr. payable dans 14 mois; à quel taux par mois le billet a-t-il été escompté?

736. Sur un billet de 3500 fr. payable dans 13 mois, on m'a retenu 103 fr.; à quel taux a-t-il été escompté ?

4° Trouver le temps.

737. Un billet de 1283 fr., escompté à 6 pour 100, a subi une retenue de 98 fr.; à quelle époque était-il payable?

738. On a retenu 48 fr. d'escompte à 6 pour 100 sur un billet de 730 fr.; à quelle époque était-il payable?

RÈGLE DE PARTAGE.

Questionnaire.

Qu'est-ce que la règle de partage (328)? | Comment fait-on la preuve d'une règle de partage (330) ?

Problèmes sur la règle de partage.

1° Trouver ce qui revient à chaque partageant.

739. Les mises de trois associés sont 1500 fr., 1250 fr., 1000 fr.; le bénéfice est 21600 fr.; quelle est la part de chaque associé?

740. Les mises de quatre associés sont 600 fr., 760 fr., 900 fr., 1160 fr.; le gain total est 8500 fr. Trouver le gain de chaque associé.

741. Trois associés ont mis : le premier 240 fr., le second 300 fr.,

le troisième 760 fr.; ils ont perdu 540 fr.; combien chacun a-t-il perdu ?

742. Un débiteur insolvable ne peut donner que 15000 fr. à ses trois créanciers. Il doit 9000 fr. au premier, 12000 fr. au second et 16000 fr. au troisième ; combien chaque créancier recevra-t-il ?

743. Deux voituriers ont reçu pour frais de transport la somme de 450 fr. Le premier a conduit 8700 kilogrammes, et le deuxième 3600 ; combien revient-il à chacun ?

744. Trois familles victimes d'une inondation ont reçu un secours de 2700 fr. La première a fait une perte de 12000 fr., la deuxième de 8500 fr., et la troisième de 9780 fr.; combien revient-il à chaque famille proportionnellement à sa perte ?

745. Trois hommes se sont associés pour faire un ouvrage ; ils ont gagné 860 fr.; combien chacun doit-il avoir, le premier estimant sa journée 5 fr., le second 4 fr., et le troisième 2 fr. ?

746. Trois ouvriers ont travaillé au même ouvrage ; le premier y a travaillé 2 jours, le second 3 jours, et le troisième 5 jours ; ils reçoivent 50 fr.; que revient-il à chacun ?

747. Les mises de deux associés sont égales ; celle du premier est restée 6 mois dans l'association, et celle du second 8 mois ; le bénéfice est 3600 fr.; que revient-il à chacun ?

748. Une personne donne 1725 fr. à Pierre, 1800 fr. à Paul, 1940 fr. à François, à condition qu'ils payeront 500 fr.; combien chacun doit-il payer proportionnellement à ce qu'il reçoit ?

749. Deux pauvres ont reçu une aumône de 120 fr.; ils doivent se la partager proportionnellement à leur âge ; l'un a 77 ans et l'autre 79 ; quel sera la part de chacun ?

750. Les mises de trois associés sont 250, 370 et 625 fr.; la première mise est restée 6 mois dans la société, la seconde 5 mois et la troisième 2 mois ; le gain total est 800 fr.; combien revient-il à chaque associé ?

751. Trois hommes s'étant associés ont gagné 900 fr.; le premier avait mis 300 mètres de toile à 2 fr. 50 le mètre, le second 200 mètres de drap à 11 fr., et le troisième 800 mètres de calicot à 0 fr. 75 c.; combien revient-il à chaque associé ?

752. Quatre associés ont gagné 8500 fr.; le premier doit avoir 3 parts, le second 4, le troisième 5, et le quatrième 6 ; combien chacun aura-t-il ?

NOTA. Les parts que chacun doit avoir représentent les mises.

753. On demande de partager 250 en deux parties telles que la première soit à la seconde comme 5 est à 8.

754. On demande de partager 1500 en trois parties qui soient entre elles comme les nombres 2, 3 et 4, c'est-à-dire que la première soit à la seconde comme 2 est à 3, et la première à la troisième comme 2 est à 4.

755. Partager 1200 en trois parties qui soient entre elles comme les nombres $\frac{1}{2}$, $\frac{3}{4}$ et $\frac{7}{8}$.
2° Trouver la somme partagée.

756. Les mises de deux associés sont 800 fr. et 1000 fr.; le premier associé reçoit pour sa part 600 fr. de bénéfice ; quel est le bénéfice total ?
3° Trouver dans quelle proportion elle a été partagée.

757. La mise totale de deux associés est de 1200 fr.; ils gagnent 3600 fr.; le premier reçoit pour sa part 1600 fr. de bénéfice, et le second 2000 fr.; quelle est la mise de chacun?

758. Deux associés ont fait un bénéfice de 3600 fr.; le premier reçoit, pour sa part, 2000 fr. de bénéfice; la somme des mises est de 12000 fr.; quelle est la mise de chacun?

RÈGLE DE TROC.
Questionnaire.

Qu'est-ce que la règle de troc (333)?

Problèmes.

759. Deux marchands se proposent de faire un échange : l'un a du cuivre qu'il vend 1 fr. 50 le kilogramme, argent comptant, mais en troc il veut en avoir 1 fr. 60; l'autre a de l'étain qu'il vend 2 fr. 50, argent comptant; on demande combien le second marchand doit vendre son étain en troc?

760. Deux marchands se proposent de faire un échange: l'un a du zinc qu'il vend comptant 1 fr. 10 le kilogramme, mais en troc il en veut avoir 1 fr. 20 dont le quart payé argent comptant; l'autre a du plomb qu'il vend comptant 0 fr. 75 le kilogramme; combien le plomb doit-il être estimé en troc?

761. Un marchand a du papier qu'il vend comptant 8 fr. 10 la rame; il voudrait l'échanger contre du savon qui se vend comptant 1 fr. le kilogr.; le marchand de savon ne veut payer, même en échange, le papier que 7 fr. 50 la rame; de combien doit-il diminuer le prix de son savon en troc?

762. Deux hommes font un échange; le premier a du blé qu'il vend comptant 3 fr. 80 le double décalitre, et 4 fr. en troc; le second a du vin qu'il vend 25 fr. comptant et 28 fr. en troc. Lequel des deux gagne au troc?

763. Deux hommes font un échange : le premier a du bois qu'il vend comptant 30 fr. la voiture, et 35 fr. en troc; le second a de l'eau-de-vie qu'il vend comptant 0 fr. 70, et 0 fr. 80 en troc; lequel des deux perd au change?

764. Deux hommes ont fait un échange : le premier a de l'orge qu'il vend comptant 1 fr. 50 le double décalitre, mais en troc il l'a vendue 1 fr. 70 dont moitié en argent; le second a des poires qu'il vend comptant 2 fr. 50, et qu'il a vendues 2 fr. 70 en troc; lequel des deux a gagné au troc?

RÈGLE DE CHANGE.
Questionnaire.

Qu'est-ce que la règle de change (336)?

Problèmes.

765. Un particulier voulant aller de Marseille à Lyon, va trouver un banquier pour lui faire toucher 400 fr. dans cette dernière ville; combien doit-il donner au banquier, le change étant à 2 pour 100?

766. On donne 408 fr. à un banquier tant pour le change que pour le billet; de combien le billet doit-il être fait, le change étant à 2 pour 100?

767. Pour 408 fr. un banquier me donne un billet de 400 fr. sur Lyon; quel est le taux du change?

768. On a reçu à Lyon la somme de 400 fr.; quelle somme avait-on remise au banquier, le change étant à 2 pour 100?

RÈGLE CONJOINTE.

Questionnaire.

Qu'est-ce que la règle conjointe (338)?

Problèmes.

769. On demande combien 600 livres sterling valent de francs, supposé que 34 francs vaillent 3 ducats de Hambourg, que 7 ducats — 75 roubles, et que 500 roubles — 24 livres sterling.

770. On demande combien 1000 valent de piastres, supposé que 8 francs vaillent 2 roubles de Russie, que 16 roubles — 30 florins de Hollande, et que 15 florins — 6 piastres.

771. Combien le pied anglais vaut-il en mètres, sachant que 16 pieds anglais valent 15 pieds anciens de France, et que 6 pieds anciens de France valent 1 mètre 949?

772. On demande combien 17^m de drap valent de mètres de toile, sachant que 6^m de drap valent 11^m de casimir, et que 4^m de casimir valent 9 mètres de toile.

RÈGLE D'UNE SUPPOSITION.

Questionnaire.

Qu'est-ce que la règle d'une supposition (340)?

Problèmes.

773. Trouver un nombre dont la moitié, le tiers et le cinquième fassent 434.

774. Quel est le nombre dont la moitié et les deux tiers font 14?

775. Quel est le nombre qui, ajouté à son tiers et à son quart, donne 24?

776. Quel est le nombre qui, augmenté de sa moitié, de son tiers et de son quart, donne 125?

777. Si vous aviez le tiers et le quart de 20 fr., vous auriez autant que j'ai perdu; devinez combien j'ai perdu.

778. Trois personnes ont ensemble 150 ans; la première a le double d'âge de la seconde, et la seconde le triple d'âge de la première; quel est l'âge de chacune?

779. Pierre, Jacques et Jean ont ensemble 156 pièces de vin; Pierre en a 18 de plus que Jacques, et celui-ci 5 de plus que Jean; combien en ont-ils chacun?

780. Un particulier a un jardin, un pré et une vigne qui lui coûtant ensemble 5103 fr.; la vigne lui coûte deux fois plus que le pré, et le pré coûte deux fois plus que le jardin; à combien revient chaque propriété?

781. Trois frères ont ensemble 30 fr. d'étrennes; le premier a reçu 4 fr. de plus que le second, et le second 2 fr. de plus que le troisième; combien chacun a-t-il reçu?

782. Après avoir perdu un tiers, et ensuite un quart de son ar-

gent, il reste à un joueur 60 fr.; combien avait-il avant de perdre?

783. Payer 95 fr. avec dix pièces de 5 fr. et de 20 fr.

784. Dix personnes, hommes et femmes, mangent dans une auberge; chaque homme dépense 3 fr. et chaque femme 1 fr.; la dépense totale est 24 fr.; quel est le nombre des hommes et celui des femmes?

785. Une personne qui possède 60000 fr. en a placé une partie à 4 fr. 50 pour 100, et l'autre partie à 3 fr. 50 pour 100, ce qui lui fait un revenu de 2500 fr.; combien a-t-elle d'argent prêté à 4 fr. 50 pour 100?

RÈGLE DE DEUX SUPPOSITIONS.

Questionnaire.

Qu'est-ce qu'une règle de deux suppositions (341)?

Problèmes.

786. Cinq joueurs ayant eu dispute se sont jetés sur l'argent du jeu; le premier en a pris le $\frac{1}{4}$, le deuxième le $\frac{1}{6}$, le troisième le $\frac{1}{10}$, le quatrième les $\frac{5}{12}$ et le dernier a eu le reste, qui égale 3 fr. 50; combien y avait-il d'argent sur le jeu? Rép. 39 fr.

787. Une personne a acheté le $\frac{1}{5}$, plus le $\frac{1}{4}$, plus le $\frac{1}{6}$ d'une pièce de toile dont il reste encore 6 mètres; quelle était la longueur de cette pièce de toile? Rép. 24 mètres.

788. Il s'agit de partager 6954 fr. entre trois personnes, de manière que la seconde ait autant que la première moins 54 fr., et que la troisième ait autant que les deux autres moins 78 fr.

789. Il s'agit de partager 6954 fr. entre trois personnes, de manière que la seconde ait autant que la première et 54 fr. de plus, et que la troisième ait autant que les deux autres et 78 fr. de plus.

790. On propose de partager 350 fr. entre trois personnes, de manière que la seconde ait trois fois autant que la première moins 7, et la troisième autant que les deux autres plus 3.

791. La somme de deux nombres est 40; leur différence est 8; quels sont ces deux nombres? Rép. 24 et 16.

792. Partager 51 en deux parties dont la différence soit 13. Réponse le petit nombre est 19.

793. J'ai payé 29 mesures de blé; l'un m'a coûté 3 fr. la mesure, et l'autre 2 fr. 50; combien en ai-je de chaque prix? Rép. 15.

794. On demandait à un homme combien il avait de pigeons, il répondit : Si j'en avais encore autant, la moitié d'autant, le quart d'autant et celui que le tiercelet a pris; j'en aurais 100; combien en avait-il? Rép. 36.

795. Je veux partager aux enfants qui sont dans ma classe les noix que maman m'a données, disait Pierre à Paul; si j'en donne 8 à chacun, il m'en reste 45; pour en donner à chacun 11, il m'en manque 27; devinez combien j'ai de condisciples et de noix? Réponse 24 condisciples et 237 noix.

796. Un particulier s'est arrangé avec un ouvrier de manière qu'il lui payerait 1 fr. 20 par chaque jour qu'il travaillerait, à condition que celui-ci lui donnerait 1 fr. 50 chaque jour qu'il ne travaillerait pas, à cause du dommage qu'il lui causerait; il se trouve qu'au bout de 63 jours l'ouvrier n'a rien à recevoir et qu'il ne doit rien non plus;

— 224 —

combien a-t-il travaillé de jours? Combien s'est-il reposé? Rép. Il a travaillé 35 jours, et il s'est reposé le reste du temps, c'est-à-dire 28 jours.

797. Aujourd'hui, je suis trois fois âgé comme mon fils, disait un père, et il y a dix ans, je l'étais cinq fois autant que lui; quel est son âge? Rép. Le fils a 20 ans, et le père 60.

798. Un homme rencontrant des pauvres veut donner 50 centimes à chacun d'eux; mais, s'apercevant qu'il manque pour cela de 20 centimes, il ne donne que 40 centimes à chaque pauvre, et il lui reste 50 centimes; combien cet homme avait-il de pauvres devant lui et d'argent dans sa bourse? Rép. 7 pauvres et 3 fr. 30.

RÈGLE DE MÉLANGE.

Questionnaire.

Qu'est-ce que la règle de mélange? (342)

Problèmes.

1° Trouver la valeur moyenne de plusieurs choses de différentes valeurs.

799. On a fait un mélange dans lequel il entre 150 litres de vin à 1 fr. 50, et 120 litres à 2 fr.; combien vaut le litre du mélange?

800. On met 4 litres d'eau dans 20 litres de vin à 60 centimes le litre; quel sera le prix du litre de ce mélange?

801. On fait un mélange dans lequel il entre 10 litres de vin à 0 fr. 50, 25 litres de vin à 0 fr. 60, 35 litres de vin à 0 fr. 15, et 5 litres d'eau; à combien revient le litre de ce mélange?

802. On mêle 12 hectolitres de blé à 15 fr. avec 18 hectolitres à 20 fr.; combien vaut un hectolitre de ce mélange?

803. On mêle 100 kilogrammes de farine à 0 fr. 60 le kilogramme avec 60 kilogrammes de farine à 0 fr. 50 le kilogramme; à combien revient le kilogramme du mélange?

804. Pour faire des confitures, on a employé 10 kilogrammes de groseilles à 0 fr. 40; 7 kilogrammes à 0 fr. 50, et 5 kilogrammes de sucre à 1 fr. 60 le kilogramme; si l'on a fait 15 kilogrammes de confitures, à combien revient le kilogramme?

805. Pour faire du bronze, on a pris 90 kilogrammes de cuivre à 1 fr. 50, et 10 kilogrammes d'étain à 1 fr. 50; quel est le prix d'un kilogramme de bronze?

806. Pour faire du laiton, on a fondu 75 kilogrammes de cuivre à 1 fr. 50 avec 25 kilogrammes de zinc à 1 fr. 10; combien coûte le kilogramme de laiton?

807. Pour faire de la soudure, on a fondu 60 kilogrammes de plomb à 0 fr. 75 avec 40 kilogrammes d'étain à 2 fr. 50; quel est le prix d'un kilogramme de cet alliage?

808. On fait un lingot d'argent dans lequel il entre 25 grammes d'argent monnayé au titre de 0,900, 500 grammes de vaisselle au titre de 0,950, 500 grammes de couverts et autres ouvrages d'orfèvrerie au titre de 0,800; quel est le titre de l'alliage?

809. On fait un lingot d'or dans lequel il entre 13 grammes d'or monnayé au titre de 0,900, 500 grammes de vaisselle au titre de 0,920, 25 grammes de bijoux au titre de 0,840, et 30 grammes de bijoux au titre de 0,750; quel est le titre de l'alliage?

810. Le même jour, on a vendu la mesure de blé 3 fr. 75 ; 3 fr. 60, 3 fr. 50, 3 fr. 75 ; quel a été le prix moyen ?

811. On emploie 22 ouvriers à 2 fr. 50 par jour ; 15 à 2 fr. 35 ; 12 à 1 fr. 05 ; combien coûte chaque ouvrier, l'un portant l'autre ?

812. Un ouvrier a fait, le lundi, 2 mètres 3 décimètres ; le mardi, 4 mètres 5 ; le mercredi, 3 mètres 8 ; le jeudi, 2 mètres 9 ; le vendredi, 4 mètres 2 ; le samedi, 3 mètres 6 ; combien a-t-il fait de mètres par jour, terme moyen ?

813. Une propriété a rapporté, la première année, 725 fr. ; la seconde, 835 fr. ; la troisième, 780 fr. ; la quatrième, 900 fr. ; et la cinquième, 915 fr. ; quel est le revenu moyen de cette propriété ?

814. Un négociant a emprunté 4000 fr. à 5 pour 100, 4500 fr. à 4 fr. 50 pour 100, 700 fr. à 4 pour 100, et 8560 fr. à 3 fr. 50 pour 100 ; quel est le prix moyen de l'intérêt qu'il paye ?

815. Un banquier a deux billets, savoir : le premier, de 5000 fr., payable dans 90 jours ; le second, de 2000 fr., payable dans 30 jours ; il voudrait échanger ces deux billets contre un seul de 5000 + 2000 = 7000 fr. ; dans combien de jours ce billet sera-t-il payable ? Rép. 72 jours.

2° Trouver dans quelle proportion il faut mélanger plusieurs choses de différentes valeurs pour avoir un mélange d'une valeur moyenne donnée.

816. Dans quelle proportion faut-il mélanger du vin à 0 fr. 65 avec du vin à 0 fr. 45 le litre, pour avoir un mélange qui revienne à 0 fr. 50 le litre ?

817. Avec du vin à 0 fr. 65, 0 fr. 45, 0 fr. 35 le litre, on veut faire un mélange qui revienne à 0 fr. 50 ; combien en faut-il prendre de chaque espèce ?

818. Combien faut-il mélanger de blé à 15 fr. l'hectolitre avec du blé à 20 fr., pour avoir du blé à 18 fr. ?

819. Combien faut-il mêler de thé à 36 fr. le kilogramme avec du thé à 30 fr., pour en avoir à 32 fr. le kilogramme ?

820. Combien faut-il mêler d'argent au titre de 0,950 avec de l'argent au titre de 0,800, pour que l'alliage soit au titre de 0,900 ?

821. Avec du vin à 60, 50, 40 et 20 centimes le litre, comment faire 320 litres de vin à 55 centimes ?

822. Combien faut-il prendre de blé à 15 fr., à 16 et à 18 fr. l'hectolitre, pour faire 60 hectolitres à 17 fr. ?

823. Combien faut-il mêler d'or au titre de 0,900 avec de l'or au titre de 0,750, pour faire 100 grammes d'or au titre de 0,840 ?

824. Combien faut-il mêler de vin à 0 fr. 85 avec 30 litres à 1 fr. 25, pour que le mélange soit à 1 fr. le litre ?

RACINE CARRÉE.
1° NOMBRES ENTIERS.
Questionnaire.

Qu'appelle-t-on carré d'un nombre (390) ?

Qu'appelle-t-on racine carrée d'un nombre (391) ?

Comment forme-t-on le carré d'un nombre (392) ?

Quelle est la racine carrée de 100 (393) ?

Comment trouve-t-on la racine carrée d'un nombre plus petit que 100 (395) ?

Comment fait-on pour extraire

la racine carrée d'un nombre plus grand que 100 (398)? — Tout carré dont la racine est composée de dizaines et d'unités, ne contient-il pas trois parties? — Nommez-les (399). — Montrez que ces trois parties sont contenues dans le carré de 37 (399).

Exercices.

Former le carré des nombres suivants :

| 825. | 4 | 5 | 827. | 14 | 25 | 829. | 241 | 443 |
| 826. | 6 | 7 | 828. | 36 | 47 | 830. | 432 | 679 |

Extraire la racine carrée des nombres suivants :

| 831. | 36 | 64 | 833. | 2209 | 876 | 835. | 455645 | 501564 |
| 832. | 90 | 99 | 834. | 4096 | 74529 | 836. | 23609881 | 27058 |

Problèmes.

837. Quel est le nombre qui, multiplié par lui-même, donne pour produit 2916 ?

838. Deux nombres sont égaux, et leur produit est 2916 ; quels sont ces nombres ?

839. Pour le carrelage d'une chambre carrée, j'ai employé 2916 carreaux ; combien y en a-t-il sur chaque face ?

840. Dans un carré de terre, j'ai mis 2916 choux ; combien y en a-t-il dans chaque rangée ?

841. Dans un carré de terre, je veux planter 2916 arbustes ; combien en faut-il mettre dans chaque rangée ?

842. Quel est le nombre qui, multiplié par lui-même, donne un produit égal à celui de 9×16 ? Le produit de 9×16 est 144 ; la racine carrée de 144 est 12 ; donc 12 est le nombre demandé.

843. Un vieillard à qui l'on demandait son âge répondit : le carré de mes années forme les $\frac{8}{9}$ de 72 siècles ; quel âge avait-il ?

SOLUTION. Les 72 siècles valent 7200 (250), dont les $\frac{8}{9}$ sont 6400 (145) ; et comme la racine carrée de 6400 est 80, il en résulte que le vieillard avait 80 ans.

2° NOMBRES DÉCIMAUX.
Questionnaire.

Comment forme-t-on le carré des nombres décimaux (403) ?

Combien distingue-t-on de cas dans l'extraction de la racine carrée des nombres décimaux (404) ?

Comment fait-on pour extraire la racine carrée quand le nombre des décimales est pair (405) ?

Comment fait-on pour extraire la racine carrée quand le nombre des décimales est impair (406) ?

Peut-on avoir la racine exacte d'un nombre qui n'est pas un carré parfait (407) ? — Peut-on l'avoir exacte à moins de telle unité décimale qu'on veut (407) ? — Que faut-il faire pour l'avoir exacte à moins d'un dixième, d'un centième... (408) ?

Exercices.

Former le carré des nombres suivants :

| 844. | 1,30 | 5,26 | 846. | 0,65 | 85,063 | 848. | 0,007 | 0,802 |
| 845. | 23,06 | 7,59 | 847. | 0,234 | 5,001 | 849. | 0,0004 | 0,0005 |

Extraire la racine carrée des nombres suivants :

850.	12,24	0,469	0,175
851.	18,134	0,827	0,0945

852. Extraire la racine carrée de 0,2 à 0,1 près.
853. Extraire la racine carrée de 0,3 à 0,1 près.
854. Extraire la racine carrée de 0,5 à 0,1 près.
855. Extraire la racine carrée de 3,415 à 0,0001 près.
856. Extraire la racine carrée de 9,479 à 0,00001 près.

3° FRACTIONS ORDINAIRES.

Questionnaire.

Comment forme-t-on le carré d'une fraction ordinaire (409) ?

Comment fait-on pour extraire la racine carrée d'une fraction dont les *deux* termes sont des carrés parfaits (410) ?

Comment fait-on pour avoir la racine carrée d'une fraction dont les *deux* termes ne sont pas des carrés parfaits (411) ? — D'un nombre fractionnaire (412) ?

Exercices.

Former le carré des nombres suivants :

857.	$\frac{2}{5}$	$\frac{5}{7}$	**859.**	$\frac{5}{15}$	$\frac{7}{13}$	**861.**	$\frac{49}{112}$	$\frac{73}{99}$
858.	$\frac{8}{15}$	$\frac{6}{13}$	**860.**	$\frac{15}{22}$	$\frac{12}{29}$	**862.**	$\frac{37}{89}$	$\frac{123}{374}$

Extraire la racine carrée des nombres suivants :

863.	$\frac{4}{9}$	$\frac{9}{16}$	**865.**	$\frac{36}{64}$	$\frac{9}{81}$	**867.**	$\frac{327}{436}$	$\frac{615}{834}$
864.	$1\frac{9}{25}$	$\frac{16}{49}$	**866.**	$\frac{40}{75}$	$\frac{17}{90}$	**868.**	$\frac{99}{575}$	$\frac{387}{910}$

RACINE CUBIQUE.

1° NOMBRES ENTIERS.

Questionnaire.

Qu'appelle-t-on cube d'un nombre (413) ?

Qu'appelle-t-on racine cubique d'un nombre (414) ?

Comment forme-t-on le cube d'un nombre (415) ?

Quelle est la racine cubique de 1000 (416) ?

Comment trouve-t-on la racine cubique d'un nombre plus petit que 1000 (418) ?

Comment fait-on pour extraire la racine cubique d'un nombre plus grand que 1000 (419) ?

Tout cube dont la racine est composée de dizaines et d'unités ne contient-il pas quatre parties ? — Nommez-les (422). — Montrez que ces quatre parties sont contenues dans le cube de 37 (422) ?

Exercices.

Former le cube des nombres suivants :

869.	4	5	**871.**	14	25	**873.**	241	463
870.	6	7	**872.**	36	47	**874.**	1352	5679

Extraire la racine cubique des nombres suivants :

875.	19683	877.	79507	879.	17698849
876.	185193	878.	529475129	880.	41314084993

Problèmes.

881. Le nombre 157464 est le produit de trois facteurs égaux ; quels sont ces facteurs ?

882. Un bloc de pierre formant un cube parfait est de 157464 décimètres cubes ; quelle est la hauteur de ce bloc ?

883. Une citerne de forme cubique doit contenir 157464 décimètres cubes d'eau (230) ; quelles en seront les dimensions ?

884. Un joueur à qui l'on demandait combien il avait perdu, répondit : Si aux $\frac{5}{6}$ de la racine cubique de 157464 vous ajoutez 5 francs, vous aurez une somme égale à ma perte ; combien avait-il perdu ?

SOLUTION. La racine cubique de 157464 est 54, les $\frac{5}{6}$ de cette racine sont 45 qui, ajoutés à 5 fr., donnent 50 fr. ; le joueur avait donc perdu 50 fr.

2° NOMBRES DÉCIMAUX.

Questionnaire.

Comment forme-t-on le cube des nombres décimaux (426) ?

Combien distingue-t-on de cas dans l'extraction de la racine cubique des nombres décimaux (427) ?

Comment fait-on pour extraire la racine cubique quand le nombre des décimales est divisible par 3 (428) ?

Comment fait-on pour extraire la racine cubique, quand le nombre des décimales n'est pas divisible par 3 (429) ?

Peut-on avoir la racine exacte d'un nombre qui n'est pas un cube parfait (430) ? — Peut-on l'avoir exacte à telle unité décimale qu'on veut (430) ? — Que faut-il faire pour l'avoir exacte à moins d'un dixième, d'un centième.. (431) ?

Exercices.

Former le cube des nombres suivants :

885.	1,30	5,26	887.	0,65	85,063	889.	0,007 0,802
886.	23,06	7,59	888.	0,234	5,001	890.	0,0604 0,0005

Extraire la racine cubique des nombres suivants :

891.	19,683	893.	50,653	895.	2,3456
892.	262,144	894.	1,191016	896.	1,23456

897. Extraire la racine cubique de 0,4 à un dixième près.

898. Extraire la racine cubique de 0,6 à un centième près.

899. Extraire la racine cubique de 0,9 à un millième près.

900. Extraire la racine cubique de 1,26 à un dix-millième près.

901. Extraire la racine cubique de 3,47 à un cent-millième près.

3° FRACTIONS ORDINAIRES.

Questionnaire.

Comment forme-t-on le cube d'une fraction ordinaire (432)?

Comment fait-on pour extraire la racine cubique d'une fraction dont les deux termes sont des cubes parfaits (433)?

Comment fait-on pour avoir la racine cubique d'une fraction dont les deux termes ne sont pas des cubes parfaits (434)? — D'un nombre fractionnaire (435)?

Exercices.

Former le cube des nombres suivants :

902. $\frac{2}{3}$ $\frac{3}{4}$ | 904. $\frac{6}{7}$ $\frac{3}{8}$ | 906. $\frac{2}{11}$ $\frac{5}{10}$
903. $\frac{2}{5}$ $\frac{4}{6}$ | 905. $\frac{6}{8}$ $\frac{3}{9}$ | 907. $\frac{7}{15}$ $\frac{9}{16}$

Extraire la racine cubique des nombres suivants :

908. $\frac{8}{27}$ $\frac{27}{64}$ | 910. $\frac{216}{343}$ $\frac{27}{512}$ | 912. $\frac{35}{64}$ $\frac{27}{75}$
909. $\frac{8}{125}$ $\frac{125}{216}$ | 911. $\frac{216}{512}$ $\frac{512}{729}$ | 913. $\frac{64}{2730}$ $\frac{7360}{8799}$

MESURE DES SURFACES ET DES VOLUMES.

Préliminaires.

Combien y a-t-il de sortes d'étendues (436)?

Comment se nomme l'étendue en longueur (437)?

Comment se nomme l'étendue en longueur et largeur (438)?

Comment se nomme l'étendue en longueur, largeur et épaisseur (439)?

Qu'est-ce que mesurer une longueur (440)?

Qu'est-ce que mesurer une surface (441)?

Qu'est-ce que mesurer un volume (442)?

De quoi se sert-on ordinairement pour mesurer les longueurs (443)?

De quoi se sert-on ordinairement pour mesurer les surfaces (444)?

De quoi se sert-on ordinairement pour mesurer les volumes (445)?

DES SURFACES.

1° Définitions.

Quand on sait mesurer un triangle, peut-on mesurer une surface quelconque? — Pourquoi? Y a-t-il des figures qu'on puisse mesurer sans les partager en triangles? — Quelles sont ces figures (446, 447)?

Qu'est-ce qu'un triangle (448)?

Qu'est-ce que le carré (449)?

Qu'est-ce que le carré long (450)?

Qu'est-ce que le losange (451)?

Qu'est-ce que le rhomboïde (452)?

Qu'est-ce que le trapèze (453)?

Qu'est-ce que la circonférence (454)?

Qu'est-ce que le cercle (455)?

Qu'est-ce que le rayon (456)?

Qu'est-ce que le diamètre (457)?

2° Mesures.

Que fait-on pour obtenir la surface d'un triangle (458)?

Que fait-on pour trouver la surface d'un carré (459)?

Que fait-on pour avoir la surface d'un carré long (460) ?

Que fait-on pour obtenir la surface d'un losange (461) ?

Que fait-on pour obtenir la surface d'un rhomboïde (462) ?

Que fait-on pour obtenir la surface d'un trapèze (463) ?

Que fait-on pour obtenir la circonférence d'un cercle (464) ?

Que fait-on pour trouver le diamètre d'un cercle (465) ?

Que fait-on pour trouver le rayon d'un cercle (466) ?

Que fait-on pour trouver la surface d'un cercle (467) ?

Que fait-on pour obtenir la surface d'une couronne circulaire (468) ?

Que fait-on pour obtenir la surface d'une figure rectiligne (469) ?

Que fait-on pour obtenir la surface d'une figure curviligne (470) ?

Problèmes.

914. Quelle est la surface d'un triangle dont la base vaut 10 mètres et la hauteur 8 mètres ?

915. Quelle est la surface d'un jardin formant un triangle de 60 mètres de base sur 40 mètres de hauteur ?

916. Quelle est la surface d'un carré dont le côté vaut 3 mètres 50 ?

917. Quelle est la surface d'un pré dont chaque côté a 55 mètres de long ?

918. Quelle est la surface d'un carré long dont la base vaut 80 mètres et la hauteur 26 mètres ?

920. Quelle est la surface d'un bois formant un rectangle de 4580 mètres de long sur 625 mètres de large ?

921. Quelle est la surface d'une chenevière dont la longueur vaut 150 mètres, et la largeur 35 mètres 60 ?

922. Un mur a 75 mètres de longueur et 1 mètre 60 de hauteur ; quelle en est la superficie ?

923. Un ouvrier a couvert un toit de 90 mètres de long sur 15 mètres de large ; combien lui est-il dû de mètres carrés ?

924. Un menuisier a fait un lambris dont la hauteur vaut 2 mètres 25 et la longueur 6 mètres 40 ; combien a-t-il fait de mètres carrés ?

925. Combien faut-il d'ardoises de 25 centimètres de longueur et 20 centimètres de largeur pour couvrir un toit de 30 mètres de long sur 15 mètres de large ? On en prendra un tiers en sus, parce que le tiers de chaque ardoise est perdu par le recouvrement.

930. Combien entrera-t-il de pavés de 2 décimètres carrés dans une chaussée de 400 mètres de long sur 3 de large ?

931. Combien faut-il de carreaux de 17 centimètres de côté pour carreler une chambre de 6 mètres de long sur 4 mètres 50 de large ?

932. Combien faudra-t-il de planches de 2 mètres de longueur sur 23 centim. de largeur pour planchéier une salle de 8 mètres de long sur 4 de large ?

933. On a fait peindre une porte de 2 mètres de hauteur sur 1 mètre 50 de largeur ; combien faut-il payer de mètres carrés ?

934. Quelle est la surface d'un losange dont les deux diagonales valent 10 mètres et 8 mètres ?

935. Quelle est la surface d'une cour formant un losange dont les deux diagonales valent 20 mètres et 15 mètres ?

936. Quelle est la surface d'un rhomboïde dont la base vaut 65 mètres et la hauteur 12 mètres ?

937. Une vigne a la forme d'un rhomboïde, sa base vaut 28 mètres et sa hauteur 17 mètres; quelle est la surface de cette vigne?

938. Quelle est la surface d'un trapèze dont les deux bases valent 230 et 195 mètres, et la hauteur 78 mètres?

939. Un toit a la forme d'un trapèze dont les deux bases valent 9 mètres et 3 mètres, et la hauteur 6 mètres; quelle en est la surface?

940. Quelle est la surface d'un champ qui a 360 mètres d'un côté et 345 de l'autre, et dont la largeur est de 70 mètres?

941. Quelle est la circonférence d'un cercle dont le diamètre vaut 67 centimètres?

942. Un cuvier a 1 mètre 20 de diamètre; quelle est sa circonférence?

943. Un cercle a 12 mètres de circonférence; quel en est le diamètre?

944. Quel est le diamètre d'un cercle de 9 mètres 50 de circonférence?

945. Quel est le rayon d'un cercle de 10 mètres de circonférence?

946. La circonférence d'un cercle vaut 2 mètres 15; combien vaut le rayon?

947. Quelle est la surface d'un cercle dont le rayon vaut 67 centimètres?

948. Un étang de forme circulaire a 50 mètres de circonférence; quelle en est la surface?

949. Un parterre de forme circulaire a 3 mètres de diamètre; quelle en est la surface?

950. Un cercle a 25 centimètres de diamètre; quelle est sa surface?

DES VOLUMES.

1° Définitions.

Quels sont les volumes qu'on a le plus souvent à mesurer (471)?
Qu'est-ce qu'un cube (472)?
Qu'est-ce qu'un cône (473)?
Qu'est-ce qu'un cylindre (474)?
Qu'est-ce qu'une pyramide (475)?
Qu'est-ce qu'un prisme (476)?
Qu'est-ce qu'une sphère (477)?
Qu'est-ce que le rayon de la sphère (478)?
Qu'est-ce que le diamètre de la sphère (479)?

2° Surfaces.

Que fait-on pour obtenir la surface d'un cône (480)?
Que fait-on pour obtenir la surface d'un cylindre (481)?
Que fait-on pour obtenir la surface d'une sphère (482)? — Que fait-on pour obtenir la surface d'un cube? — D'une pyramide? — D'un prisme (483)?

3° Volumes.

Que fait-on pour obtenir le volume d'un cube (484)?
Que fait-on pour obtenir le volume d'un prisme (485)?
Que fait-on pour obtenir le volume d'une pyramide (486)? — D'une pyramide tronquée (489)?
Que fait-on pour obtenir le volume d'un cylindre (487)?
Que fait-on pour obtenir le volume d'un cône (488)?
Que fait-on pour obtenir le volume d'un cône tronqué (489)?
Que fait-on pour obtenir le volume d'une sphère (490)?
Que fait-on pour obtenir le volume d'un corps irrégulier (491)?

Problèmes.

951. Un ouvrier a peint un cône dont la base a 3 mètres de circonférence, et le côté 5 mètres de longueur; combien a-t-il peint de mètres carrés?

952. Quelle est la superficie d'une colonne de 13 m. 25 de hauteur sur 70 centimètres de circonférence?

953. Un puits a 20 mètres de profondeur et 4 mètres de circonférence; on veut le cimenter; combien aura-t-on de mètres d'ouvrage?

954. Quelle est la surface d'une boule dont le rayon vaut 8 centimètres?

955. Quelle est la surface d'une boule dont la circonférence vaut 4 mètres?

956. Quelle est la surface d'une sphère dont le diamètre vaut 2 mètres?

957. Quel est le volume d'un cube qui a 3 mètres de côté?

958. Quel est le volume d'un cube dont chacune des six faces vaut 35 centimètres carrés?

960. Quelle est la solidité d'une pierre qui a 4 mètres de longueur, 2 de hauteur et 3 de largeur?

961. Quelle est la solidité d'une pierre dont la hauteur vaut 2 mètres et la base 5 mètres carrés?

962. Une pile de bois a 2 mètres de largeur, 4 mètres de hauteur et 8 mètres de longueur; combien contient-elle de stères ou mètres cubes?

963. Une citerne a 2 mètres de hauteur, 3 mètres de largeur, et 5 mètres de longueur; elle est pleine d'eau; combien en contient-elle de litres?

964. Combien contient d'eau un fossé qui a 60 mètres de longueur, 50 centimètres de largeur au fond, 1 m. 30 de largeur en haut et 80 centimètres de profondeur?

965. Un arbre équarri, et aussi gros dans un bout que dans l'autre, a 10 mètres de longueur, 60 centimètres de largeur et 50 centimètres d'épaisseur; combien contient-il de décistères?

966. Quel est le volume d'une pyramide dont la hauteur vaut 4 mètres et la base 2 mètres carrés?

967. Quelle est la solidité d'une pyramide qui a 12 mètres de hauteur, et dont la base vaut 8 mètres carrés 75 décimètres carrés?

968. Quelle est la solidité d'un cylindre de 1 mètre 50 de hauteur, et dont chaque cercle vaut 90 centimètres carrés?

969. Quel est le volume d'un cylindre qui a 2 mètres de rayon et 10 mètres de hauteur?

970. Quel est le poids d'un cylindre de 4 mètres de hauteur et de 1 mètre 50 c. de circonférence, si le mètre cube pèse 214 kilog.?

971. Un bassin de forme cylindrique a 20 mètres de circonférence et 1 mètre 25 de profondeur; combien contient-il de litres d'eau quand il est plein?

972. Quel est le volume d'un cône dont la hauteur vaut 12 mètres, et dont le cercle qui en est la base a 3 mètres de superficie?

973. Quel est le volume d'un cône dont la hauteur vaut 10 mètres et le rayon de la base 75 centimètres?

974. Quel est le volume d'un cône tronqué dont le petit diamètre est de 10 mètres, le grand de 20, et la hauteur de 30?

— 233 —

975. Un arbre en grume et droit se mesure comme un cône tronqué; à chaque bout on trace un cercle en dedans de l'aubier; les deux cercles sont les bases du cône, et sa hauteur est la longueur de l'arbre prise perpendiculairement aux bases. Supposons donc un arbre dont la longueur soit de 2 mètres 64, le rayon de la grande base de 18 centimètres et le rayon de la petite base de 14 centimètres; quel en sera le volume? Rép. 2 décistères 13.

976. Un seau a la forme d'un cône tronqué; son diamètre inférieur est de 23 centimètres; le diamètre supérieur est de 29 centimètres; la profondeur de 3 décimètres; il est plein d'eau, combien en contient-il de litres? Rép. 16 litres.

977. Un puits a 12 mètres de profondeur; le rayon du fond est de 1 mètre 50, et celui du haut de 96 centimètres. Si ce puits était plein d'eau, combien en contiendrait-il d'hectolitres?

978. Un cuvier a 1 mètre 54 de profondeur; le rayon du fond a 1 mètre 12 et le rayon d'en haut 1 mètre 38; combien peut-il contenir d'hectolitres? Rép. 124 hectolitres 30 litres environ.

979. Une cuve a 2 mètres 50 de profondeur; le diamètre du fond est de 2 mètres et celui du haut de 2 mètres 30; combien peut-elle contenir d'hectolitres?

980. Un arbre carré, dont un bout est plus gros que l'autre, se mesure comme une pyramide tronquée. La longueur d'un arbre, mesurée perpendiculairement aux deux bases, vaut 6 mètres; la grande base a 60 centimètres de côté et la petite 35; combien cet arbre contient-il de décistères?

981. Un bassin, dont les murs sont en talus, a 30 mètres de longueur et 30 mètres de largeur au fond; 32 mètres de longueur et 32 mètres de largeur dans le haut, et 3 mètres de profondeur; combien peut-il contenir de litres d'eau? Rép. 2884000 litres ou décimètres cubes.

982. Quel est le volume d'une sphère dont la surface est de 3 mèt. carrés?

983. Quel est le volume d'une sphère dont le rayon vaut 25 centimètres?

984. Quel est le volume d'une sphère dont la circonférence est de 1 mètre 15?

CUBAGE DES BOIS DE CHARPENTE.

Questionnaire.

Que faut-il faire pour cuber un arbre bien plus gros dans un bout que dans l'autre? — Pour cuber un arbre irrégulier (492)?
Où mesure-t-on la longueur d'un arbre? — Où faut-il prendre les autres mesures (493)?
Que faut-il faire pour obtenir le cube d'un arbre équarri (494)?
Que faut-il faire pour obtenir le cube d'un arbre en grume (495)?

Problèmes.

985. Un arbre a 60 sur 70 centimètres d'équarrissage et 8 mètres de longueur; combien contient-il de décistères?

986. Un arbre équarri a 65 sur 72 centimètres d'équarrissage et 7 mètres de longueur; combien contient-il de décistères?

— 234 —

987. Une pièce de bois a 9 mètres de long sur 80 à 90 centimètres d'équarrissage; on demande combien elle contient de décistères?

988. Une pièce de bois a 7 mètres 40 de long sur 62 à 70 centimètres d'équarrissage; on demande combien elle contient de décistères?

989. Combien contient de décistères un arbre qui a 10 mètres de long sur 90 à 96 centimètres d'équarrissage?

990. Un arbre en grume a 1 mètre de circonférence et 9 mètres de longueur; combien contient-il de décistères?

991. Une pièce de bois a 1 mètre 50 de pourtour et 7 mètres de long; combien contient-elle de décistères?

992. Un arbre a 2 mètres 70 de pourtour et 8 mètres de longueur; combien contient-il de décistères?

993. Une pièce de bois a 3 mètres 15 de pourtour et 12 mètres de long; combien contient-elle de décistères?

994. Un arbre a 1 mètre 10 de pourtour et 6 mètres 75 de longueur; combien contient-il de décistères?

JAUGEAGE DES TONNEAUX.

Questionnaire.

Que fait-on pour obtenir le volume d'un tonneau?

Problèmes.

995. Quelle est la contenance d'un muid dont la longueur est de 735 millimètres, le diamètre du bouge de 628 millimètres et celui des fonds de 556 millimètres? Rép. 210 litres 598 millièmes.

996. Un tonneau a 1 mètre de longueur intérieure; 70 centimètres de diamètre au bouge et 64 centimètres de diamètre à chaque fond; combien contient-il de litres?

PROBLÈMES DIVERS.

997. Si 0 mètre 25 coûtent 5 fr., combien coûte le mètre?

Pour résoudre ce problème d'après la règle du n° 90 ou celle du n° 300, il faut le tourner ainsi : si 0 mèt. 25 coûtent 5 fr., combien coûte 1 mèt.? (a).

998. Si le $\frac{1}{4}$ d'un mètre coûte 5 fr., combien coûte le mètre?

Pour résoudre ce problème d'après la règle du n° 90, ou celle du n° 300, il faut le tourner ainsi : Si le $\frac{1}{4}$ du mètre coûte 5 fr., combien coûte 1 mètre (a)?

999. Si chaque mètre coûte 20 fr., combien coûteront 0 mètre 25?

Pour résoudre ce problème suivant la règle du n° 90, ou celle du n° 300, il faut le tourner ainsi : Si 1 mèt. coûte 20 fr., combien coûteront 0 mèt. 25 (a)?

1000. Si le mètre coûte 20 fr., combien coûteront les $\frac{5}{4}$? (b)

Pour résoudre cette question suivant la règle du n° 90, ou celle du n° 300, il faut la tourner ainsi : Si 1 mèt. coûte 20 fr., combien coûteront les $\frac{5}{4}$ (a)?

(a) Toutes les fois qu'on peut, comme ici, ramener une question à une règle de trois, il faut le faire, parce qu'une question ramenée à une règle de trois, est toujours très-facile à résoudre (90, 300).

(b) En multipliant par l'entier, on obtient un nombre plus grand que celui

= 233 =

1001. Si les $\frac{5}{9}$ d'un jardin coûtent 150 fr., combien coûteraient les $\frac{8}{7}$?

Pour répondre sans crainte de se tromper, il faudrait savoir quelle est la plus grande des deux fractions (105); mais on peut se dispenser de le chercher; car on peut se tromper en répondant sans fausser le résultat de l'opération (338, a), soit qu'on suive la règle du n° 90, ou celle du n° 300. En effet,

1° *Appliquons la règle du n° 90*. Si je suppose que $\frac{8}{7}$ soit la plus grande des deux fractions, je réponds plus de 150 fr.; je multiplie 150 par $\frac{8}{7}$; puis je divise le produit par $\frac{5}{9}$, et j'ai pour *véritable* résultat 144 fr. 64.

2° *Appliquons la règle du n° 300*. Si je suppose que $\frac{8}{7}$ soit la plus grande des deux fractions, je réponds plus de 150 fr., et j'ai pour proportion

$$\frac{5}{9} : \frac{8}{7} :: R : 150, \text{ et pour } R \; 144 \text{ fr. } 64.$$

Dans l'une et l'autre opération, je me suis trompé en répondant, et le résultat n'a pas été faussé : donc il est inutile de craindre de se tromper en répondant, et, par conséquent, inutile de prendre les moyens de bien répondre.

1002. Un serviteur gagne 200 fr. par an, son maître l'augmentera de 20 fr. tous les ans; combien gagnera-t-il au bout de cinq ans?

1003. Aujourd'hui un serviteur gagne 300 fr. par an; combien gagnait-il il y a cinq ans, sachant que son maître l'a augmenté de 20 fr. par an?

1004. Le premier jour de l'an, j'ai dépensé 50 fr. pour étrenner trois de mes neveux; j'ai donné 20 fr. au premier et 18 fr. au second; combien ai-je donné au troisième?

1005. Une ménagère a reçu 10 fr.; elle a acheté de la viande pour 2 fr., du beurre pour 3 fr., et des œufs pour 1 fr.; combien a-t-elle dépensé, que lui reste-t-il?

1006. Un homme a eu 150 mesures de blé pour 750 fr.; il en a vendu une fois 100 mesures pour 320 fr., une deuxième fois 80 mesures pour 250 fr., et une troisième fois 70 mesures pour 280 fr.; dire son bénéfice.

1007. Un cultivateur a recueilli 350 mesures de blé; il lui en faut 60 pour ensemencer ses champs, et 90 pour sa consommation; combien peut-il en vendre?

1008. Un laboureur a vendu 20 mesures d'avoine pour 30 fr., puis 15 mesures pour 22 fr., et 75 mesures pour 113 fr.; combien a-t-il vendu de mesures, et combien lui restera-t-il d'argent après avoir donné au charron les 25 fr. qu'il lui doit?

---

qu'on multiplie; et en divisant par l'entier, on obtient un nombre plus petit que celui qu'on divise. De là les règles des n°s 74 et 89.

En multipliant par une fraction proprement dite (96), on obtient un nombre plus petit que celui qu'on multiplie; et en divisant par une fraction proprement dite, on obtient un nombre plus grand que celui qu'on divise. De là les règles qui sont au bas de la page 195.

Mais si l'on doit, comme ici, opérer par une fraction plus grande que l'unité, faut-il suivre les règles des n°s 74 et 89 ou les autres? Il faut suivre les règles des n°s 74 et 89, parce qu'en opérant par ces fractions on obtient les mêmes résultats qu'en opérant par l'entier.

1009. Un trésorier avait dans sa caisse 175 fr.; il a fait deux payements : le premier de 92 fr., et le second de 38 fr.; il a reçu 127 fr.; combien reste-t-il dans sa caisse?

1010. On a emprunté 2500 fr.; on paye une première fois 1700 fr., et une seconde fois 320 fr.; que doit-on encore?

1011. On achète une propriété de 2590 fr., on y dépense 1340 fr., et on la revend en trois lots : le premier de 970 fr., le second de 2615 fr., et le troisième de 1837 fr.; que gagne-t-on?

1012. Une propriété de 43 ares contient un potager de 10 ares, un verger de 15 ares; la maison occupe 12 ares; le reste est en cour; quelle en est la grandeur?

1013. Un champ avait 34 ares; on en a vendu 15 et échangé 7; combien en reste-t-il?

1014. J'ai acheté 500 bouteilles; on m'en a envoyé une fois 250, une seconde fois 120, et une troisième fois 130.; il y en a eu 17 de cassées; combien m'en reste-t-il?

1015. Si j'avais vendu 10 fr. de plus un cheval qui me coûtait 215 fr., j'aurais gagné 32 fr.; combien l'ai-je vendu?

1016. Si on me donnait 32 fr., je pourrais payer les 215 fr. que je dois et avoir 10 fr. de reste; combien ai-je d'argent?

1017. Un marchand achète 50 mètres d'étoffe à 27 fr. le mètre, et 35 à 19; après les avoir payés, il lui reste 100 fr.; combien avait-il auparavant?

1018. Combien faut-il payer pour 86 mètres à 13 fr., 15 mètres à 19 fr., et 18 mètres à 11 fr.?

1019. Quelle différence y a-t-il entre le prix de 86 mètres à 13 fr. et celui de 15 mètres à 19 fr.?

1020. J'ai acheté 40 volumes, dont 16 au prix de 3 fr., et le reste au prix de 2 fr.; combien dois-je?

1021. Un chef d'atelier emploie 12 ouvriers à 4 fr. par jour, et 5 à 3 fr.; combien occupe-t-il d'ouvriers, et que lui coûtent-ils par jour?

1022. Un marchand achète 280 mètres de drap pour 7300 fr.; il les revend 30 fr. le mètre; combien gagne-t-il?

1023. Un laboureur vend 2 vaches et 24 moutons; il vend les vaches 75 fr. chacune, et les moutons au prix de 12 fr.; combien lui a produit cette vente?

1024. On veut faire peindre 6 croisées et 3 portes : les portes coûtent 9 fr. chacune, et chaque croisée 4 fr.; combien dépensera-t-on pour cela?

1025. Un cultivateur a reçu de son charron 150 fr., plus deux paires de roues à 30 fr. la paire; il a fait pour le compte de ce dernier 10 voyages à 2 fr. et 7 journées à 8 fr.; lequel des deux est redevable à l'autre, et de combien?

1026. Un petit cochon a coûté 10 fr., on l'a nourri 8 mois; pendant ce temps, il a consommé 15 mesures d'avoine à 1 fr. et 17 mesures d'orge à 3 fr. Tué et vidé, il pèse 96 kilogrammes; à combien revient le kilogramme de cette viande?

1027. Il a fallu 300 bouteilles à 25 fr. le 100 pour contenir une pièce de vin de 150 fr.; combien gagnera-t-on en vendant ce vin 2 fr. la bouteille, bouteille perdue?

1028. Deux courriers partent en même temps de Paris pour Chaumont; l'un fait 12 kilomètres à l'heure, et l'autre en fait 9; à quelle distance seront-ils l'un de l'autre 10 heures après le départ?

1029. Un courrier a parié de faire un trajet en 3 fois moins de temps qu'un autre; il a mis 7 minutes et son concurrent 20; de combien s'en faut-il qu'il ait gagné son pari?

1030. Un cultivateur conduit au marché 3 sacs de froment; il vend son blé 19 fr. les 100 kilogrammes; combien touchera-t-il si le premier sac pèse 90 kilogrammes, le second 91 et le troisième 92?

1031. Pour 20 bouteilles de vin à 2 fr., j'ai eu 10 bouteilles de liqueur et 15 fr. de retour; à combien me revient la bouteille de liqueur?

1032. Une vigne de 32 ares coûte 900 fr.; un pré de 43 ares coûte 1150 fr.; combien l'are de pré coûte-t-il de plus que l'are de vigne?

1033. J'ai acheté 12 pièces de vin à 30 fr.; j'en ai vendu 8 à 35 fr.; à combien me revient chacune des autres?

1034. J'ai 2500 fr. de revenu; je veux mettre 2 fr. de côté par jour; combien me restera-t-il à dépenser par mois?

1035. J'ai donné 62 fr. à trois ouvriers qui ont travaillé, le premier 15 jours, le second 12 et le troisième 4; quel est le prix de la journée de chaque ouvrier?

1036. Un entrepreneur qui occupe 10 ouvriers leur donne 120 fr. pour 6 jours de travail; combien chaque ouvrier gagne-t-il par jour?

1037. Deux ouvriers ont gagné, l'un 60 fr. en 20 jours, et l'autre 50 fr. en 25 jours, lequel des deux gagne le plus?

1038. Une personne travaille 25 jours par mois; elle dépense 15 fr. par semaine; elle économise 300 fr. par an; combien gagne-t-elle par jour?

1039. On a payé 240 fr. pour 10 douzaines de mouchoirs qu'on a revendus 300 fr.; combien a-t-on gagné par douzaine et par mouchoir?

1040. Une mère avec ses deux garçons et ses trois filles dépensent 672 fr. par an; combien dépense chaque personne par an et par mois?

1041. Un fermier achète 30 moutons qu'il revend 435 fr.; il gagne 2 fr. par tête; combien lui avait coûté chaque mouton?

1042. Un chapelier a payé 435 fr. pour 30 chapeaux; il les a revendus avec 60 fr. de bénéfice; combien a-t-il vendu chaque chapeau?

1043. On veut échanger 60 mètres de toile à 2 fr. le mètre contre du drap à 12 fr. le mètre; combien aura-t-on de mètres de drap?

1044. Combien valent les $\frac{5}{6}$ de 12 francs? Rép. Moins de 12 fr. On a donc à chercher un nombre moindre que 12 (300); pour le trouver, il faut multiplier 12 par $\frac{5}{6}$. (Voyez la note sur le problème 1000 et celle qui est au bas de la page 195.)

1045. Un litre de liqueur coûte 2 fr. 75; ce litre contient 32 petits verres qu'on vend 0 fr. 15 c.; quel bénéfice rapporte ce litre?

1046. Un ouvrier fait par jour 3 mètres 60 de maçonnerie et reçoit 0 fr. 90 par mètre; combien fait-il de mètres et que gagne-t-il en 15 jours?

1047. Un ouvrier a fait 25 journées, un autre en a fait 16; le prix de la journée est 2 fr. 25; combien le premier a-t-il gagné de plus que le second?

1048. On achète 5 pièces d'étoffe contenant chacune 65 mètres 80 à raison de 15 fr. 50 le mètre; on les vend 520 fr. 40; combien gagne-t-on?

1049. Un bœuf revient à 230 fr. 45; on vend pour 30 d'abats, et 240 kilogrammes 5 de viande au prix de 0 fr. 90 le kilogramme; combien a-t-on gagné?

1050. On a acheté 3 feuillettes d'eau-de-vie à raison de 50 fr. la feuillette. Chaque feuillette contient 160 litres qu'on a vendus chacun 0 fr. 60; combien a-t-on gagné?

1051. On a vendu 50 litres d'eau-de-vie à 0 fr. 60, et 40 litres de liqueur à 2 fr. 25; on a gagné 56 fr. 80 sur le tout; combien le tout a-t-il coûté?

1052. Deux frères ont un revenu égal; le premier augmente son avoir de 5 fr. par mois; le second diminue le sien de 6 fr. par mois; quelle sera, au bout de vingt ans, la différence de leur fortune?

1053. Des vaches dépensent 36 fr. par mois; elles donnent par jour 12 litres 5 de lait à 0 fr. 15 le litre; quel bénéfice rapportent-elles par an?

1054. On devait une somme qu'on a payée avec 25 mesures de blé à 4 fr. 50, plus 15 mesures d'avoine à 1 fr. 30; combien devait-on?

1055. Un marchand a acheté 60 kilogrammes de sucre à 1 fr. 50 le kilogramme, 12 litres d'huile à 0 fr. 90 le litre; il a revendu le sucre 2 fr. le kilogramme et l'huile 1 fr. 15 le litre; combien a-t-il gagné sur le tout?

1056. 4 pièces de drap de 24 mètres 50 chacune ont coûté 1176 fr.; à combien revient le mètre?

1057. Un tisserand qui fait 5 mètres 60 de toile par jour a gagné 60 fr. en 25 jours; combien a-t-il gagné par jour?

1058. Une pièce de vin coûte 36 fr. 40; elle contient 230 litres; combien faut-il vendre le litre pour gagner 24 fr. 40?

1059. On a échangé 3000 paisseaux à 44 fr. le mille contre 2 hectolitres 30 de vin; à combien revient l'hectolitre?

1060. Pour 32 mètres d'étoffe dont l'une à 3 fr. et l'autre à 7 fr. le mètre, j'ai donné 129 fr.; combien ai-je donné pour chaque espèce d'étoffe?

1061. Une personne achète des haricots et des pois; chaque mesure de haricots lui coûte 4 fr., et chaque mesure de pois 2 fr. 50. Elle a donné 32 fr. pour les haricots et 25 fr. pour les pois; combien a-t-elle acheté de mesures de haricots et de pois?

1062. Le litre de haricots coûte 0 fr. 20, et le litre de pois 0 fr. 10; combien aura-t-on de litres de haricots ou de pois pour 30 fr.? et combien aura-t-on de haricots et de pois si l'on en veut autant de l'un que de l'autre?

1063. On achète 4 pièces d'étoffe à 12 fr. 50 le mètre, et l'on gagne 80 fr. 40 en les vendant 375 fr.; combien y a-t-il de mètres dans chaque pièce?

1064. On achète 12 assiettes à 0 fr. 20 chacune; on en casse 2; combien doit-on vendre chacune des 10 autres pour gagner 30 c. sur le tout?

1065. Pour 3 pièces de vin contenant chacune 229 litres, un aubergiste a donné 120 fr. d'achat, 6 fr. 50 de transport et 15 fr.

d'entrée; il se trouve 4 litres de lie dans chaque pièce; combien faut-il vendre le litre de vin pour gagner 67 fr. 50 sur le tout?

1066. On donne 55 fr. de l'hectare à un entrepreneur pour l'exploitation d'une coupe affouagère qui contient 15 arpents 28 perches; dites combien on lui devra.

1067. Quand on vend 0 fr. 30 le cent de noix, combien doit-on vendre deux paniers qui en contiennent chacun 750?

1068. Un marchand a payé 3 fr. le kilogramme de laine; il le vend 3 fr. 25; combien gagne-t-il par 100?

1069. Le kilogramme de laine a coûté 3 fr.; combien faut-il le vendre pour gagner 25 fr. par 100?

1070. On paie 0 fr. 80 le kilogramme de savon; combien doit-on payer pour 3 caisses de savon pesant chacune 70 kilogrammes, sachant que le vendeur quitte 5 kilogrammes par 100 pour la tare?

1071. Deux pièces de toile ont, l'une 50 mètres, l'autre 40; la première coûte 20 fr. de plus que la seconde; quel est le prix de chacune? Pour résoudre cette question, dites : si l'excédant de 50 sur 40, c'est-à-dire 10 mètres, coûtent 20 fr., combien coûtent 50 mètres?... 40 mètres?

1072. S'il a fallu 275 bouteilles pour contenir 230 litres de vin, combien en faudra-t-il de même grandeur pour contenir 3 pièces de vin de chacune 2 hectolitres 3 décalitres?

1073. Un père gagne 3 fr. 50 par jour, son fils 1 fr. 25; ils dépensent 2 fr. 40 jour; en combien de temps auront-ils économisé 58 fr. 75?

1074. Cinq pièces d'étoffe ont coûté ensemble 320 fr.; combien contiennent-elles de mètres chacune, sachant qu'on a eu 32 mètres par 24 fr.?

1075. On refuse de prêter 1000 fr. pour un an à 4 pour 100; trois mois après on les prête pour le reste de l'année à 5 pour 100; a-t-on bien fait d'attendre?

1076. Je veux avoir un revenu qui me permette de dépenser 3 fr. par jour et de donner aux pauvres 2 fr. 50 par semaine; quel capital dois-je placer à 5 pour 100 par an pour me procurer ce revenu?

1077. Le 6 septembre 1849 on fait, par-devant notaire, une vente à laquelle j'achète pour 580 fr. que je dois payer dans 3 ans avec les intérêts de 5 pour 100. J'ai donné le 15 décembre 1849, 245 fr., et le 2 février 1851, 305 fr.; combien dois-je au 18 mai 1852?

N. B. À chaque paiement on ajoute les intérêts échus au capital qui les a produits; puis de la somme obtenue on retranche la somme versée, et le reste porte seul intérêt (305, b), jusqu'au versement suivant. Pour avoir la solution du problème 1077, il faut résoudre les trois suivants :

1078. Du 6 septembre 1849 au 15 décembre de la même année, je dois la somme de 580 fr. avec ses intérêts de 5 pour 100; je donne 245 fr.; combien dois-je encore? Rép. 342 fr. 97.

1079. Du 15 décembre 1849 au 2 février 1851, je dois la somme de 342 fr. 97 avec ses intérêts de 5 pour 100; je donne 305 fr.; combien dois-je encore? Rép. 57 fr. 35.

1080. Du 2 février 1851 au 18 mai 1852, je dois la somme de 57 fr. 35 avec ses intérêts à 5 pour 100; combien dois-je? Réponse 61 fr. 06.

1081. Un capital, augmenté de ses intérêts simples, valait 1235 fr.

après 7 mois, et 1290 fr. après 18 mois; quels étaient le capital et le taux de l'intérêt ?

1082. Si 150 mètres d'étoffe m'ont coûté 72 fr. 50, à combien me revient le mètre, sachant que j'ai obtenu 5 fr. d'escompte pour 100 ?

1083. J'ai acheté chez un marchand de la toile pour 1200 fr. à un an de crédit, et chez un marchand de drap pour 1500 fr. à 18 mois de crédit ; si je paie comptant, le premier marchand me fait une remise de 5 pour 100, et le second une remise de 4 pour 100 par an ; quelle diminution obtiendrai-je ?

1084. Deux ouvriers ont à se partager 5 fr. de gratification. Le premier a travaillé 6 jours de 8 heures, et le second 4 jours de 10 heures ; combien revient-il à chaque ouvrier ?

1085. Les mises de deux associés sont 5400 fr. et 4800 fr. ; ils ont 9000 fr. en espèces et 6700 fr. en marchandises ; combien chacun doit-il avoir ?

1086. Les mises de trois associés sont 500 fr., 1000 fr. et 1500 fr. ; leur gain consiste en 258 mètres d'étoffe estimée 1 fr. 40 le mètre ; quel est le bénéfice de chaque associé ?

1087. Le titre de mon champ réclame 15 ares 40, et celui du vôtre 18 ares 60 ; les deux pièces qui devraient contenir 34 ares, n'en contiennent que 29 ; combien perdrons-nous chacun ?

1088. Le titre de mon champ réclame 15 ares 40, et celui du vôtre 30 ; les deux pièces réunies contiennent 34 ares 70 centiares, combien devons-nous avoir chacun ?

1089. Les mises de deux associés sont 800 fr. et 1200 fr. ; le bénéfice sur lequel on doit prélever 25 fr. pour les pauvres, est de 975 fr. ; combien reste-t-il pour chaque associé ?

1090. Deux personnes, après avoir donné chacune 2 fr. aux pauvres et 3 fr. à l'église, ont encore chacune 1275 fr. ; quelle somme avaient-elles à partager ?

1091. La somme de 8000 fr. doit être partagée entre trois associés qui ont mis : le premier 200 fr., le second 300 fr. ; on ne connaît pas la mise du troisième, mais on sait qu'il a reçu 80 fr. de bénéfice ; on veut connaître sa mise et le gain des deux autres.

1092. J'ai 8 hectolitres de blé à vendre; on m'offre 2 fr. 30 du double décalitre, ou 15 fr. des 100 kilogrammes ; quelle est l'offre la plus avantageuse, sachant que le double décalitre de mon blé pèse 15 kilogrammes 3 ?

1093. J'ai deux pièces de vin ; la première contient 230 litres à 0 fr. 30 le litre ; la seconde contient 270 litres et coûte 40 fr. ; si je mélange ces vins et que j'y mette 10 litres d'eau, à combien me reviendra le litre du mélange ?

1094. Un aubergiste achète deux pièces de vin ; l'une contient 270 litres et coûte 48 fr., l'autre contient 233 litres qui coûtent chacun 0 fr. 30 ; il mêle ces deux pièces de vin qui lui coûtent 6 fr. de transport ; combien doit-il vendre le litre du mélange pour gagner 5 centimes par litre ?

1095. Un champ a la forme d'un parallélogramme. Il doit contenir 20 ares ; il a 160 mètres de longueur ; quelle largeur faut-il lui donner ?

En lui donnant 1 mètre de largeur, il aura 160 × 1 = 160 centiares. La question proposée peut donc être ramenée à cette règle de trois : s'il faut 1 mèt.

de largeur pour avoir 160 centiares, combien faut-il de mètres de largeur pour avoir 20 ares ou 2000 centiares? La réponse est 12 mètres 5. On trouverait le même résultat en divisant la surface par la longueur (88).

1096. On veut retirer 160 centiares à un champ rectangulaire de 90 mètres de longueur; combien faut-il prendre de largeur?

1097. Je dois avoir 27 ares 40 dans un carré long dont la surface vaut 45 ares et la longueur 124 mètres; combien dois-je prendre de largeur?

1098. J'ai 8 ares 20 à prendre par bout dans un pré rectangulaire de 10 mètres 50 de largeur; combien dois-je prendre de longueur?

1099. Du bois de chauffage est coupé sur une longueur de 1 mètre 30; on ne veut l'empiler que sur une largeur de 2 mètres 50; on désire qu'il y ait 3 stères dans le tas; quelle hauteur faut-il lui donner?

En lui donnant 1 mètre de hauteur, il aura $1,30 \times 2,50 \times 1 = 3$ stères 25. On peut donc ramener le problème proposé à cette règle de trois : S'il faut 1 mètre de hauteur pour avoir 3 stères 25, combien faut-il de mètres de hauteur pour avoir 3 stères? La réponse est 0 mètre 92. Pour obtenir le même résultat, il suffit de diviser le volume par la surface de sa base (88).

1100. Du bois de chauffage est coupé sur une longueur de 1 mètre 30; on en veut faire un tas de 3 stères en lui donnant 0 mètre 92 de hauteur; quelle largeur faut-il lui donner?

FIN.

FAUTES À CORRIGER.

Page 23, n° 69, 1re ligne : *au lieu de* : 69. Quand, *lisez* : 69. 3° Quand.
Page 80, 15e ligne : *au lieu de* : +60, *lisez* : ×60.
Page 106, 10e ligne, *au lieu de* : était prêté, *lisez* : était-il prêté?

TABLE DES MATIÈRES.

	Pages	Pages
Notions préliminaires. — *Questionnaire*	5	182
Formation des nombres. — *Questionnaire*	Ib.	Ib.
Numération parlée. — *Questionnaire, exercices*	6	Ib.
Numération écrite. — *Questionnaire, exercices*	8	183
NOMBRES ENTIERS.		
Addition. — *Questionnaire, exercices, problèmes*	13	184
Soustraction. — *Questionnaire, exercices, problèmes*	15	185
Multiplication. — *Questionnaire, exercices, problèmes*	17	187
Division. — *Questionnaire, exercices, problèmes*	25	189
FRACTIONS ORDINAIRES. — *Questionnaire, exercices*	36	191
Réduction des fractions au même dénominateur. — *Questionnaire, exercices*	39	Ib.
Réduction d'une fraction à sa plus simple expression. — *Questionnaire, exercices*	Ib.	192
Réduction de l'entier en fraction. — *Questionnaire, exercices*	43	Ib.
Réduction des fractions en entiers. — *Questionnaire, exercices*	44	193
Addition. — *Questionnaire, exercices, problèmes*	Ib.	Ib.
Soustraction. — *Questionnaire, exercices, problèmes*	45	194
Multiplication. — *Questionnaire, exercices, problèmes*	Ib.	195
Division. — *Questionnaire, exercices, problèmes*	47	Ib.
NOMBRES FRACTIONNAIRES.	48	
Addition. — *Exercices, problèmes*	Ib.	196
Soustraction. — *Exercices, problèmes*	Ib.	Ib.
Multiplication. — *Exercices, problèmes*	49	197
Division. — *Exercices, problèmes*	50	Ib.
Fraction de fraction. — *Problèmes*	Ib.	Ib.
NOMBRES DÉCIMAUX. — *Questionnaire, exercices*	51	198
Addition. — *Questionnaire, exercices, problèmes*	54	199
Soustraction. — *Questionnaire, exercices, problèmes*	55	200
Multiplication. — *Questionnaire, exercices, problèmes*	56	Ib.
Division. — *Questionnaire, exercices, problèmes*	58	201
Manière de compléter un quotient	61	202
Conversion des fractions ordinaires en fractions décimales et réciproquement. — *Questionnaire, exercices, problèmes*	63	203
SYSTÈME MÉTRIQUE. — *Questionnaire*	65	Ib.
Mètre. — *Questionnaire, exercices, problèmes*	66	204
Are. — *Questionnaire, exercices, problèmes*	68	205

* La première colonne à droite indique la page où se trouvent le *questionnaire*, les *exercices* et les *problèmes*.

Mètre carré. — *Questionnaire, exercices, problèmes*	69	206
Stère. — *Questionnaire, exercices, problèmes*	71	207
Mètre cube. — *Questionnaire, exercices, problèmes*	72	208
Litre. — *Questionnaire, exercices, problèmes*	73	209
Gramme. — *Questionnaire, exercices, problèmes*	75	210
Franc. — *Questionnaire, exercices, problèmes*	76	211
Addition, soustraction, multiplication et division des nombres métriques	77	
ANCIENNES MESURES CONSERVÉES	78	
Le temps. — *Questionnaire*	Ib	212
La circonférence. — *Questionnaire*	81	213
ANCIENNES MESURES NON CONSERVÉES	Ib	
NOMBRES COMPLEXES	82	
Addition	84	
Soustraction	85	
Multiplication	86	
Division	89	
Comparaison des nouvelles mesures avec les anciennes, et réciproquement	91	
Conversion des anciennes mesures en nouvelles, et réciproquement	93	
RAPPORT par quotient. — *Questionnaire*	94	213
PROPORTION par quotient. — *Questionnaire, exercices*	Ib	Ib
RÈGLE DE TROIS. — *Questionnaire*	97	214
Règle de trois simple. — *Problèmes*	Ib	Ib
Règle de trois composée. — *Problèmes*	99	216
RÈGLE D'INTÉRÊT. — *Questionnaire*	103	Ib
Intérêt simple. — *Problèmes*	104	Ib
Intérêt composé. — *Problèmes*	107	218
RÈGLE D'ESCOMPTE. — *Questionnaire*	110	Ib
Escompte en dedans. — *Problèmes*	111	Ib
Escompte en dehors. — *Problèmes*	113	219
RÈGLE DE PARTAGE. — *Questionnaire, problèmes*	115	Ib
RÈGLE DE TROC. — *Questionnaire, problèmes*	119	221
RÈGLE DE CHANGE. — *Questionnaire, problèmes*	121	Ib
RÈGLE CONJOINTE. — *Questionnaire, problèmes*	Ib	222
RÈGLE D'UNE SUPPOSITION. — *Questionnaire, problèmes*	123	Ib
RÈGLE DE DEUX SUPPOSITIONS. — *Questionnaire, problèmes*	125	223
RÈGLE DE MÉLANGE. — *Questionnaire, problèmes*	129	224
Problèmes résolus par la MÉTHODE ANALYTIQUE, ou méthode de l'*unité*	133	
1° Sur la règle de trois simple	Ib	
2° Sur la règle de trois composée	Ib	
3° Sur l'intérêt simple	135	
4° Sur l'intérêt composé	137	
5° Sur l'escompte en dedans	140	
6° Sur l'escompte en dehors	142	
7° Sur la règle de partage	143	
8° Sur la règle de troc, ou d'échange	145	
9° Sur le change	146	
10° Sur la règle d'une supposition	Ib	
11° Sur la règle de deux suppositions	147	
12° Sur la règle de mélange	148	

Problèmes divers, avec leur solution		
RACINE CARRÉE des nombres entiers. — Questionnaire, exercices, problèmes	155	225
Racine carrée des nombres décimaux. — Questionnaire, exercices	160	226
Racine carrée des fractions ordinaires. — Questionnaire, exercices	162	227
RACINE CUBIQUE des nombres entiers. — Questionnaire, exercices, problèmes	Ib.	Ib.
Racine cubique des nombres décimaux. — Questionnaires, exercices	169	228
Racine cubique des fractions ordinaires. — Questionnaires, exercices	171	229
MESURAGE DES SURFACES ET DES VOLUMES. — Questionnaire, problèmes	Ib.	Ib.
Ce qu'il faut faire pour trouver :		
1° La superficie d'un *triangle*, n° 458	173	
2° La superficie d'un *carré*, n° 459	Ib.	
3° La superficie d'un *carré long*, n° 460	174	
4° La superficie d'un *losange*, n° 461	Ib.	
5° La superficie d'un *rhomboïde*, n° 462	Ib.	
6° La superficie d'un *trapèze*, n° 463	Ib.	
7° La *circonférence* d'un cercle, n° 464	Ib.	
8° Le *diamètre* d'un cercle, n° 465	Ib.	
9° Le *rayon* d'un cercle, n° 466	175	
10° La superficie d'un *cercle*, n° 467	Ib.	
11° La superficie d'une *couronne* circulaire, n° 468	Ib.	
12° La superficie d'une figure rectiligne, ou d'un *polygone*, n° 469	Ib.	
13° La superficie d'une figure *curviligne*, n° 470	Ib.	
14° La surface d'un *cône*, n° 480	177	231
15° La surface d'un *cylindre*, n° 481	Ib.	
16° La surface d'une *sphère*, n° 482	Ib.	
17° La surface d'un *cube*, n° 483	Ib.	
18° La surface d'une *pyramide*, n° 483	Ib.	
19° La surface d'un *prisme*, n° 483	Ib.	
Ce qu'il faut faire pour trouver :		
1° Le volume d'un *cube*, n° 484	Ib.	232
2° Le volume d'un *prisme*, n° 485	178	
3° Le volume d'une *pyramide*, n° 486	Ib.	
4° Le volume d'un *cylindre*, n° 487	Ib.	
5° Le volume d'un *cône*, n° 488	179	
d'un *cône tronqué*, etc., n° 489	Ib.	
6° Le volume d'une *sphère*, n° 490	Ib.	
7° Le volume d'un *corps irrégulier*, n° 491	180	
Cubage des bois de charpente. — Questionnaire, problèmes	Ib.	233
Arbre équarri, n° 494	Ib.	
Arbre en grume, n° 495	Ib.	
Jaugeage des tonneaux. — Questionnaire, problèmes	181	234
Problèmes divers		Ib.

PARIS. — Imprimerie de Mme Ve Dondey-Dupré, rue Saint-Louis, 46.

www.ingramcontent.com/pod-product-compliance
Lightning Source LLC
Chambersburg PA
CBHW060123170426
43198CB00010B/1007